新概念建筑结构设计丛书

建筑结构设计热点问题应对与处理

庄　伟　李　刚　编著

中国建筑工业出版社

图书在版编目（CIP）数据

建筑结构设计热点问题应对与处理/庄伟，李刚编
著. —北京：中国建筑工业出版社，2014.11
（新概念建筑结构设计丛书）
ISBN 978-7-112-17337-2

Ⅰ.①建…　Ⅱ.①庄…②李…　Ⅲ.①建筑结构-结
构设计　Ⅳ.①TU318

中国版本图书馆 CIP 数据核字（2014）第 228242 号

全书共分为 8 章，主要内容包括：施工图——民用建筑设计图纸（混凝土结构总说明、梁平法施工图、基础施工图）；施工图——门式刚架图纸；SATWE 分析与计算；PKPM 之一般建模；PKPM 之基础；PKPM 软件参数设置；其他（基础、地下室、板、墙、梁、柱、其他）；加固设计。

本书可供从事建筑结构设计的年轻结构工程师及高等院校相关专业学生参考使用。

* * *

责任编辑：郭　栋　辛海丽
责任设计：张　虹
责任校对：张　颖　陈晶晶

新概念建筑结构设计丛书
建筑结构设计热点问题应对与处理
庄　伟　李　刚　编著
*
中国建筑工业出版社出版、发行（北京西郊百万庄）
各地新华书店、建筑书店经销
北京科地亚盟排版公司制版
北京盈盛恒通印刷有限公司印刷
*
开本：787×1092 毫米　1/16　印张：13　字数：312 千字
2015 年 1 月第一版　2015 年 1 月第一次印刷
定价：39.00 元
ISBN 978-7-112-17337-2
（26116）

前　言

　　本书的思路是以问答的形式把利用 PKPM 建模、计算中常遇到的问题、施工图绘制过程中常见做法、节点大样等列举出来以供参考，来帮助结构新手快速入门与提高。书中光盘中含有 1 套民用多高层结构图纸、1 套厂房图纸、基础设计 Excel、加固 Excel，混凝土节点大全及钢结构节点大全，希望对广大结构设计人员有所帮助。

　　本书的编写过程中参考了大量的书籍、文献、"中华钢结构论坛"中很多网友的帖子，湖南中大建设工程检测技术有限公司李刚参与编写部分章节。在书的编辑及修改过程中，得到了中南大学土木工程学院余志武教授、卫军教授、周朝阳教授、匡亚川教授、刘小洁教授，北京市建筑设计研究院戴夫聪、华阳国际设计集团（长沙）田伟、吴应昊，中机国际有限公司（原机械工业第八设计研究院）罗炳贵、廖平平、吴建高，中国轻工业长沙工程有限公司张露、余宽，湖南省建筑设计研究院黄子瑜，广东博意建筑设计院长沙分公司黄喜新，湖南方圆建筑工程设计有限公司姜亚鹏、陈荔枝，北京清城华筑建筑设计研究院徐珂，香港邵贤伟建筑结构事务所顾问唐习龙，中科院建筑设计研究院有限公司（上海）鲁钟富，淄博格匠设计顾问公司徐传亮，广州容柏生建筑结构设计事务所、广州老庄结构院邓孝祥的帮助和鼓励，同行李恒通、邬亮、余宏、苗峰、庄波、廖平平、刘强、谢杰光、张露、彭汶、李子运、李佳瑶、姚松学、文艾、谢东江、郭枫、李伟、邱杰、杨志、苏霞、谭细生等参与了全书内容收集、编写及图片绘制，在此表示感谢。

　　由于作者理论水平和实践经验有限，时间紧迫，书中难免存在不足甚至是谬误之处，也恳请读者批评指正。

目　　录

第1章 施工图——民用建筑设计图纸

混凝土结构总说明

1.1 基础（承台）施工完后做法是什么？

答：基础（承台）施工完后应立即采用素土或灰土（不得使用淤泥、耕土、冻土、膨胀土及有机质含量大于5％的土）回填，并应在墙基两侧和柱基（承台）相对两个方向同时进行回填，并分层夯实。填土的压实系数应≥0.94。当基础（承台）与基坑侧壁间隙较小时，应采用C15素混凝土灌注。

1.2 首层厚度≤120mm的隔墙允许砌筑在局部加厚的混凝土地坪上的做法是什么？

答：首层厚度≤120mm的隔墙允许砌筑在局部加厚的混凝土地坪上，做法如图1-1所示。

1.3 纵向受力的普通钢筋及预应力钢筋，其混凝土保护层厚度有何规定？

答：纵向受力的普通钢筋及预应力钢筋，其混凝土保护层厚度详见11G101-1及11G101-3。基础中纵向受力钢筋的保护层厚度不应小于40mm；当无垫层时不应小于70mm。防水混凝土结构（非地下室等）迎水面钢筋保护层厚度不应小于50mm。如果按最新

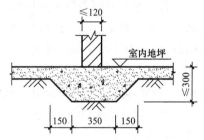

图1-1 首层≤120mm的隔墙做法

混凝土规范，可取≥25mm混凝土保护层厚度大于50mm时，混凝土保护层内加配采用防腐措施的φ6@200单层双向抗裂钢筋网片。

1.4 梁柱抗震构造及施工有何要求？

答：图中未示出主次梁连接处，主梁每侧附加3根密箍，间距50mm，箍筋规格、肢数同主梁。图中次梁高≥400mm时，图中未示出吊筋处均需附加吊筋2φ12，做法详见11G101-1第87页。图中悬臂梁箍筋间距均不大于100mm，箍筋规格、肢数见设计。悬臂梁纵筋为三排时，第三排纵筋延伸长度为0.6L。图中悬臂梁仅在一边原位标注上部纵筋时，表示支座两边的上部纵筋相同。

1.5 板面高低差处板上部支座钢筋怎么构造？

答：板面高低差处板上部支座钢筋构造见图1-2。

1.6 板配筋图中，板上部支座钢筋的表示方法是什么？

答：板配筋图中，板上部支座钢筋的表示方法见图1-3。

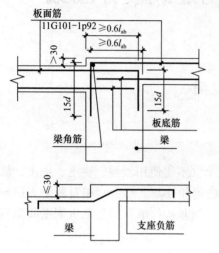

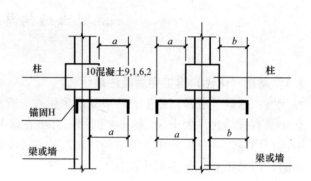

图1-2 板面高低差处板面钢筋锚固　　　　图1-3 板上部支座钢筋的表示方法

1.7 板上开洞做法是什么？

答：板上开洞当矩形洞边长和圆形洞直径不大于300mm时，钢筋构造详见11G101-1第101页。板上开洞当矩形洞边长和圆形洞直径大于300mm但不大于1000mm时，钢筋构造详见11G101-1第102页。

1.8 设计未注明时，楼面板、屋面板孔洞及窗边楼面板收边做法是什么？

答：设计未注明时，楼面板孔洞及窗边楼面板按图1-4设置收边，屋面板孔洞按图1-5设置收边。

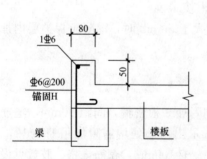

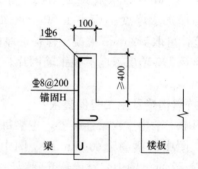

图1-4 楼面板孔洞收边示意图　　　　图1-5 屋面板孔洞收边示意图

1.9 悬挑板悬挑阳角放射筋构造有何规定？

答：悬挑板悬挑阳角放射筋构造详见11G101-1第103页。设计未注明时，1号筋直径同2、3号筋的较大值。配置根数为：5根（L_x、$L_y \leqslant 300$），7根（$300 < L_x$、$L_y \leqslant 500$），9

根（500<L_x、L_y≤800）。板悬挑阴角附加筋构造详见 11G101-1 第 104 页。设计未注明时，钢筋直径为ϕ10，配置根数同上。

1.10　建筑物外沿阳角的楼（屋面）板，其板面应配置附加斜向构造钢筋有何规定？

答：建筑物外沿阳角的楼（屋面）板，其板面应配置附加斜向构造钢筋，钢筋平行于该板的角平分线，长度为 0.5L_0（L_0为板的短向跨度）且不小于 1300mm，做法见图 1-6。

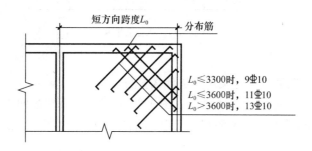

图 1-6　板阳角附加斜向钢筋

1.11　外露现浇挑檐板、通长阳台板、屋顶女儿墙做法有何规定？

答：外露现浇挑檐板、通长阳台板，每隔≤12m 应设置温度缝，缝宽 20mm（钢筋可不切断）。屋顶女儿墙应沿其长度方向每隔 12m 留一道竖向缝，缝的长度自屋面板顶上200mm 起至女儿墙顶。缝宽 15mm，缝内填泡沫聚氨酯。

1.12　填充墙顶部、填充墙侧面、端部与主体结构拉结做法有何规定？

答：填充墙顶部拉结详见 12G614-1 第 16 页节点 4 和节点 5 及 02SG614 第 15 页。填充墙侧面与主体结构拉结详见 12G614-1 第 11～13 页及 02SG614 第 7～10 页，拉筋长度应沿墙全长贯通。楼梯间和人流通道的砌体填充墙两面均沿墙全长贯通设置 20 厚 M5钢板网砂浆面层，钢板网为 1mm 厚，网眼尺寸 10mm×10mm，用钢钉（直径≥4mm，埋深≥40mm，间距≤100mm）固定在墙、柱上。

填充墙端部如不能与框架柱、剪力墙拉结，应设置封头构造柱并设拉筋与墙体拉结。填充墙转角处应设置构造柱并设拉筋与墙体拉结。详见 12G614-1 第 16 页及 02SG614 第16～21 页。

1.13　构造柱、圈梁如何设置？

答：填充墙长度大于 5m 时，每隔≤5m 应设置构造柱。墙长超过层高 2 倍时（蒸压加气混凝土砌块为 1.5 倍），应在墙中部设置钢筋混凝土构造柱。构造柱做法见 5.3.7 条及 12G614-1 第 15、16 页及 02SG614 第 16～21 页。

当砌体高度大于 4.0m 时，自楼、地面开始每隔≤2.4m（圈梁底标高）处设一道钢筋混凝土水平系梁。墙高超过 6m 时，沿墙高每 2m 设水平系梁。水平系梁详见图 1-7。水平系梁与主体结构拉结参见 12G614-1 第 10、14 页及 02SG614 第 11～13 页。锚入主体结构的纵筋数量及直径同水平系梁的纵筋数量及直径。

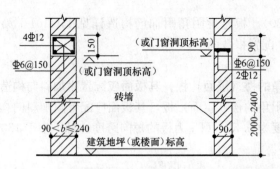

图 1-7 ≤240 厚隔墙水平系梁详图

1.14 砌体墙洞口钢筋混凝土过梁做法是什么?

答:砌体墙洞口钢筋混凝土过梁详见图 1-8、图 1-9,两端各伸入支座砌体内的长度≥墙厚,且≥240mm。当门、窗洞口位于柱(墙)边时,柱(墙)在过梁位置处预留钢筋,详见 12G614-1 第 10 页。

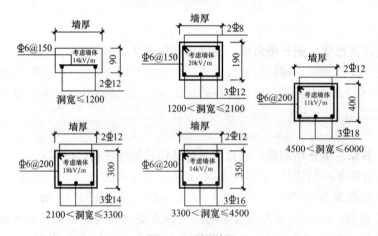

图 1-8 过梁详图

1.15 板起拱值有何规定?

答:当板跨度 $3000\text{mm} \leqslant L < 4000\text{mm}$ 时,起拱 $L/500$;板跨度 $L \geqslant 4000\text{mm}$ 时,起拱 $L/400$;梁跨度 $4000\text{mm} \leqslant L < 8000\text{mm}$ 时,起拱 $L/500$,梁跨度 $L \geqslant 8000\text{mm}$ 时,起拱 $L/400$。悬臂梁长度 $L \geqslant 2000\text{mm}$ 时,起拱 $L/200$。

1.16 梁上吊柱做法是什么?

答:梁上吊柱的做法如图 1-10、图 1-11 所示。

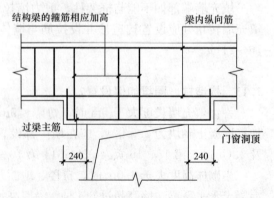

图 1-9 门、窗洞顶离结构梁底小于钢筋混凝土过梁的高度时,结构梁高度加高图

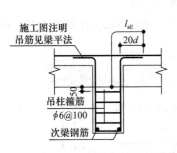

图 1-10 次梁底比主梁底低时吊柱做法

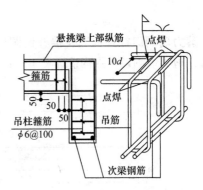

图 1-11 悬挑端部次梁比悬挑梁低时吊柱做法

1.17 次梁底与主梁底标高相同时的做法是什么？

答：次梁底与主梁底标高相同时的做法如图 1-12 所示。

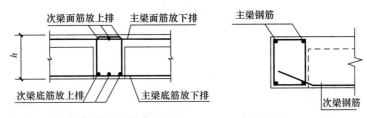

图 1-12 次梁底与主梁底标高相同时做法

1.18 折梁转折处配筋构造做法是什么？

答：折梁转折处配筋构造如图 1-13、图 1-14 所示（括号内数值仅用于非框架梁。d 为纵向钢筋直径）。

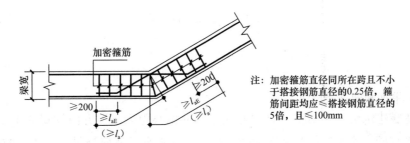

图 1-13 水平折梁转折处配筋构造

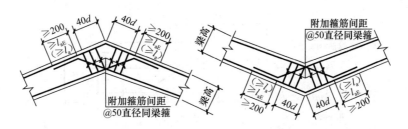

图 1-14 垂直折梁转折处配筋构造

1.19 剪力墙洞口补强构造及梁开洞洞边加强筋做法是什么？

答：剪力墙洞口补强构造详见10G101-1。梁开洞洞边加强筋做法详见图1-15、图1-16。

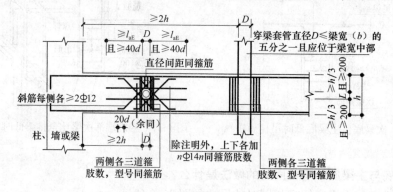

图 1-15 穿梁管洞洞边加强做法

注：1. 水平套管 $D \leqslant h/5$ 且 $\leqslant 150mm$。

2. 竖向套管 $D \leqslant b/5$ 且 $\leqslant 50mm$。

3. 连续开洞净距 $> 3D$。

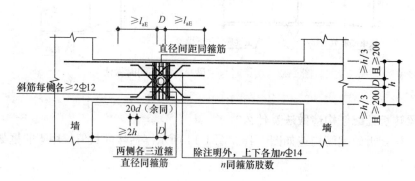

图 1-16 连梁洞口补强

注：1. $D \leqslant h/5$，且 $\leqslant 150$。

2. 连续开洞净距 $> 3D$。

1.20 梁水平加腋做法是什么？

答：高层建筑梁（含 AL）、柱中心线之间的偏心距大于该方向柱宽的 1/4 时，应增设梁的水平加腋。水平加腋厚度取梁截面高度，其水平尺寸应满足：$b_x/l_x \leqslant 1/2$ 且 $b_x/B_b \leqslant 2/3$ 且 $B_b + b_x + x \geqslant B_c/2$。如图 1-17 所示。

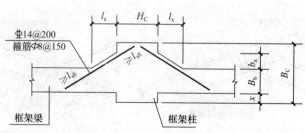

图 1-17 梁水平加腋构造

1.21 剪力墙约束边缘构件阴影区箍筋采用有何规定?

答:剪力墙约束边缘构件阴影区箍筋应采用复合箍筋,不应采用拉筋。但有时候最后的一对纵筋之间无法设置箍筋时,可采用拉筋,但该拉筋应远离约束边缘构件的端部。

1.22 剪力墙洞口与建筑门窗不一致时做法是什么?

答:剪力墙洞口与建筑门窗不一致时,按图 1-18 施工。

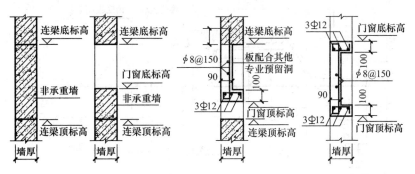

图 1-18 剪力墙洞口封闭示意图

1.23 折板构造做法是什么?

答:折板构造如图 1-19 所示。

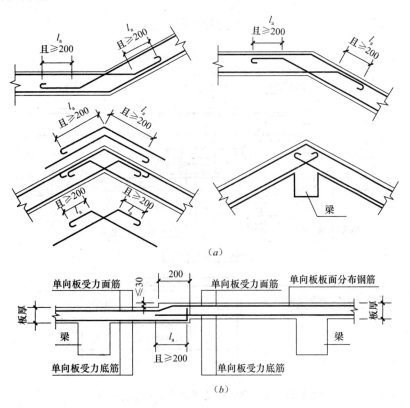

图 1-19 折板构造

7

1.24 地下室的底板及侧壁后浇带做法是什么？

答：后浇带的宽度≥800mm，梁筋贯通不断。地下室的底板及侧壁后浇带做法详图1-20（a）～（d）。一般可选用图1-20（a）、（b）大样做法。

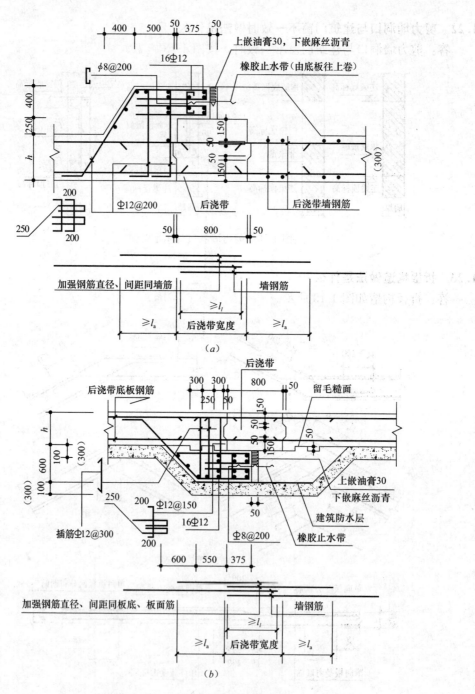

图1-20 地下室底板及侧壁后浇带做法（一）

（a）外墙后浇带的构造（1）；（b）底板后浇带的构造（1）

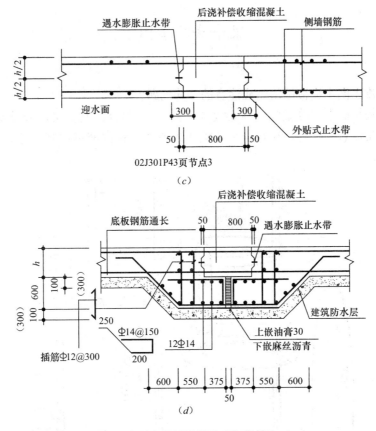

02J301P43页节点3

（c）

图 1-20　地下室底板及侧壁后浇带做法（二）

（c）外墙后浇带的构造（2）；（d）底板后浇带的构造（2）

1.25　电梯井道牛腿做法是什么？

答：电梯井道牛腿做法详见 02J404-1 的 12、13 页。当采用混凝土牛腿时，其配筋见图 1-21（a）。自动扶梯两端支承做法详见图 1-21（b）。吊装孔配合设备厂方提供的图纸施工。

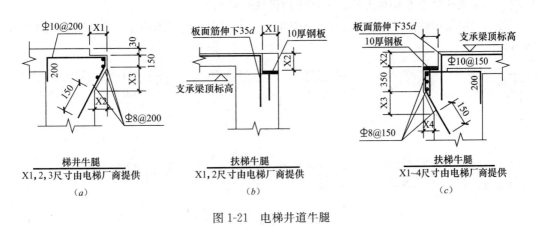

图 1-21　电梯井道牛腿

梁平法施工图

1.26 梁平法施工图中模板图绘制应注意的一些问题？

答：局部板标高下沉时梁线应为实线（可见），如阳台，卫生间，厨房等，如图 1-22 所示。内部次梁没有轴线时，应在第三道轴线处或在结构内部标注其尺寸。如果有开洞，应标示洞口。

L2(2) 200x350
Φ6@150(2)
2Φ14;2Φ20
4Φ20 2/2
KL1(1) 200x500
Φ8@100/200(2)
2Φ20;2Φ22
3Φ22
KL3(1)
Φ8@100
2Φ18;2
4Φ18
3Φ20
3Φ14
2Φ14
KL15(2)
Φ8@100/2
2Φ20;2Φ2
L3(1)
L1(1)
900
2200
2/2
4Φ20
3000
KL2(2) 200x400
Φ8@100/200(2)
2Φ22;2Φ20
KL4(1)
3Φ22
700
XL1
XL1
KL13(1)

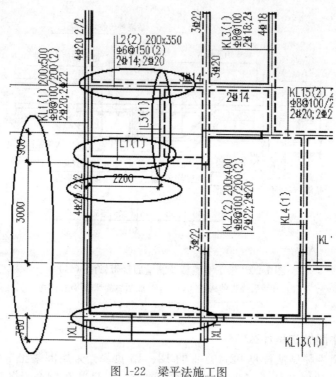

图 1-22 梁平法施工图

1.27 当梁集中标注在构件上标注有困难时做法是什么？

答：当梁集中标注在构件上标注有困难时，常拿出来在施工图的左下方标示，如图 1-23 所示。

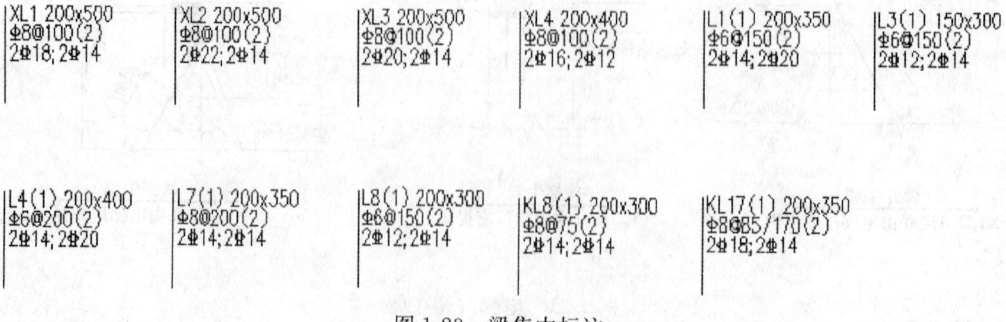

XL1 200x500
Φ8@100(2)
2Φ18;2Φ14
XL2 200x500
Φ8@100(2)
2Φ22;2Φ14
XL3 200x500
Φ8@100(2)
2Φ20;2Φ14
XL4 200x400
Φ8@100(2)
2Φ16;2Φ12
L1(1) 200x350
Φ6@150(2)
2Φ14;2Φ20
L3(1) 150x300
Φ6@150(2)
2Φ12;2Φ14
L4(1) 200x400
Φ6@200(2)
2Φ14;2Φ20
L7(1) 200x350
Φ8@200(2)
2Φ14;2Φ14
L8(1) 200x300
Φ6@150(2)
2Φ12;2Φ14
KL8(1) 200x300
Φ8@75(2)
2Φ14;2Φ14
KL17(1) 200x350
Φ8@85/170(2)
2Φ18;2Φ14

图 1-23 梁集中标注

1.28 梁平法施工图说明怎么添加?

答:梁平法施工图说明如图1-24和图1-25所示。

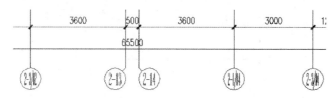

图 1-24 梁平法施工图说明(1)

注:一般居中。根据实际工程修改其内容。

说明:
1. 材料:梁混凝土C25。
2. 未注梁居轴线中或贴墙柱边。
3. 未注梁面标高均同板面标高。
4. 关于梁吊筋、加密箍筋构造要求见总说明。
5. 其余详见总说明。

图 1-25 梁平法施工图说明(2)

注:一般在右下角。根据实际工程修改其内容。

1.29 梁平法施工图中怎么处理造型?

答:造型的外轮廓线在梁平法施工图与板平法施工图中均应绘制,但节点大样与剖切符号一般只在板平法施工图中绘制。

板平法施工图

1.30 剖切符号与节点大样方向对应有何规定?

答:以阳台梁收边为例,图1-26中的剖切符号与图1-27中的节点大样一致,如果剖切符号1-1镜像颠倒,则节点大样以 y 轴镜像。

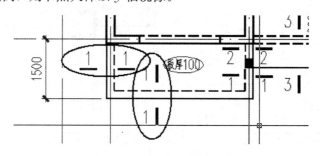

图 1-26 阳台边梁收边剖切符号

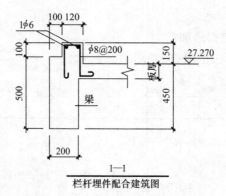

图 1-27　阳台边梁收边节点大样

1.31　空调板大样图做法是什么？

答：空调板大样通常如图 1-28 所示。

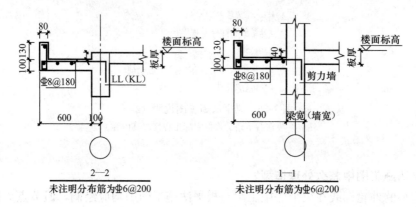

图 1-28　空调板

注：分布钢筋的选取，不同设计院有不同的做法、可为三级钢，可为一级钢，直线可为 6，
　　　也可为 8，一般来说，分布钢筋可取一级钢，φ6，余同。

1.32　板收边大样做法是什么？

答：板收边大样通常如图 1-29 所示。

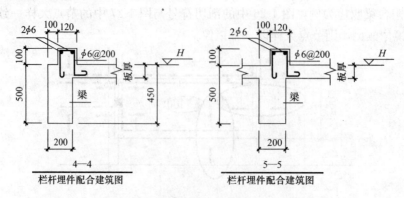

图 1-29　板收边构造

1.33 造型所用构造柱做法是什么？

答：造型所用构造柱一般如图 1-30 所示。

1.34 女儿墙造型做法是什么？

答：女儿墙应根据建筑确定，一般可按如图 1-31～图 1-33 所示。

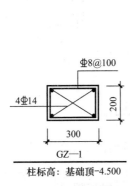

图 1-30 造型构造柱

注：尺寸及标注根据建筑修改。

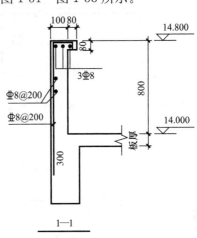

图 1-31 女儿墙造型（1）

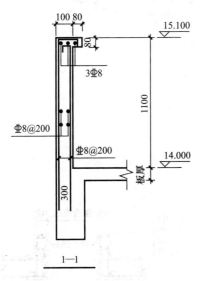

图 1-32 女儿墙造型（2）

注：女儿墙的做法，不同地区不一样，在湖南一般要求做砖砌
女儿墙，女儿墙的分布钢筋直径及级别的选取各个设计院
有不同的规定，一般可取一级钢，φ6 余同。

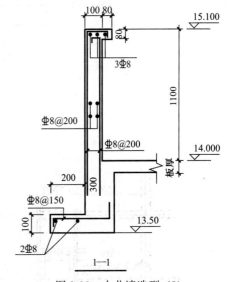

图 1-33 女儿墙造型（3）

1.35 屋面检修孔大样做法是什么？

答：屋面检修孔应考虑建筑孔洞的位置，其是否与梁边靠近等。一般可如图 1-34～

图 1-37 所示。

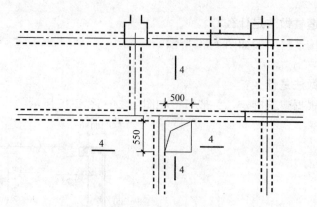

图 1-34　屋面检修孔平面图（1）

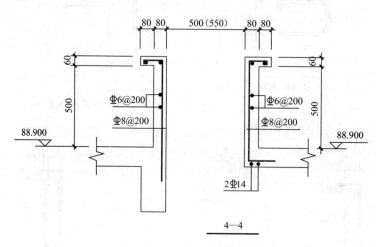

图 1-35　屋面检修孔（1）

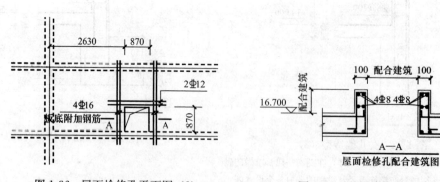

图 1-36　屋面检修孔平面图（2）

图 1-37　屋面检修孔（2）

1.36　风机大样做法是什么？

答：风机详图构造如图 1-38、图 1-39 所示。

14

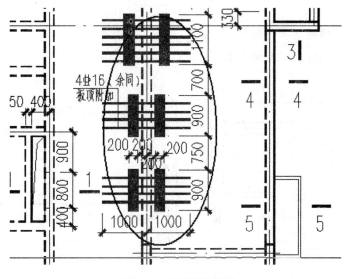

图 1-38　风机平面图

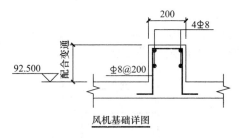

图 1-39　风机大样图

1.37　电梯顶吊钩示意图及详图做法是什么?

答:电梯顶吊钩示意图及详图如图 1-40 所示。

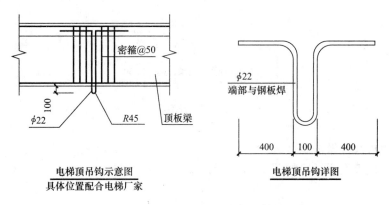

图 1-40　电梯顶吊钩示意图及详图

1.38 电梯基坑大样做法是什么？

答：电梯基坑大样一般如图 1-41 所示。

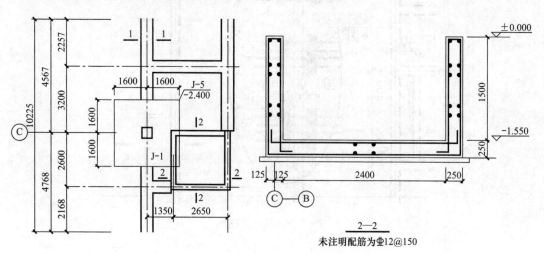

图 1-41　电梯基坑

1.39 柱造型做法是什么？

答：柱子造型一般如图 1-42 所示。

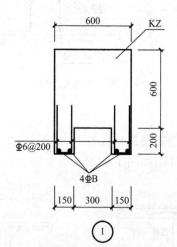

1~4轴标高：自承台顶~21.050
5~10轴标高：自承台顶~19.400

图 1-42　柱造型

1.40 墙上挑板大样做法是什么？

答：墙上挑板大样一般如图 1-43 所示。

1.41 梁、层间梁外包混凝土大样做法是什么？

答：梁、层间梁外包混凝土大样一般如图 1-44 所示。

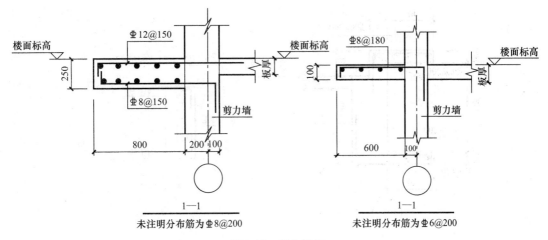

图 1-43　墙上挑板

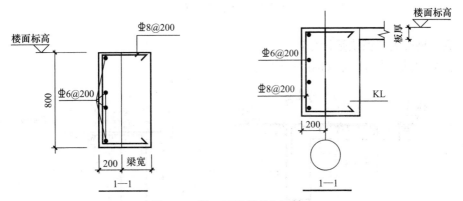

图 1-44　梁、层间梁外包混凝土

1.42　梁上挑垛大样做法是什么?

答:梁上挑垛大样一般如图 1-45、图 1-46 所示。

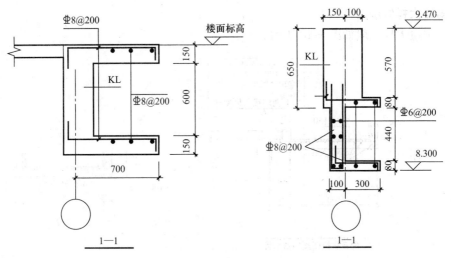

图 1-45　梁上挑垛(1)

17

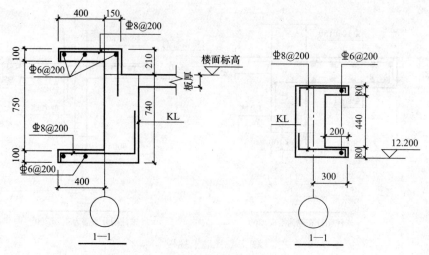

图 1-46　梁上挑垛（2）

1.43　梁上挑板大样做法是什么?

答：梁上挑板大样一般如图 1-47 所示。

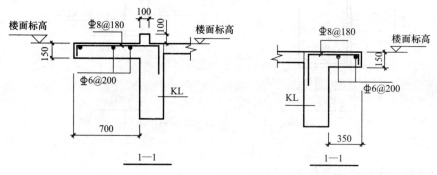

图 1-47　梁上挑板

1.44　雨篷大样做法是什么?

答：雨篷大样一般如图 1-48 所示。

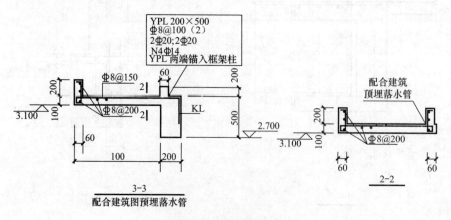

图 1-48　雨篷大样

1.45 边梁挑垛大样做法是什么？

答：边梁挑垛大样一般如图1-49、图1-50所示。

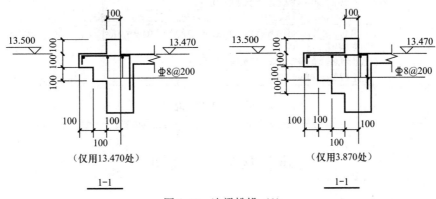

图1-49 边梁挑垛（1）

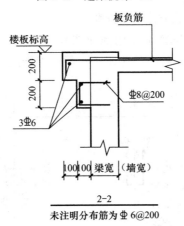

未注明分布筋为 Φ6@200

图1-50 边梁挑垛（2）

1.46 板平法施工图说明怎么添加？

答：板平法施工图说明如图1-51、图1-52所示。

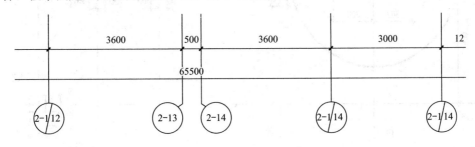

11，17，23层板配筋图

H=38.5000，55，300，72，100

图1-51 板平法施工图说明（1）

注：一般居中。根据实际工程修改其内容。

19

说明：
1. 材料：板混凝土27.300~63.700为C30；66.500~83.300为C25。
2. 卫生间板顶标高为H-0.050，阳台板标高为H-0.030，其余未注明板顶标高均为H=30.100+N×2.800，N=0~19。
3. 未注明梁居轴线中或贴墙柱边。未注明板厚100mm。
4. 板A厚130mm，双层双向配筋均为Φ8@150mm，其余130mm厚板底筋为双向Φ8@190；100mm厚、110mm厚板底筋均为Φ8@200mm；120mm厚板底筋为Φ8@180；未注明负筋为Φ8@200。
5. 楼板须配合其他专业图纸留洞，洞口加强筋设置见总说明。
6. 节点须密切配合建筑图施工。

图1-52　板平法施工图说明（2）
注：一般在右下角。根据实际工程修改其内容。

墙、柱平法施工图

1.47　墙、柱平法施工图的表式方法有哪几种？

答：多层结构，一般柱平法施工图用截面注写方法居多，如图1-53所示。高层剪力墙结构，框支剪力墙结构，墙、柱平法施工图一般用列表注写方式。如图1-54所示。

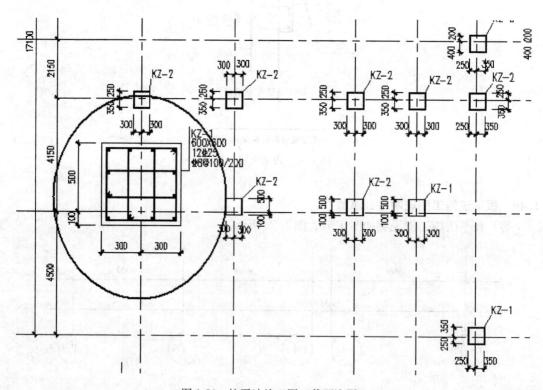

图1-53　柱平法施工图（截面注写）

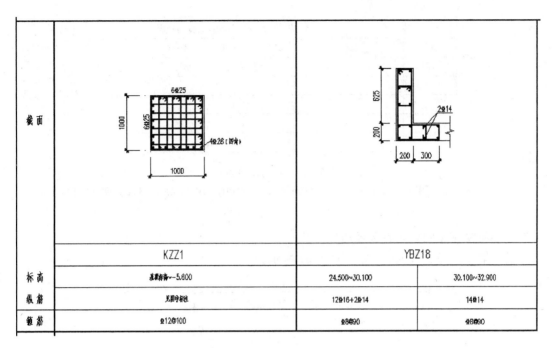

截面	KZZ1	YBZ18	
标高	基础顶面~-5.800	24.500~30.100	30.100~32.900
纵筋	见图中标注	12Φ16+2Φ14	14Φ14
箍筋	Φ12@100	Φ8@90	Φ8@90

图 1-54　剪力墙平法施工图（列表注写）

1.48　剪力墙梁表怎么绘制？

答：剪力墙连梁表如图 1-55 所示。

剪 力 墙 梁 表

编号	所在楼层号	梁顶相对标高高差	梁截面 b×h	上部纵筋	下部纵筋	箍筋	梁侧面纵筋
LL1	10~17		200x500	2Φ18	2Φ18	Φ8@100(2)	
	18~屋面		200x500	2Φ16	2Φ16	Φ8@100(2)	
LL2	10~17		200x600	2Φ18	2Φ18	Φ8@100(2)	
	18~屋面		200x600	2Φ16	2Φ16	Φ8@100(2)	
LL3	10~屋面		200x1000	3Φ20	3Φ20	Φ8@100(2)	G8Φ10
LL4	10~17		200x500	3Φ20	3Φ20	Φ8@100(2)	
	18~22		200x500	2Φ20	2Φ20	Φ8@100(2)	
	23~屋面		200x500	2Φ16	2Φ16	Φ8@100(2)	

图 1-55　剪力墙连梁表

1.49　剪力墙身表怎么绘制？

答：剪力墙身表如图 1-56 所示。

剪力墙身表 （所有未注明剪力墙均为Q1）					
编号	标高	墙厚	水平分布筋	垂直分布筋	拉筋
Q1（两排）	32.900~88.900	200	⊥8@200	⊥8@200	Φ6@600

图 1-56　剪力墙身表

注：无论是边缘构件、墙身还是连梁，其施工图绘制均为构件、编号、标注、列表（截面大样）。

1.50　墙平法施工图说明怎么添加？

答：墙平法施工图说明一般如图 1-57 所示。

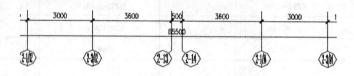

32.900~88.900剪力墙平法施工图（9~28层）

未注明墙厚均为200mm，未注明墙居轴线中

图 1-57　墙平法施工图说明

1.51　柱平法施工图说明怎么添加？

答：柱平法施工图说明一般如图 1-58 所示。

承台顶~9.470层柱平法施工图

说明：
1. 柱混凝土C30；
2. 其余详见总说明。

图 1-58　柱平法施工图说明

基础施工图

独立基础

1.52　独立基础构造有何规定？

答：独立基础构造分别如下所示：

1. 规范规定

《建筑地基基础设计规范》GB 50007—2011 第 8.2.1-1 条：扩展基础的构造，应符合下列要求：锥形基础的边缘高度不宜小于 200mm，且两个方向的坡度不宜大于 1∶3；阶梯形基础的每阶高度，宜为 300～500mm。

2. 经验

（1）矩形独立基础底面的长边与短边的比值 l/b，一般取 1～1.5。阶梯形基础每阶高度一般为 300～500mm。基础的阶数可根据基础总高度 H 设置，当 $H \leqslant 500$mm 时，宜分一阶；当 500mm$< H \leqslant 900$mm 时，宜分为二阶；当 $H > 900$mm 时，宜分为三阶。锥形基础的边缘高度，一般不宜小于 200mm，也不宜大于 500mm；锥形坡角度一般取 25°，最大不超过 35°；锥形基础的顶部每边宜沿柱边放出 50mm。

（2）独立基础的最小尺寸可类比承台及高杯基础尺寸，一般为 800mm×800mm。最小高度一般为 $20d + 40$（d 为柱纵筋直径，40mm 为有垫层时独立基础的保护层厚度），一般最小高度取 400mm。

独立柱基础可以做成刚性基础和扩展基础，刚性基础须满足刚性角的规定；做成扩展基础须满足柱对基础冲切需求以及基底配筋必须计算够。目前的 PKPM 系列软件中 JC-CAD 一般出来都是柔性扩展基础，在允许的条件下，基础尽量做成刚一些，这样可以减少用钢量。

独立基础有锥形基础和阶梯形基础两种。锥形基础不需要支撑，施工方便，但对混凝土坍落度控制要求比较严格。当弯矩比较大时，独立基础截面会增大很多。

1.53 独立基础平面图怎么绘制？

答：独立基础平面图一般如图 1-59 所示。其画图过程可以参考以下一句话：构件、编号、标注、节点大样。

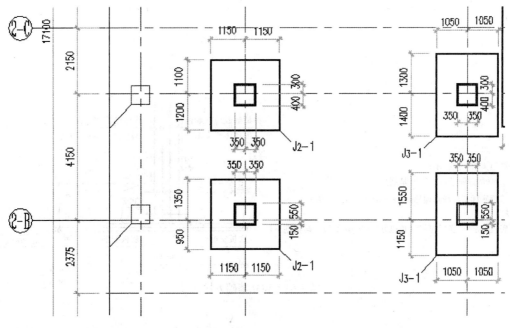

图 1-59　独立基础平面图

1.54 独立基础大样图怎么绘制?

答:独立基础大样图一般如图1-60～图1-62所示。

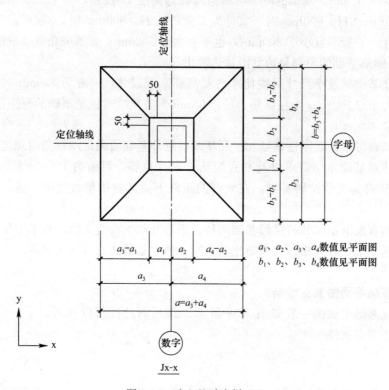

图 1-60 独立基础大样(1)

基础集中标注表示:

J_x-x(基础编号);$a×b$(基底尺寸)

基础底标高;基础顶标高(未标注时均为-1.200)

h_1;h_2

底板配筋x;底板配筋y(长边方向钢筋在短边方向钢筋下)

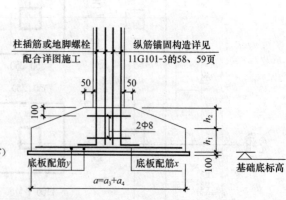

图 1-61 独立基础大样(2)

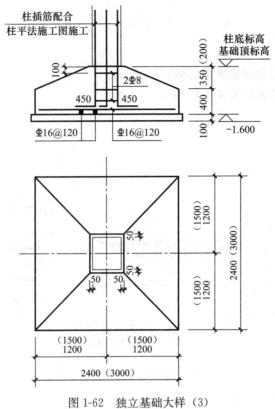

图 1-62　独立基础大样（3）

1.55　独立基础说明怎么添加？

答：独立基础说明如图 1-63 所示。

说明：

1. 本工程平面坐标及±0.000相对于绝对标高32.600。

2. 本工程根据安徽省建设工程勘察院提供的《安徽菲克电机电泵制造有限公司厂区岩土工程勘察报告》设计。

3. 基础施工前必须进行验槽，若发现土层与地质勘察报告不符时，须会同勘察、质检、设计、施工和建设单位共同协商解决。施工及验收应遵循《建筑地基基础设计规范》、《建筑地基基础工程施工质量验收规范》。

4. 图中基础，持力层为③层黏土，承载力特征值 $f_{ak}=260^{kpa}$。本图中所注基底标高仅供参考，实际以入③层土300 mm为准。

5. 材料：基础及墙下条形基础均为C25，垫层混凝土C15，厚100 mm每边挑100 mm。

6. 基础的预留柱子插筋位置，数量，直径，柱箍直径和型式应与首层柱配筋相同，并以该柱图为准，搭接范围内柱箍筋加密@100，基础内稳定箍为三个，其直径同首层柱箍。

7. 条形基础中心与墙中心重合，位置配合建筑图墙体位置施工。

8. 保护层：基础为40 mm；当基础的某一边长度大于2500mm时，该方向的钢筋可按0.9长度下料，并交错放置。

9. 基础应配合电气专业图纸设防雷接地。

图 1-63　独立基础说明

25

条 形 基 础

1.56 填充墙下条形基础常见大样的做法是什么？

答：填充墙下条形基础常见大样如图 1-64 所示。

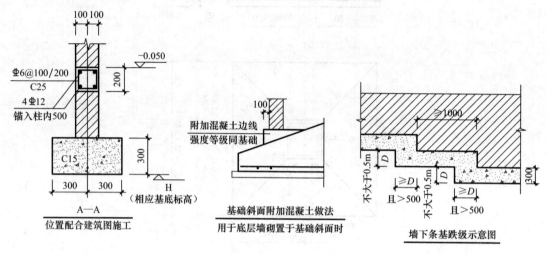

图 1-64 填充墙下条形基础大样

桩 基 础

1.57 桩端全断面进入持力层的深度？

答："桩基规范"第 3.3.3-5：应选择较硬土层作为桩端持力层。桩端全断面进入持力层的深度，对于黏性土、粉土不宜小于 $2d$，砂土不宜小于 $1.5d$，碎石类土不宜小于 $1d$。当存在软弱下卧层时，桩端以下硬持力层厚度不宜小于 $3d$。

"桩基规范"第 3.3.3-6：对于嵌岩桩，嵌岩深度应综合荷载、上覆土层、基岩、桩径、桩长诸因素确定；对于嵌入倾斜的完整和较完整岩的全断面深度不宜小于 $0.4d$ 且不小于 0.5m，倾斜度大于 30% 的中风化岩，宜根据倾斜度及岩石完整性适当加大嵌岩深度；对于嵌入平整、完整的坚硬岩和较硬岩的深度不宜小于 $0.2d$，且不应小于 0.2m。

"桩基规范"第 3.4.3：桩端进入冻深线或膨胀土的大气影响急剧层以下的深度，应满足抗拔稳定性验算要求，且不得小于 4 倍桩径及 1 倍扩大端直径，最小深度应大于 1.5m；

"桩基规范"第 3.4.6-1：桩进入液化土层以下稳定土层的长度（不包括桩尖部分）应按计算确定；对于碎石土，砾、粗、中砂，密实粉土，坚硬黏性土尚不应小于 $(2\sim3)d$。对于其他非岩石土尚不宜小于 $(4\sim5)d$。

1.58 桩承台大样做法是什么？

答：桩承台大样如图 1-65～图 1-68 所示。图中桩间距为 $3.5d$，桩身直径 400mm。

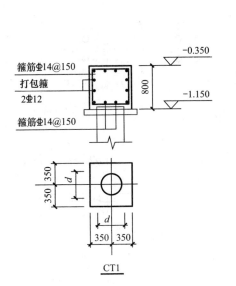

图 1-65　桩承台大样（1）

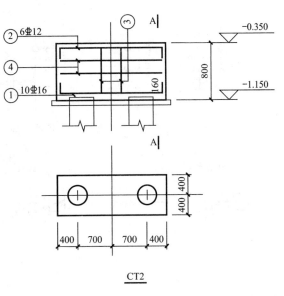

图 1-66　桩承台大样（2）

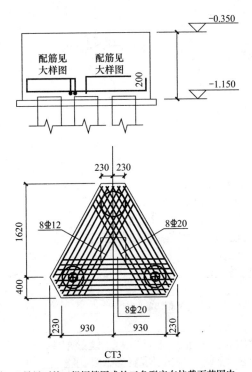

注：1.最里面的三根钢筋围成的三角形应在柱截面范围内，
　　2.钢筋应均匀布置

图 1-67　桩承台大样（3）

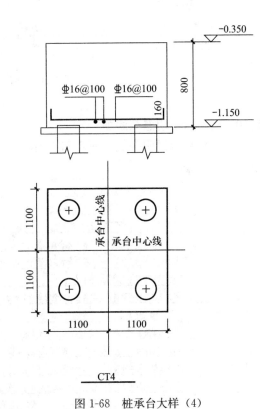

图 1-68　桩承台大样（4）

1.59　桩位平面布置图怎么绘制？

答：桩位平面布置图如图 1-69、图 1-70 所示。

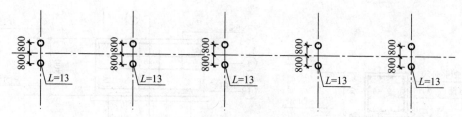

图 1-69　桩位平面布置图（1）

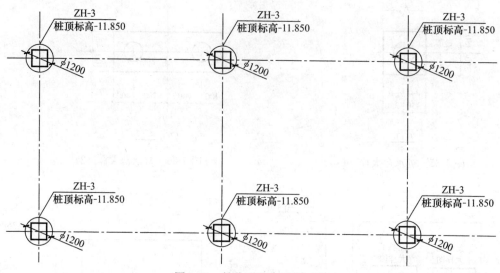

图 1-70　桩位平面布置图（2）

1.60　桩承台说明怎么添加？

答：桩承台说明一般如图 1-71 所示。

说明：

1. 钢筋的混凝土保护层厚度：承台50mm，承台短柱25mm，基础连梁25mm。

2. 桩承台及基础连梁混凝土C30，承台垫层混凝土C15，垫层厚100mm，周边各伸出100mm。

　　未注明单桩承台为CT1，两桩承台为CT2，三桩承台为CT3，四桩承台为CT4，五桩承台为CT5。

　　未注明承台均均轴线中。未标注承台顶标高均为−0.500mm。

3. 桩顶嵌入承台内50mm，桩顶与承台的连接详见《预应力混凝土管桩》（10G409）第41～43页。

　　桩顶填芯混凝土高度见桩基说明。

　　桩顶填芯混凝土浇筑前应先将管桩内壁浮浆清除干净，并涂刷水泥净浆。桩顶填芯混凝土采用

　　C35微膨胀混凝土。

4. 基础连梁表示方法参见11G101-3，未标注基础连梁梁顶标高−0.500mm，未标注的基础连梁梁端端箍筋加密

　　间距100mm，悬臂长度配合建筑图纸施工。未标注基础连梁居轴线中或贴柱边，位置配合建筑图墙体位置施工。

　　基础连梁主梁在次梁连接处，每侧附加密箍3± d@50（d为主梁箍筋直径且不小于8mm），箍筋肢数同主梁。

5. 承台施工完后应立即采用素土（非膨胀土或灰土）回填，并应在承台相对两个方向同时进行回填，并

　　分层夯实。填土的压实系数应≥0.94，当承台与基坑侧壁间隙较小时，应采用C15素混凝土灌注。

6. 基础须配合上部混凝土结构框架柱、构造柱、楼梯梯柱预留插筋，插筋做法详见11G101-3。

7. 防雷配合电气图施工。

图 1-71　桩承台说明

第2章 施工图——门式刚架图纸

2.1 厂房围护墙体与钢柱拉结示意图是什么?

答:厂房围护墙体与钢柱拉结示意图一般如图 2-1 所示。

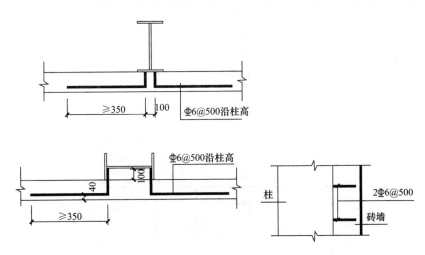

图 2-1 厂房围护墙体与钢柱拉结示意图

2.2 建筑物四周形成电气通路示意图是什么?

答:建筑物四周形成电气通路示意图一般如图 2-2 所示。

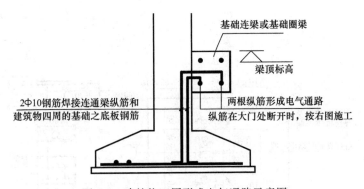

图 2-2 建筑物四周形成电气通路示意图

2.3 基础连梁断开时电气通路纵筋连接示意图是什么?

答:基础连梁断开时电气通路纵筋连接示意图一般如图 2-3 所示。

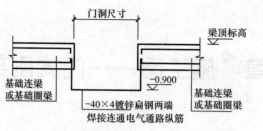

图2-3　基础连梁断开时电气通路纵筋连接示意

2.4　外露式柱脚抗剪键的做法是什么？

答：外露式柱脚抗剪键的设置如图2-4、图2-5所示。

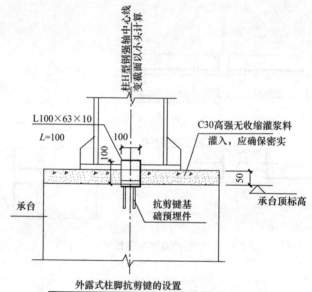

外露式柱脚抗剪键的设置

B轴交3~7轴不设，C轴交3~4轴不设，其余均设

图2-4　外露式柱脚抗剪键

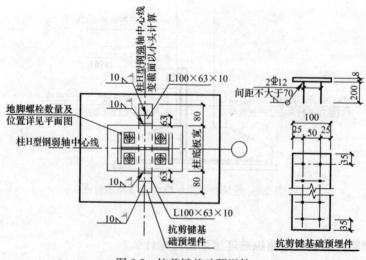

图2-5　抗剪键基础预埋件

2.5 锚栓示意图是什么?

答：锚栓示意图如图 2-6 所示。

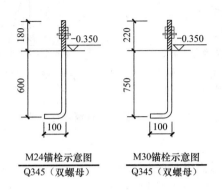

图 2-6 锚栓示意图

2.6 外露式柱脚在地面以下时的防护措施做法是什么?

答：外露式柱脚在地面以下时的防护措施一般如图 2-7 所示。

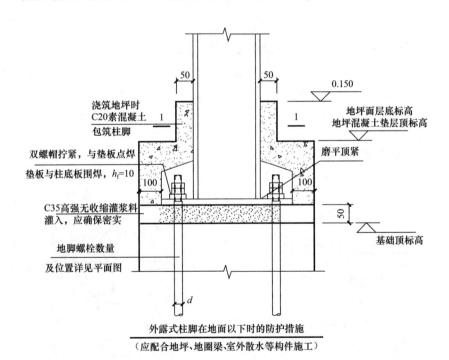

图 2-7 外露式柱脚在地面以下时的防护措施

2.7 梁上下翼缘与柱翼缘连接节点做法是什么?

答：梁上下翼缘与柱翼缘连接节点如图 2-8 所示。

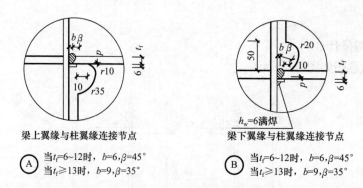

图 2-8　梁上下翼缘与柱翼缘连接节点

2.8　翼缘板偏心对齐连接节点做法是什么？

答：翼缘板偏心对齐连接节点如图 2-9 所示。

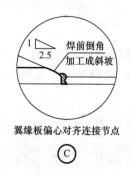

图 2-9　翼缘板偏心对齐连接节点

2.9　梁上下翼缘连接节点做法是什么？

答：梁上翼缘连接节点如图 2-10 所示。

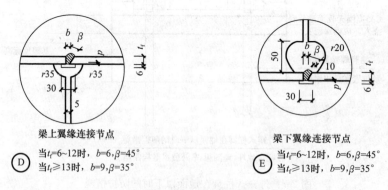

图 2-10　梁上翼缘连接节点

2.10　腹板中心线对齐连接节点做法是什么？

答：腹板中心线对齐连接节点如图 2-11 所示。

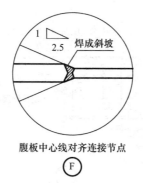

图 2-11　腹板中心线对齐连接节点

2.11　钢柱上预留孔构造图做法是什么？

答：钢柱上预留孔构造图如图 2-12 所示。

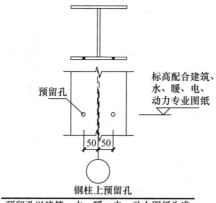

图 2-12　钢柱上留孔

2.12　雨篷节点做法是什么？

答：雨篷节点如图 2-13～图 2-15 所示。

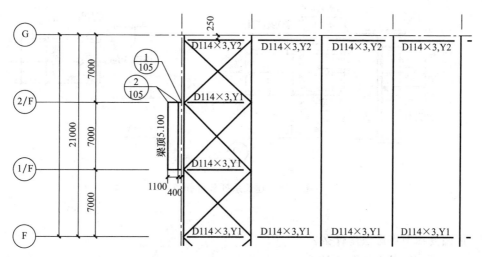

图 2-13　刚架及屋面支撑平面布置图

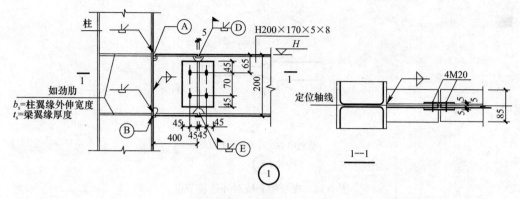

图 2-14 雨篷节点（1）

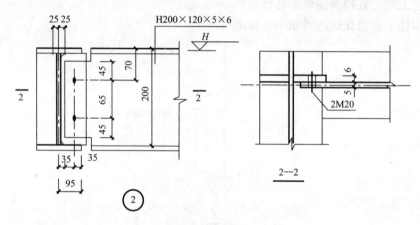

图 2-15 雨篷节点（2）

2.13 通长系杆节点做法是什么？

答：通长系杆节点如图 2-16、图 2-17 所示。

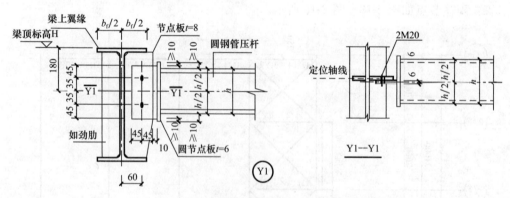

图 2-16 通长系杆节点（1）

2.14 屋面支撑节点做法是什么？

答：屋面支撑节点如图 2-18 所示。

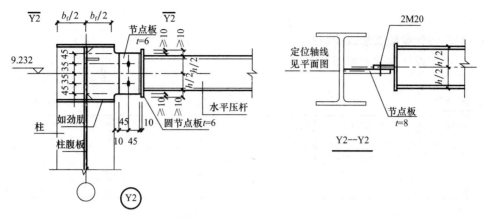

图 2-17　通长系杆节点（2）

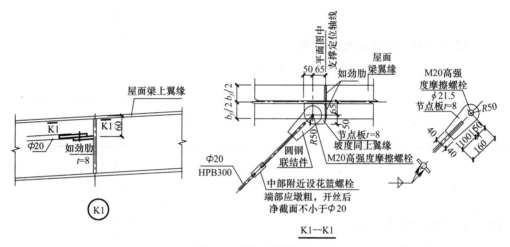

图 2-18　屋面支撑节点

2.15　屋脊通风器托梁布置示意图是什么？

答：屋脊通风器托梁布置示意图如图 2-19 所示。

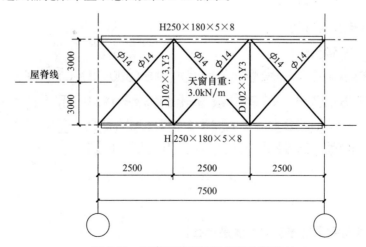

图 2-19　屋脊通风器托梁布置示意图

注：设备厂商需复核天窗与屋面泛水板高度，防止飘雪飘雨

2.16 吊车设计参数表怎么绘制？

答：吊车设计参数表如图 2-20 所示。

吊车设计参数表

吊车序号	吊车跨度S(m)	起重量及台数	整机重(kN)	每边轮数	最大轮压(kN)	B(mm)	W(mm)	高度H(mm)	安全边距(mm)
1	19.5	3t A5 电动单梁桥式起重机	41.4	2	25.5	3000	2500	745 +200	120+100
2	19.5	5t A5 电动单梁桥式起重机	47.6	2	37	3000	2500	820 +200	120+100
3	19.5	8t A5 电动单梁桥式起重机	59.2	2	63.9	3000	2500	875 +200	120+100

图 2-20　吊车设计参数表

2.17 吊车最不利组合选用表怎么绘制？

答：吊车最不利组合选用表如图 2-21 所示。

柱跨	A–B	B–C	C–D	D–E	E–F	F–G
不利组合	2台吊2	2台吊1	2台吊1	2台吊1	2台吊1	2台吊3

图 2-21　吊车最不利组合选用表

2.18 吊车梁说明怎么添加？

答：吊车梁说明如图 2-22 所示。

吊车梁说明：

1. 说明详见05G525及05G514-3总说明。

2. GCD-x选自05G525。

3. 吊车梁材质Q345。

4. 吊车轨道连接采用CGWK焊接型吊车轨道固定件，间距≤500。详见《吊车轨道联结及车挡》
（05G525）之38页，吊车车挡详见《吊车轨道联结及车挡》（05G525）。轨道、连接件等
制作、安装和验收应严格遵守《起重设备安装工程施工及验收规范》（GB50278-1998）
和《钢结构工程施工质量验收规范》GB-50205-2001的规定。

图 2-22　吊车梁说明

2.19 墙面檩条与圈梁连接节点做法是什么？

答：墙面檩条与圈梁连接节点如图 2-23 所示。

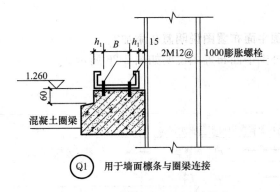

图 2-23　墙面檩条与圈梁连接节点

2.20　简支 C 形墙面通窗处檩条做法是什么？

答：简支 C 形墙面通窗处檩条做法如图 2-24 所示。

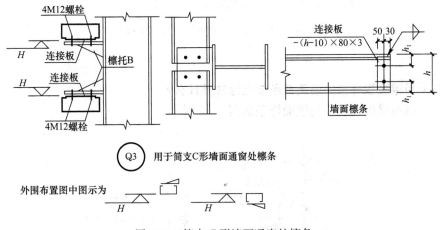

图 2-24　简支 C 形墙面通窗处檩条

2.21　窗樘、门樘与圈梁连接做法是什么？

答：窗樘、门樘与圈梁连接示意如图 2-25 所示。

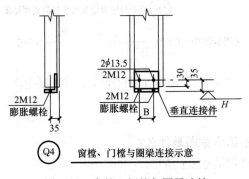

图 2-25　窗樘、门樘与圈梁连接

2.22 屋面檩条及外围平面布置图说明怎么添加？

答：屋面檩条及外围平面布置图说明如图 2-26 所示。

说明：

1. 墙面布置图中所示图例表示为：

　　━━━━━　檩条或墙梁　━━┼┼━━　檩间撑杆CT-x

　　━━━━━　φ12拉条

　　YC-x ━▷　此排檩条均设YC-x

2. 檩托均居墙面檩条布置图的轴线中。

3. 屋面预留洞须配合建筑、公用、工艺图纸施工。
　　洞口做法详见"节点详图"。

4. 门窗洞口定位及尺寸应以建筑图为准。

图 2-26　屋面檩条及外围平面布置图说明

2.23 与屋面梁腹板连接的墙面檩条节点做法是什么？

答：与屋面梁腹板连接的墙面檩条如图 2-27 所示。

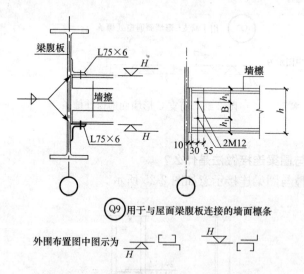

图 2-27　与屋面梁腹板连接的墙面檩条节点

2.24 砖墙与方钢管柱拉结示意图是什么？

答：砖墙与方钢管柱拉结示意图如图 2-28 所示。

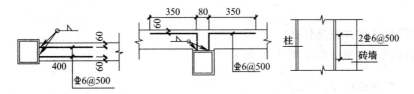

图 2-28　砖墙与方钢管柱拉结示意图

2.25　圈梁与方钢管柱拉结示意图是什么?

答:圈梁与方钢管柱拉结示意图如图 2-29 所示。

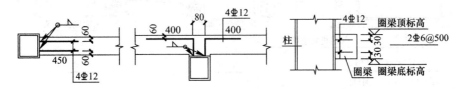

图 2-29　圈梁与方钢管柱拉结示意图

2.26　QL2 遇钢管时构造详图是什么?

答:QL2 遇钢管时构造详图如图 2-30 所示。

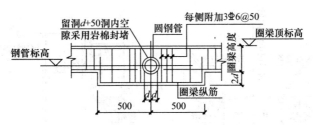

图 2-30　QL2 遇钢管时构造详图

2.27　QL 与屋面钢梁拉结示意图是什么?

答:QL 与屋面钢梁拉结示意图如图 2-31 所示。

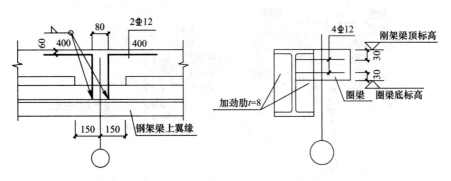

图 2-31　QL 与屋面钢梁拉结示意图

39

2.28　屋面风机支架详图是什么?

答：屋面风机支架详图如图 2-32 所示。

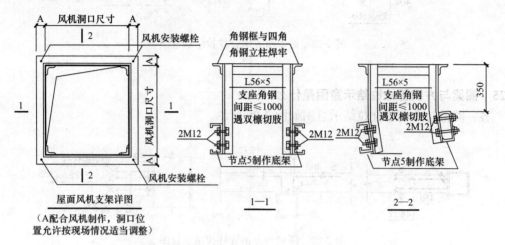

图 2-32　屋面风机支架详图

2.29　斜拉条与檩条中部联结详图是什么?

答：斜拉条与檩条中部联结详图如图 2-33 所示。

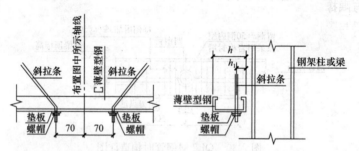

图 2-33　斜拉条与檩条中部联结

2.30　斜拉条与檩条端部联结详图是什么?

答：斜拉条与檩条端部联结详图如图 2-34 所示。

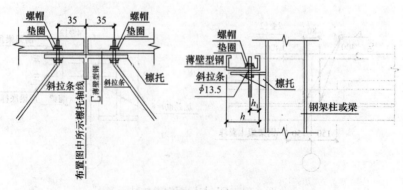

图 2-34　斜拉条与檩条端部联结

40

2.31 墙面、屋面预留洞口示意图是什么？

答：墙面、屋面预留洞口示意图如图 2-35 所示。

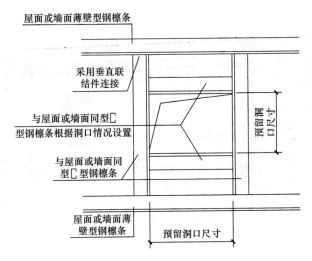

图 2-35　墙面、屋面预留洞口

2.32 屋面梁与隔撑连接孔位置示意图是什么？

答：屋面梁与隔撑连接孔位置示意如图 2-36 所示。

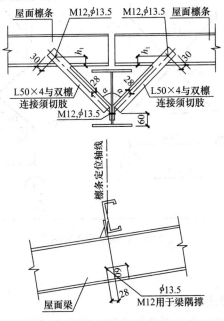

图 2-36　屋面梁与隔撑连接孔位置示意

注：当隔撑遇圆钢管时，此处隔撑取消，但应在两侧相邻檩条处各增加一道隔撑。

2.33 屋面拉条做法是什么？

答：屋面拉条做法如图 2-37 所示。

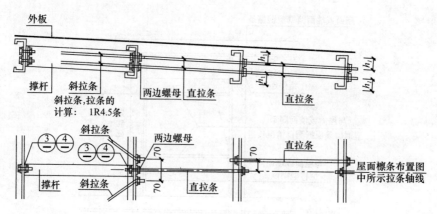

图 2-37 屋面拉条做法

2.34 柱间支撑布置图怎么绘制？

答：柱间支撑布置图如图 2-38 所示。

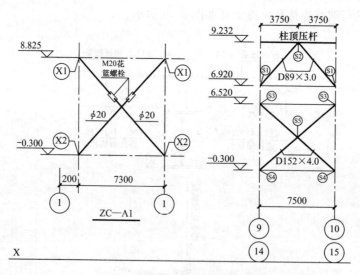

图 2-38 柱间支撑布置图

2.35 柱间支撑节点详图做法是什么？

答：图 2-38 中柱间支撑节点详图如图 2-39～图 2-41 所示。

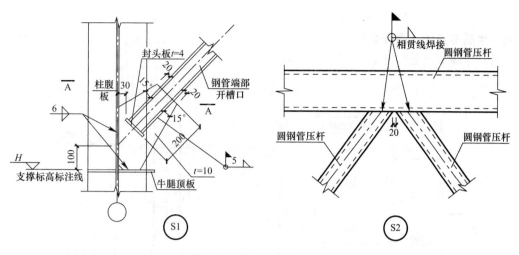

图 2-39　柱间支撑节点（1）

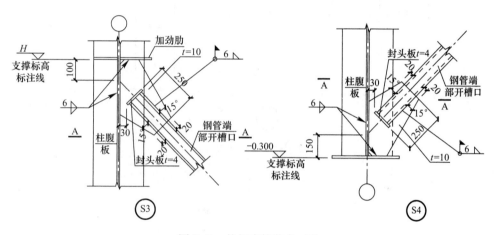

图 2-40　柱间支撑节点（2）

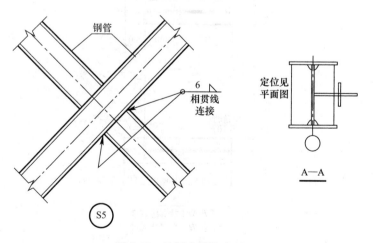

图 2-41　柱间支撑节点（3）

2.36 牛腿节点做法是什么?

答:牛腿节点如图 2-42～图 2-45 所示。

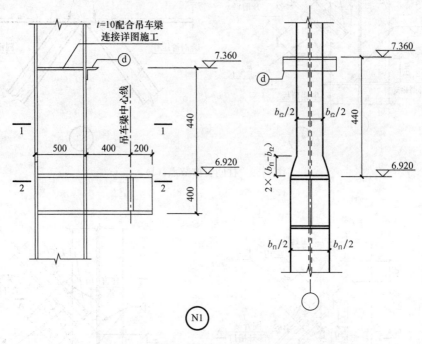

图 2-42 牛腿节点 (1)

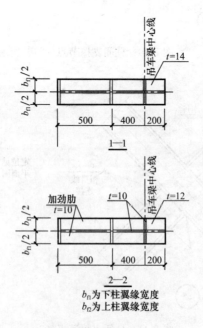

b_{f1} 为下柱翼缘宽度
b_{f2} 为上柱翼缘宽度

图 2-43 牛腿节点 (2)

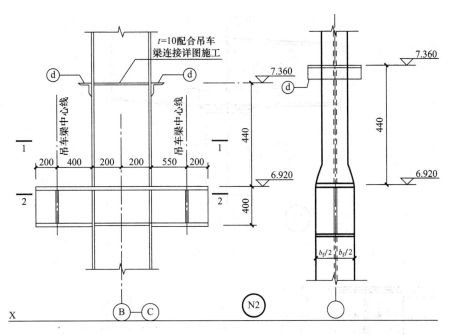

图 2-44 牛腿节点（3）

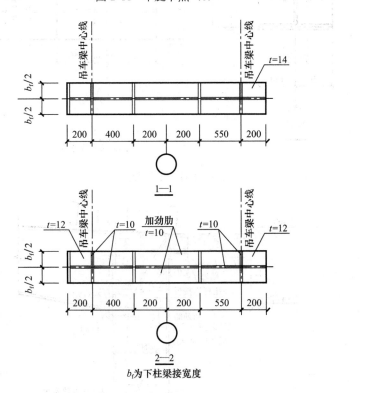

1—1

b_f 为下柱梁接宽度

2—2

图 2-45 牛腿节点（4）

2.37 梁柱节点做法是什么?

答：梁柱节点如图 2-46～图 2-49 所示。

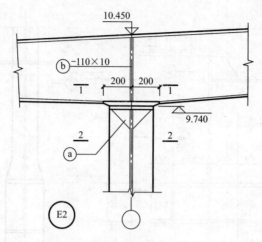

图 2-46 梁柱节点（1）

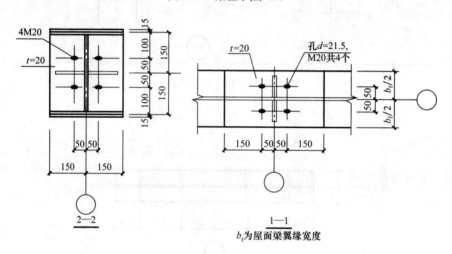

b_f 为屋面梁翼缘宽度

图 2-47 梁柱节点（2）

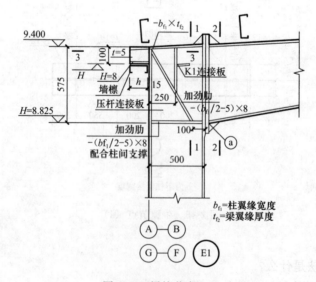

b_{f1}＝柱翼缘宽度
t_{f2}＝梁翼缘厚度

图 2-48 梁柱节点（3）

46

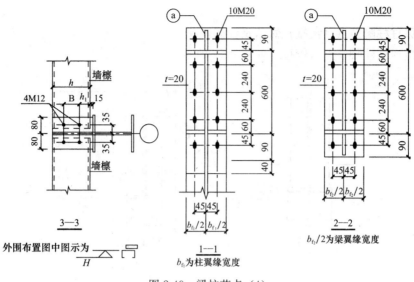

图 2-49 梁柱节点（4）

2.38 钢架柱柱脚节点做法是什么?

答：钢架柱柱脚节点如图 2-50、图 2-51 所示。

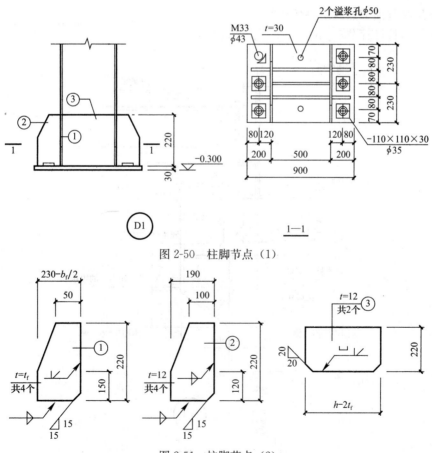

图 2-50 柱脚节点（1）

图 2-51 柱脚节点（2）

2.39 抗风柱柱脚节点（铰接）做法是什么？

答：抗风柱柱脚节点（铰接）如图2-52所示。

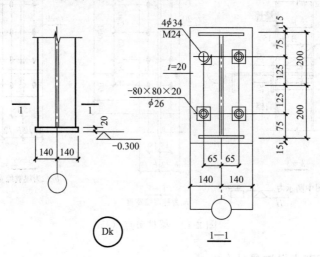

图2-52 抗风柱柱脚节点（铰接）

2.40 抗风柱柱顶节点做法是什么？

答：抗风柱柱顶节点如图2-53、图2-54所示。

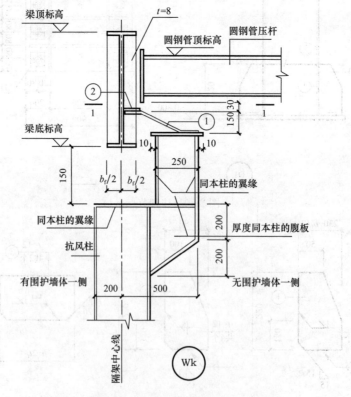

图2-53 抗风柱柱顶节点（1）

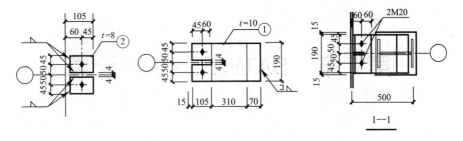

图 2-54　抗风柱柱顶节点（2）

2.41　梁拼接节点做法是什么？

答：梁拼接节点如图 2-55、图 2-56 所示。

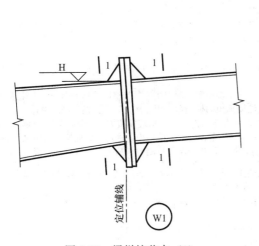

图 2-55　梁拼接节点（1）

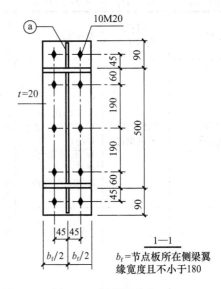

b_f=节点板所在侧梁翼缘宽度且不小于180

图 2-56　梁拼接节点（2）

第 3 章 SATWE 分析与计算

3.1 结构计算步骤及控制点有何规定？

黄警顽在抗震结构设计计算问题（2006.06）中对"结构计算步骤及控制点"做了如下阐述：

计算步骤	步骤目标	建模或计算条件	控制条件及处理
1. 建模	几何及荷载模型	整体建模	1. 符合原结构传力关系； 2. 符合原结构边界条件； 3. 符合采用程序的假定条件
2. 计算一（一次或多次）	整体参数的正确确定	1. 地震方向角 $\theta_0=0$； 2. 单向地震； 3. 不考虑偶然偏心； 4. 不强制刚性楼板； 5. 按总刚分析	1. 振型组合数→有效质量参与系数>0.9吗？→否则增加振型组合数； 2. 最大地震作用方向角→$\theta_0-\theta_m>0.5°$？→是，输入 $\theta_0=\theta_m$。输入附加方向角 $\theta_0=0$； 3. 结构自振周期，输入值与计算值相差>10%时，按计算值改输入值； 4. 查看三维振型图，确定裙房参与整体计算范围→修正计算简图； 5. 短肢墙承担的抗倾覆力矩比例>50%？是，修改设计； 6. 框架-剪力墙结构框架承担抗倾覆力矩>50？是，→框架抗震等级按框架结构定；若为多层结构，可定义为框架结构定义抗震等级和计算，抗震墙作为次要抗侧力，其抗震等级可降一级
3. 计算二（一次或多次）	判定整结构的合理性（平面和竖向规则性控制）	1. 地震方向角 $\theta_0=0$，θ_m； 2. 单（双）向地震； 3. （不）考虑偶然偏心； 4. 强制全楼刚性楼板； 5. 按侧刚分析； 6. 按计算一的结果确结构类型和抗震等级	1. 周期比控制；$T_t/T_1 \leqslant 0.9(0.85)$？→否，修改结构布置，强化外围，削弱中间； 2. 层位移比控制；$[\Delta U_m/\Delta U_a,\ U_m/U_a]\leqslant 1.2$→否，按双向地震重算； 3. 侧向刚度比控制；要求见"高规" 3.5.2 节；不满足时程序自动定义为薄弱层； 4. 层受剪承载力控制；$Q_i/Q_{i+1}<[0.65(0.75)]$？否，修改结构布置； $0.65(0.75)\leqslant Q_i/Q_{i+1}<0.8$？→否，强制指定为薄弱层（注：括号中数据 B 级高层）； 5. 整体稳定控制；刚重比$\geqslant[10$（框架），1.4（其他）]； 6. 最小地震剪力控制；剪重比$\geqslant 0.2\alpha_{max}$→否，增加振型数或加大地震剪力系数； 7. 层位角控制；$\Delta U_{ei}/h_i \leqslant [1/550$（框架），1/800（框剪），1/1000（其他）]； $\Delta U_{pi}/h_i \leqslant [1/50$（框架），1/100（框剪），1/120（剪力墙、筒中筒）]； 8. 偶然偏心是客观存在的，对地震作用有影响，层间位移角只需考虑结构自身的扭转耦联，不考虑偶然偏心与双向地震作用。双向地震作用本质是对抗侧力构件承载力的一种放大，属于承载能力计算范畴，不涉及对结构扭转控制和对结构侧向刚度大小的判别（位移比、周期比），当结构不规则时，选择双向地震作用放大地震力，影响配筋； 9. 位移比、周期比即层间弹性位移角一般应考虑刚性楼板假定，这样简化的精度与大多数工程真实情况一致，但不是绝对。复杂工程应区别对待，可不按刚性楼板假定

计算步骤	步骤目标	建模或计算条件	控制条件及处理
4. 计算三（一次或多次）	构件优化设计（构件超筋超限控制）	1. 按计算一、二确定的模型和参数； 2. 取消全楼强制刚性板；定义需要的弹性板； 3. 按总刚分析； 4. 对特殊构件人工指定	1. 构件构造最小断面控制和截面受剪承载力验算； 2. 构件斜截面承载力验算（剪压比控制）； 3. 构件正截面承载力验算； 4. 构件最大配筋率控制； 5. 纯弯和偏心构件受压区高度限制； 6. 竖向构件轴压比控制； 7. 剪力墙的局部稳定控制； 8. 梁柱节点核心区受剪承载力验算
5. 绘制施工图	结构构造	抗震构造措施	1. 钢筋最大最小直径限制； 2. 钢筋最大最小间距要求； 3. 最小配筋配箍率要求； 4 重要部位的加强和明显不合理部分局部调整

3.2 多层与高层结构对 8 个控制指标有何规定？

答："高规" 2.1.1：高层建筑 tall building，high-rise building，10 层及 10 层以上或房屋高度大于 28m 的住宅建筑和房屋高度大于 24m 的其他高层民用建筑。对于多层结构，由于"轴压比"、"位移比"、"剪重比"、"楼层侧向刚度比"、"受剪承载力比""弹性层间位移角"这 6 个指标"抗规"、"高规"都有明确的规定，所以多层结构应按照"抗规"要求控制这 6 个指标；"周期比"、"刚重比"只在"高规"中规定，对于多层结构，"周期比"可根据具体情况适当放宽，"刚重比"可按照"高规"控制。

3.3 剪重比概念及本质是什么？

答：剪重比即最小地震剪力系数 λ，主要是控制各楼层最小地震剪力，尤其是对于基本周期大于 3.5s 的结构，以及存在薄弱层的结构。

剪重比的本质是地震影响系数与振型参数系数。对于普通的多层结构，一般均能满足最小剪重比要求，对于高层结构，当结构自振周期在 0.1s～特征周期之间时，地震影响系数不变。广州容柏生建筑结构设计事务所廖耘、柏生、李盛勇在《剪重比的本质关系推导及其对长周期超高层建筑的影响》一文中做了相关阐述：对剪重比影响最大的是振型参与系数，该参数与建筑体型分布、各层用途有关，与该振型各质点的相对位移及相对质量有关。当结构总重量恒定时，振型相对位移较大处的重量越大，则该振型的振型参与质量系数越大，但对抗震不利。保持质量分布不变的前提下，直接减小结构总质量可以加大计算剪重比，但这很困难。在保持质量不变的前提下，直接加大结构刚度也可以加大计算剪重比，但可能要付出较大的代价。

在实际设计中，对于普通的高层结构，如果底部某些楼层剪重比偏小，改变结构层高的可能性一般不大，一般是增加结构整体刚度（往往增加结构外围墙长，更有利于抗扭、位移比及周期比的调整），同时减少结构内边的墙（减轻结构自重的同时，更有利于位移比，周期比的调整）。提高振型参与质量系数的最好办法，还是增加结构整体刚度。考虑到反应谱长周期段本身的一些缺陷，保证长周期超高层建筑具有足够的抗震承载力和刚度储备是必要的。可不必强求计算剪重比，而应考虑采用放大剪重比并通过修改反应谱曲线的方法来使结构达到一定的设计剪重比，或采用更严格的位移限值来控制结构变形。

3.4 剪重比的规范有何规定？

答："抗规" 5.2.5：抗震验算时，结构任一楼层的水平地震剪力应符合下式要求：

$$V_{eki} > \lambda \sum_{j=i}^{n} G_j \tag{3-1}$$

式中 V_{eki}——第 i 层对应于水平地震作用标准值的楼层剪力；

λ——剪力系数，不应小于表 1-13 规定的楼层最小地震剪力系数值，对竖向不规则结构的薄弱层，尚应乘以 1.15 的增大系数；

G_j——第 j 层的重力荷载代表值。

3.5 剪重比不满足规范规定时的调整方法是什么？

答：（1）程序调整

在 SATWE 的"调整信息"中勾选"按抗震规范 5.2.5 调整各楼层地震内力"后，SATWE 按"抗规" 5.2.5 自动将楼层最小地震剪力系数直接乘以该层及以上重力荷载代表值之和，用以调整该楼层地震剪力，以满足剪重比要求。

调整信息中提供了强、弱轴方向动位移比例，当剪重比满足规范要求时，可不对此参数进行设置。若不满足就分别用 0、0.5、1.0 这几个规范指定的调整系数来调整剪重比。如果平动周期 < 特征周期，处于加速度控制段，则各层的剪力放大系数相同，此时动位移比例填 0；如果特征周期 ≤ 平动周期 ≤ 5 倍特征周期，处于速度控制段，此时动位移比例可填 0.5；如果平动周期 > 5 倍特征周期，处于位移控制段，此时动位移比例可填 1。

注：弱轴就是指结构长周期方向，强轴指短周期方向，分别给定强、弱轴两个系数，方便对两个方向采用有可能不同的调整方式，对于多塔的情况，比较复杂，只能通过自定义调整系数的方式来进行剪重比调整。

（2）人工调整

如果需人工干预，可按下列三种情况进行调整：

① 当地震剪力偏小而层间侧移角又偏大时，说明结构过柔，宜适当加大墙、柱截面，提高刚度；

② 当地震剪力偏大而层间侧移角又偏小时，说明结构过刚，宜适当减小墙、柱截面，降低刚度以取得合适的经济技术指标；

③ 当地震剪力偏小而层间侧移角又恰当时，可在 SATWE 的"调整信息"中的"全楼地震作用放大系数"中输入大于 1 的系数增大地震作用，以满足剪重比要求。

④ 有时候带地下室的高层剪重比超限，可以去掉地下室重新计算，因为 PKPM 计算剪重比的时候是加入了地下室的质量的。

3.6 剪重比设计时要注意的一些问题？

① 对高层建筑而言，结构剪重比一般底层最小，顶层最大，故实际工程中，结构剪

重比一般由底层控制。

②剪重比不满足要求时，首先要检查有效质量系数是否达到90％。剪重比是反映地震作用大小的重要指标，它可以由"有效质量系数"来控制，当"有效质量系数"大于90％时，可以认为地震作用满足规范要求，若没有，则有以下几个方法：①查看结构空间振型简图，找到局部振动位置，调整结构布置或采用强制刚性楼板，过滤掉局部振动；②由于有局部振动，可以增加计算振型数，采用总刚分析；③剪重比仍不满足时，对于需调整楼层层数较少（不超过楼层总数的15％），且剪重比与规范限值相差不大（地震剪力调整系数不大于1.1）时，可以通过选择SATWE的相关参数来达到目的，也可以提前和审图公司沟通，看他们可接受多少层剪重比不满足规范要求。剪重比不满足规范要求，还应检查周期折减系数是否取值正确。

③控制剪重比的根本原因在于建筑物周期很长的时候，由振型分解法所计算出的地震效应会偏小。剪重比与抗震设防烈度、场地类别、结构形式和高度有关，对于一般多、高层建筑，最小的剪重比值往往容易满足，高层建筑，由于结构布置原因，可能出现底部剪重比偏小的情况，在满足规范规定时，没必要刻意去提高，规范规定剪重比主要是增加结构的安全储备。

④4％左右的剪重比对多层框架结构应该是合理的。结构体系对剪重比的计算数值影响较大，矮胖型的钢筋混凝土框架结构一般剪重比比较大，体型纤细的长周期高层建筑一般剪重比会比较小。

3.7　周期平动系数不纯的原因是什么？

答：这种现象常见于L形、Y形结构，比如平动周期为1.0（0.5+0.5）。出现平动周期不纯（不是1.0+0.0或0.0+1.0）说明结构实际平动和建模假定的主轴方向有夹角45°。在满足第一振型和第二振型平动周期比、位移比的前提下，没有必要刻意去追求平动周期很纯，可以查看最不利地震方向，填写附加角度就行，没必要再次调整结构布置。

3.8　规范对周期比有何规定？

答："高规"3.4.5：结构扭转为主的第一自振周期 T_t 与平动为主的第一自振周期 T_1 之比，A级高度高层建筑不应大于0.9，B级高度高层建筑、超过A级高度的混合结构及本规程第10章所指的复杂高层建筑不应大于0.85。

3.9　周期比不满足规范规定时的调整方法是什么？

答：①程序调整：SATWE程序不能实现。

②人工调整：人工调整改变结构布置，提高结构的扭转刚度。总的调整原则是加强结构外围墙、柱或梁的刚度（减小第一扭转周期），适当削弱结构中间墙、柱的刚度（增大第一平动周期）。周边布置要均匀、对称、连续，有较大凹凸的部位加拉梁等（减小变形）。

③当不满足周期比时，若层位移角控制潜力较大，宜减小结构内部竖向构件刚度，增大平动周期；当不满足周期比时，且层位移角控制潜力不大，应检查是否存在扭转刚度特别小的楼层，若存在则应加强该楼层（构件）的抗扭刚度；当周期比不满足规范要求且层位移角控制潜力不大，各层抗扭刚度无突变时，则应加大整个结构的抗扭刚度。

3.10 周期比设计时要注意的一些问题？

答：① 控制周期比主要是为了控制当相邻两个振型比较接近时，由于振动耦联，结构的扭转效应增大。周期比不满足要求时，一般只能通过调整平面布置来改善，这种改变一般是整体性的。局部小的调整往往收效甚微。周期比不满足要求，说明结构的扭转刚度相对于侧移刚度较小，调整原则是加强结构外部，或者虚弱内部。

② 周期比是控制侧向刚度与扭转刚度之间的一种相对关系，而非其绝对大小，它的目的是使抗侧力构件的平面布置更有效、更合理，使结构不至于出现过大的扭转效应，控制周期比不是要求结构是否足够结实，而是要求结构承载布局合理。多层结构一般不要求控制周期比，但位移比和刚度比要控制，避免平面和竖向不规则，以及进行薄弱层验算。

③ 一般情况下，周期最长的扭转振型对应第一扭转周期 T_t，周期最长的平动振型对应第一平动周期 T_1，但也要查看该振型基底剪力是否比较大，在"结构整体空间振动简图"中，是否能引起结构整体振动，局部振动周期不能作为第一周期。当扭转系数大于 0.5 时，可认为该振型是扭转振型，反之为平动振型。

④ 对于某个特定的地震作用引起的结构反应而言，一般每个参与振型都有着一定的贡献，贡献最大的振型就是主振型；贡献指标的确定一般有两个，一是基底剪力的贡献大小，二是应变能的贡献大小。基底剪力的贡献大小比较直观，容易接受。结构动力学认为，结构的第一周期对应的振型所需的能量最小，第二周期所需要的能量次之，依次往后推，而由反应谱曲线可知，第一振型引起的基底反力一般都比第二振型引起的基底反力要小，因为过了 T_g，反应谱曲线是下降的。无论是结构动力学还是反应谱曲线分析方法，都是花最小的"代价"激活第一周期。

多层结构，宜满足周期比，但"高规"中不是限值。满足有困难时，可以不满足，但第一振型不能出现扭转。高层结构：应满足周期比。在一定的条件下，也可以突破规范的限值。当层间位移角不大于规范限值的 40%，位移角小于 1.2 时，其限值可以适当放松，但不应超过 0.95。平动成分超过 80% 就是比较纯粹的平动。

⑤ 周期比其实是小震不坏、大震不倒的一个抗震措施。对于小震可以按弹性计算，对于大震无法按弹性计算，通常只有通过这些措施来控制结构的大震不倒。小震时如果位移比过大，并且扭转周期比过大，在大震的时候就容易出现边跨构件位移过大而破坏，风荷载的计算机理完全是另外一种方法，是实实在在荷载，按弹性状态来进行设计的。周期比是抗震的控制措施，非抗震时可不用控制。

⑥ 对于位移比和周期等控制应尽量遵循实事，而不是一味要求"采用刚性板假定"。不用刚性板假定，实际周期可能由于局部振动或构比较弱，周期可能较长，周期比也没有意义，但不代表有意义的比值就是真实周期体现。在设计时，可以采用弹性板计算结构的周期，但要区分哪些是局部振动或较弱构件的周期，因为其意义不大。当然也可以采用刚性楼板假定去过滤掉那些局部振动或较弱构件的周期，前提条件是结构楼板的假定符合刚性楼板假定，当不符合时，应采用一定的构造措施。

3.11 规范对位移比有何规定？

答："高规"3.4.5：结构平面布置应减少扭转的影响。在考虑偶然偏心影响的规定水平地震力作用下，楼层竖向构件最大的水平位移和层间位移，A级高度高层建筑不宜大于该楼层平均值的1.2倍，不应大于该楼层平均值的1.5倍；B级高度高层建筑、超过A级高度的混合结构及本规程第10章所指的复杂高层建筑不宜大于该楼层平均值的1.2倍，不应大于该楼层平均值的1.4倍。

注：当楼层的最大层间位移角不大于本规程第3.7.3条规定的限值的40%时，该楼层竖向构件的最大水平位移和层间位移与该楼层平均值的比值可适当放松，但不应大于1.6。

3.12 位移比不满足规范规定时的调整方法是什么？

答：① 程序调整：SATWE程序不能实现。

② 人工调整：改变结构平面布置，加强结构外围抗侧力构件的刚度，减小结构质心与刚心的偏心距。点击【SATWE/分析结果图形和文本显示/文本文件输出/结构位移】，找出看到的最大的位移比，记住该位移比所在的楼层号及对应的节点编号。点击【SATWE/分析结果图形和文本显示/各层配筋构件编号简图】，在右边菜单中点击【换层显示】，切换到最大位移比所在的楼层号，然后点击【搜索构件/节点】，输入记下的编号，程序会自动显示该节点的位置，再加强该节点对应的墙、柱等构件的刚度。

3.13 位移比设计时要注意的一些问题？

答：① 位移比即楼层竖向构件的最大水平位移与平均水平位移的比值。层间位移比即楼层竖向构件的最大层间位移角与平均层间位移角的比值；最大位移 Δ_u 以楼层最大的水平位移差计算，不扣除整体弯曲变形。位移比是考察结构扭转效应，限制结构实际的扭转的量值。扭转所产生的扭矩，以剪应力的形式存在，一般构件的破坏准则通常是由剪切决定的，所以扭转比平动危害更大。

② 刚心质心的偏心大小并不是扭转参数是否能调合理的主要因素。判断结构扭转参数的主要因素不是刚心质心是否重合，而是由结构抗扭刚度和因刚心质心偏心产生的扭转效应的比值来决定的。换而言之，就是虽然刚心质心偏心比较大，但结构的抗扭刚度更大，足以抵抗刚心质心偏心产生的扭转效应。所以调整结构的扭转参数的重点不是非要把刚心和质心调完全重合（实际工程这种可能性是比较小的），重点在于调整结构抗扭刚度和因刚心质心偏心产生的扭转效应的比值，同时兼顾调整刚心和质心的偏心。

③ 验算位移比时一般应选择"强制刚性楼板假定"，但目的是为了有一个量化参考标准，而不是这样的概念才是正确，软件设置需要一个包络设计，能涵盖大部分结构工程，而且符合规范要求。做设计时，应尽量遵循实事求是的原则，而不是一味要求"采用刚性板假定"，对于有转换层等复杂高层建筑，由于采用刚性楼板假定可能会失真，不宜采用刚性楼板的假定。当结构凸凹不规则或楼板局部不连续时，应采用符合楼板平面内实际刚度变化的计算模型或者采取一定的构造措施符合刚性楼板假定。位移比应考虑偶然偏心，不考虑双向地震作用。验算位移比之前，周期需要按WZQ重新输入，并考虑周期折减系数。

④ 位移比其实是小震不坏，大震不倒的一个抗震措施。对于小震可以按弹性计算，对于大震无法按弹性计算，通常只有通过这些措施来控制结构的大震不倒。小震时如果位移比过大，并且扭转周期比过大，在大震的时候就容易出现边跨构件位移过大而破坏。风荷载的计算机理完全是另外一种方法，是实实在在的荷载，按弹性状态来进行设计的，位

移比大也可能（一般不用考虑风荷载作用下的位移比），算出来边跨结构构件的力就大，构件相应满足计算要求就是正确的。位移比是抗震的控制措施，非抗震时可不用控制。

⑤"抗规"3.4.3和"高规"3.4.5对"扭转不规则"采用"规定水平力"定义，其中"抗规"条文："在规定水平力下楼层的最大弹性水平位移（层间位移），大于该楼层两端弹性水平位移（层间位移）平均值的1.2倍"。根据2010版抗震规范，楼层位移比不再采用根据CQC法直接得到的节点最大位移与平均位移比值计算，而是根据给定水平力下的位移计算。CQC-Complete Quaddratic Combination，即完全二次项组合方法，其不光考虑到各个主振型的平方项，而且还考虑到耦合项，将结构各个振型的响应在概率的基础上采用完全二次方开方的组合方式得到总的结构响应，每一点都是最大值，可能出现两端位移大，中间位移小，所以CQC方法计算的结构位移比可能偏小，有时不能真实地反映结构的扭转不规则。

⑥ 两端（X方向或Y方向）刚度接近（均匀）才位移比小，在实际设计中，如果没有其他指标超限，参照朱炳寅《建筑结构设计问答及分析》一书中对A级高度建筑的扭转不规则的分类及限值，结构位移比限值可控制在1.4。在实际设计中，可允许两个不规划3个不规则就要做超限审查，当位移比超限时，可以在SATWE找到位移大的节点位置，通过增加墙长（建筑允许）、加局部剪力墙、柱截面（建筑允许）或加梁高（建筑允许）减小该节点的位移，此时还应加大与该节点相对一侧墙、柱的位移（减墙长、柱截面及梁高）。当位移比超限时，可以根据位移比的大小调整加墙长的模数，一般，墙身模数至少为200mm，翼缘为100mm，如果位移比超限值不大，按以上模数调整模型计算分析即可，如果位移比超出限值很大，可以按更大的模数，比如500~1000mm，此模数的选取，还可以先按建筑给定的最大限值取，再一步一步减小墙长，应特别注意的是，布置剪力墙时尽量遵循以下原则：外围、均匀、双向、适度、集中、数量尽可能少。

3.14 规范对弹性层间位移角有何规定？

答："高规"3.7.3：按弹性方法计算的风荷载或多遇地震标准值作用下的楼层层间最大水平位移与层高之比 Δ_u/h 宜符合下列规定：

高度不大于150m的高层建筑，其楼层层间最大位移与层高之比 Δ_u/h 不宜大于表3-1的限值。

楼层层间最大位移与层高之比的限值　　　　　　　　　　　　　表3-1

结构体系	Δ_u/h 限值
框架	1/550
框架-剪力墙、框架-核心筒、板柱-剪力墙	1/800
筒中筒、剪力墙	1/1000
除框架结构外的转换层	1/1000

3.15 弹性层间位移角不满足规范规定时的调整方法是什么？

答：弹性层间位移角不满足规范要求时，位移比、周期比等也可能不满足规范要求，可以加强结构外围墙、柱或梁（加梁高）的刚度，或直接加大扭转变大的那一侧构件的刚度。有时候外围结构刚度不好加（高层剪力墙结构），可在结构内部加墙。

3.16 弹性层间位移角设计时要注意的一些问题？

答：① 限制弹性层间位移角的目的有两点，一是保证主体结构基本处于弹性受力状态，避免混凝土墙柱出现裂缝，控制楼面梁板的裂缝数量、宽度。二是保证填充墙、隔墙、幕墙等非结构构件完好，避免产生明显的损坏。

② 当结构扭转变形过大时，弹性层间位移角一般也不满足规范要求，可以通过提高结构的抗扭刚度减小弹性层间位移角。

③ 高层剪力墙结构弹性层间位移角一般控制在 1/1100 左右（10%的余量），不必刻意追求此指标，关键是结构布置要合理。

④ "弹性层间位移角"计算时只需考虑结构自身的扭转耦联，不考虑偶然偏心与双向地震作用，"高规"并没有强制规定层间位移角一定要是刚性楼板假定下的，但是对于一般的结构采用现浇钢筋混凝土楼板和有现浇面层的预制装配式楼板，在无削弱的情况下，均可视为无限刚性楼板，弹性板与刚性板计算弹性层间位移角对于大多数工程，差别不大（弹性板计算时稍微偏保守），选择刚性楼板进行计算，首先理论上有所保证，其次计算速度快，第三经过大量工程检验。弹性方法计算与采用弹性楼板假定进行计算完全不是一个概念，弹性方法就是构件按弹性阶段刚度，不考虑塑性变形，其得到的位移也就是弹性阶段的位移。

3.17 轴压比基本概念是什么？

答：柱轴压比：柱组合的轴压力设计值与柱的全截面面积和混凝土轴心抗压强度设计值乘积之比值。

墙肢轴压比：重力荷载代表值作用下墙肢承受的轴压力设计值与墙肢的全截面面积和混凝土轴心抗压强度设计值乘积之比值。

3.18 规范对轴压比有何规定？

答：规范规定：

"抗规" 6.3.6：柱轴压比不宜超过表 3-2 的规定；建造于 Ⅳ 类场地且较高的高层建筑，柱轴压比限值应适当减小。

柱轴压比限值   表 3-2

结构类型	抗震等级			
	一	二	三	四
框架结构	0.65	0.75	0.85	0.90
框架-抗震墙，板柱-抗震墙、框架-核心筒及筒中筒	0.75	0.85	0.90	0.95
部分框支抗震墙	0.6	0.7	—	

注：1. 轴压比指柱组合的轴压力设计值与柱的全截面面积和混凝土轴心抗压强度设计值乘积之比值；对本规范规定不进行地震作用计算的结构，可取无地震作用组合的轴力设计值计算；
2. 表内限值适用于剪跨比大于 2、混凝土强度等级不高于 C60 的柱；剪跨比不大于 2 的柱，轴压比限值应降低 0.05；剪跨比小于 1.5 的柱，轴压比限值应专门研究并采取特殊构造措施；
3. 沿柱全高采用井字复合箍且箍筋肢距不大于 200mm、间距不大于 100mm、直径不小于 12mm，或沿柱全高采用复合螺旋箍、螺旋间距不大于 100mm、箍筋肢距不大于 200mm、直径不小于 12mm，或沿柱全高采用连续复合矩形螺旋箍、螺旋净距不大于 80mm、箍筋肢距不大于 200mm、直径不小于 10mm，轴压比限值均可增加 0.10；上述三种箍筋的最小配箍特征值均应按大的轴压比由本规范表 6.3.9 确定；
4. 在柱的截面中部附加芯柱，其中另加的纵向钢筋的总面积不少于柱截面面积的 0.8%，轴压比限值可增加 0.05；此项措施与注 3 的措施共同采用时，轴压比限值可增加 0.15，但箍筋的体积配箍率仍可按轴压比增加 0.10 的要求确定；
5. 柱轴压比不应大于 1.05。

"高规" 7.2.13: 重力荷载代表值作用下, 一、二、三级剪力墙墙肢的轴压比不宜超过表 3-3 的限值。

剪力墙墙肢轴压比限值   表 3-3

抗震等级	一级 (9度)	一级 (6、7、8度)	二、三级
轴压比限值	0.4	0.5	0.6

注: 墙肢轴压比是指重力荷载代表值作用下墙肢承受的轴压力设计值与墙肢的全截面面积和混凝土轴心抗压强度设计值乘积之比值。

3.19 轴压比不满足规范规定时的调整方法是什么?

答: ① 程序调整: SATWE 程序不能实现。

② 人工调整: 增大该墙、柱截面或提高该楼层墙、柱混凝土强度等级, 箍筋加密等。

3.20 轴压比设计时要注意的一些问题?

答: ① 抗震等级越高的建筑结构或构件, 其延性要求也越高, 对轴压比的限制也越严格, 比如框支柱、一字形剪力墙等。抗震等级低或非抗震时可适当放松对轴压比的限制, 但任何情况下不得小于 1.05。

② 通常验算底截面墙柱的轴压比, 当截面尺寸或混凝土强度等级变化时, 还应验算该位置的轴压比。试验证明, 混凝土强度等级、箍筋配置的形式与数量均与柱的轴压比有密切的关系, 因此, 规范针对不同的情况, 对柱的轴压比限值作了适当的调整。

③ 柱轴压比的计算在 "高规" 和 "抗规" 中的规定并不完全一样, "抗规" 第 6.3.6 条规定, 计算轴压比的柱轴力设计值既包括地震组合, 也包括非地震组合, 而 "高规" 第 6.4.2 条规定, 计算轴压比的柱轴力设计值仅考虑地震作用组合下的柱轴力。软件在计算柱轴压比时, 当工程考虑地震作用, 程序仅取地震作用组合下的柱轴力设计值计算, 而对于非地震组合产生的轴力设计值则不予考虑; 当该工程不考虑地震作用时, 程序才取非地震作用组合下的柱轴力设计值计算, 这也是在设计过程中有时会发现程序计算轴压比的轴力设计值不是最大轴力的主要原因。

从概念上讲, 轴压比仅适用于抗震设计, 当为非抗震设计时, 剪力墙在 PKPM 中显示的轴压比为 "0"。当结构恒载或活载比较大时, 地震组合下轴压比有可能小于非抗震组合下的轴压比, 所以在设计时, 对于地震组合内力不起控制作用时, 特别是那些恒载或活载比较大的结构, 框架柱轴压比要留有余地。

④ 柱截面种类不宜太多是设计中的一个原则, 在柱网疏密不均的建筑中, 某根柱或为数不多的若干根柱由于轴力大而需要较大截面, 如果将所有柱截面放大以求统一, 会增加柱用钢量, 可以对个别柱的配筋采用加芯柱、加大配箍率甚至加大主筋配筋率以提高其轴压比, 从而达到控制其截面的目的。

⑤ 程序计算柱轴压比时, 有时候数字按规范要求并没有超限, 但是程序也显示红色, 这是因为随着柱的剪跨比的不同或降低, 轴压比限值也要降低。

3.21 规范对楼层侧向刚度比有何规定?

答: "高规" 3.5.2: 抗震设计时, 高层建筑相邻楼层的侧向刚度变化应符合下列规定:

1. 对框架结构，楼层与其相邻上层的侧向刚度比 λ_1 可按式（3-2）计算，且本层与相邻上层的比值不宜小于 0.7，与相邻上部三层刚度平均值的比值不宜小于 0.8。

$$\lambda_1 = \frac{V_i \Delta_{i+1}}{V_{i+1} \Delta_i} \tag{3-2}$$

式中　λ_1——楼层侧向刚度比

V_i、V_{i+1}——第 i 层和 $i+1$ 层的地震剪力标准值（kN）；

Δ_i、Δ_{i+1}——第 i 层和 $i+1$ 层在地震作用标准值作用下的层间位移（m）。

注：当高层建筑带有大底盘裙房，计算裙房与其上塔楼的楼层刚度比时，不可取裙房的所有竖向抗侧力构件的刚度总和，可取其有效范围内的竖向刚度。对地下室部分也可参照此处理，而不能将所有竖向构件，特别时取地下室外墙参与计算。

2. 对框架-剪力墙、板柱-剪力墙结构、剪力墙结构、框架-核心筒结构、筒中筒结构、楼层与其相邻上层的侧向刚度比 λ_2 可按式（3-3）计算，且本层与相邻上层的比值不宜小于 0.9；当本层层高大于相邻上层层高的 1.5 倍时，该比值不宜小于 1.1；对结构底部嵌固层，该比值不宜小于 1.5。

$$\lambda_2 = \frac{V_i \Delta_{i+1}}{V_{i+1} \Delta_i} \frac{h_i}{h_{i+1}} \tag{3-3}$$

式中　λ_2——考虑层高修正的楼层侧向刚度比

"高规" 5.3.7：高层建筑结构整体计算中，当地下室顶板作为上部结构嵌固部位时，地下一层与首层侧向刚度比不宜小于 2。

"高规" 10.2.3：转换层上部结构与下部结构的侧向刚度变化应符合本规程附录 E 的规定。

当转换层设置在 1、2 层时，可近似采用转换层与其相邻上层结构的等效剪切刚度比 γ_{e1} 表示转换层上、下层结构刚度的变化，γ_{e1} 宜接近 1，非抗震设计时 γ_{e1} 不应小于 0.4，抗震设计时 γ_{e1} 不应小于 0.5。γ_{e1} 可按下列公式计算：

$$\gamma_{e1} = \frac{G_1 A_1}{G_2 A_2} \times \frac{h_2}{h_1} \tag{3-4}$$

$$A_i = A_{w,i} + \sum_j C_{i,j} A_{ci,j} \quad (i = 1,2) \tag{3-5}$$

$$C_{i,j} = 2.5 \left(\frac{h_{ci,j}}{h_i} \right)^2 \quad (i = 1,2) \tag{3-6}$$

式中　G_1、G_2——分别为转换层和转换层上层的混凝土剪变模量；

A_1、A_2——分别为转换层和转换层上层的折算抗剪截面面积，可按式（12-5）计算；

$A_{w,i}$——第 i 层全部剪力墙在计算方向的有效截面面积（不包括翼缘面积）；

$A_{ci,j}$——第 i 层第 j 根柱的截面面积；

h_i——第 i 层的层高；

$h_{ci,j}$——第 i 层第 j 根柱沿计算方向的截面高度；

$C_{i,j}$——第 i 层第 j 根柱截面面积折算系数，当计算值大于 1 时取 1。

当转换层设置在第 2 层以上时，按本规程式（12-2）计算的转换层与其相邻上层的侧向刚度比不应小于 0.6。

当转换层设置在第 2 层以上时，尚宜采用图 E 所示的计算模型按公式（3-7）计算转换层下部结构与上部结构的等效侧向刚度比 γ_{e2}。γ_{e2} 宜接近 1，非抗震设计时 γ_{e2} 不应小于

0.5，抗震设计时 γ_{e2} 不应小于 0.8。

$$\gamma_{e2} = \frac{\Delta_2 H_1}{\Delta_1 H_2} \tag{3-7}$$

3.22 楼层侧向刚度比不满足规范规定时的调整方法是什么？

答：① 程序调整：如果某楼层刚度比的计算结果不满足要求，SATWE 自动将该楼层定义为薄弱层，并按"高规"3.5.8 将该楼层地震剪力放大 1.25 倍。

② 人工调整：如果还需人工干预，可适当降低本层层高和加强本层墙、柱或梁的刚度，适当提高上部相关楼层的层高或削弱上部相关楼层墙、柱或梁的刚度，减小相邻上层墙、柱的截面尺寸。

3.23 刚重比的概念是什么？

答：结构的侧向刚度与重力荷载设计值之比称为刚重比。它是影响重力二阶效应的主要参数，且重力二阶效应随着结构刚重比的降低呈双曲线关系增加。高层建筑在风荷载或水平地震作用下，若重力二阶效应过大则会引起结构的失稳倒塌，所以要控制好结构的刚重比。

3.24 规范对刚重比有何规定？

答："高规"5.4.1：当高层建筑结构满足下列规定时，弹性计算分析时可不考虑重力二阶效应的不利影响。

1. 剪力墙结构、框架-剪力墙结构、板柱剪力墙结构、筒体结构：

$$EJ_d \geqslant 2.7H^2 \sum_{i=1}^{n} G_i \tag{3-8}$$

2. 框架结构

$$D_i \geqslant 20 \sum_{j=i}^{n} G_j / h_i \quad (i = 1, 2, \cdots, n) \tag{3-9}$$

式中　EJ_d——结构一个主轴方向的弹性等效侧向刚度，可按倒三角形分布荷载作用下结构顶点位移相等的原则，将结构的侧向刚度折算为竖向悬臂受弯构件的等效侧向刚度；

　　　　H——房屋高度；

　　G_i、G_j——分别为第 i、j 楼层重力荷载设计值，取 1.2 倍的永久荷载标准值与 1.4 倍的楼面可变荷载标准值的组合值；

　　　　h_i——第 i 楼层层高；

　　　　D_i——第 i 楼层的弹性等效侧向刚度，可取该层剪力与层间位移的比值；

　　　　n——结构计算总层数。

"高规"5.4.4：高层建筑结构的整体稳定性应符合下列规定

1. 剪力墙结构、框架-剪力墙结构、筒体结构应符合下式要求：

$$EJ_d \geqslant 1.4H^2 \sum_{i=1}^{n} G_i \tag{3-10}$$

2. 框架结构应符合下式要求：

$$D_i \geqslant 10 \sum_{j=i}^{n} G_j / h_i \quad (i = 1, 2, \cdots, n) \tag{3-11}$$

3.25 刚重比不满足规范规定时的调整方法？

答：① 程序调整：SATWE 程序不能实现。

② 人工调整：调整结构布置，增大结构刚度，减小结构自重。

3.26 规范对受剪承载力比有何规定？

答："高规" 3.5.3：A 级高度高层建筑的楼层抗侧力结构的层间受剪承载力不宜小于其相邻上一层受剪承载力的 80%，不应小于其相邻上一层受剪承载力的 65%；B 级高度高层建筑的楼层抗侧力结构的层间受剪承载力不应小于其相邻上一层受剪承载力的 75%。

注：楼层抗侧力结构的层间受剪承载力是指在所考虑的水平地震作用方向上，该层全部柱、剪力墙、斜撑的受剪承载力之和。

3.27 层间受剪承载力比不满足规范规定时的调整方法是什么？

答：① 程序调整：在 SATWE 的 "调整信息" 中的 "指定薄弱层个数" 中填入该楼层层号，将该楼层强制定义为薄弱层，SATWE 按 "高规" 3.5.8 将该楼层地震剪力放大 1.25 倍。

② 人工调整：适当提高本层构件强度（如增大配筋、提高混凝土强度或加大截面）以提高本层墙、柱等抗侧力构件的承载力，或适当降低上部相关楼层墙、柱等抗侧力构件的承载力。

第4章 PKPM之一般建模

4.1 如何设置 PMCAD 操作快捷命令？

答：PKPM 支持快捷命令的自定义，这给录入工作带来便利。可按如下步骤设置 PMCAD 操作快捷命令：

（1）以文本形式打开 PKPM \ PM \ WORK. ALI。该文本分两部分，第一部分是以三个 "EndOfFile" 作为结束行的已完成命令别名定义的命令项；第二部分是"命令别名、命令全名、说明文字"，如图 4-1、图 4-2 所示。

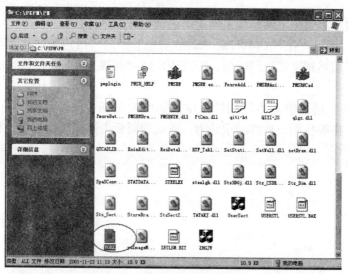

图 4-1　PKPM \ PM 对话框

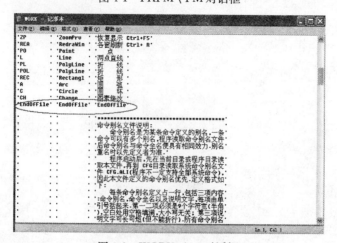

图 4-2　WORK. ALI 对话框

（2）在第二部分中选取常用的命令项，按照文件说明的方法在命令全名前填写命令别名，然后复制已完成命令别名定义的命令项，粘贴到第一部分中以三个 EndOfFile 作为结束的行之前。保存后重启 PKPM，完成。如图 4-3 所示。

4.2 PMCAD/正交轴网的开间、进深含义是什么？

答：开间指沿着 X 方向（水平方向），进深指沿着 Y 方向（竖直方向）；"正交轴网"对话框中的旋转角度以逆时针为正，可以点击"改变基点"命令改变轴网旋转的基点。

4.3 PMCAD 中建模的方法有哪些？

答：在 PMCAD 中建模时应选择平面比较大的一个标准层建模，其他标准层在

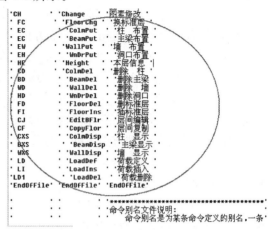

图 4-3 修改后的 WORK.ALI 对话框

此标准层基础上修改。建模时应根据建筑图选择"正交轴网"或"圆弧轴网"建模，再进行局部修改（挑梁、阳台，局部柱网错位等），局部修改时可以用"两点直线"、"平行直线"、"平移复制"、"拖动复制"、"镜像复制"等命令。

4.4 PMCAD 中"平行直线"命令使用方法是什么？

答：用"平行直线"命令时，点击 F4 切换为角度捕捉，可以布置 0°、90°或设置其他角度的直线；用"平行直线"命令时，首先输入第一点，再输入下一点，输入复制间距和复制次数，复制间距输入值为正时表示平行直线向右或向上平移，间距输入值为负时表示平行直线向左或向下平移。

4.5 PMCAD 中柱建模应注意事项？

答：所有柱截面都在此对话框中点击"新建"命令定义，选择"截面类型"，填写"矩形截面宽度"、"矩形截面高度"、"材料类别"（6 为混凝土）。

布置柱子，如果绘制施工图不用 PKPM 的模板，由于 PKPM 是节点传力，一般可不理会柱的偏心，柱布置时可以不偏心。

布置柱时，沿轴偏心指沿 X 方向偏心，偏心值为正时表示向右偏心，偏心值为负时表示向左偏心。偏轴偏心指沿 Y 方向偏心，偏心值为正时表示向上偏心，偏心值为负时表示向下偏心。可以根据实际需要按"Tab"键选择"光标方式"、"轴线方式"、"窗口方式"、"围栏方式"布置柱。确定偏心值时，可根据形心轴的偏移值确定

4.6 PMCAD 中梁建模应注意事项？

答：所有梁截面都在此对话框中点击"新建"命令定义，选择"截面类型"，填写"矩形截面宽度"、"矩形截面高度"、"材料类别"（6 为混凝土）。布置梁，如果绘制施工图不用 PKPM 的模板，由于 PKPM 是节点传力，一般不用理会梁的偏心，梁布置时可以

不偏心。

布置梁时，当用"光标方式"、"轴线方式"布置偏心梁时，鼠标点击轴线的哪边，梁就向哪边偏心，偏心值在"偏轴距离"中填写，与输入值的正负号无关。当用"窗口方式"布置偏心梁时，偏心值为正时梁向上、向左偏心，偏心值为负时梁向下、向右偏心。

梁顶标高 1 填写-100mm 表示 X 方向梁左端点下降 100mm 或 Y 方向梁下端点下降 100mm；梁顶标高 1 填写 100mm 表示 X 方向梁左端点上升 100mm 或 Y 方向梁下端点上升 100mm；梁顶标高 2 填写-100mm 表示 X 方向梁右端点下降 100mm 或 Y 方向梁上端点下降 100mm；梁顶标高 2 填写 100mm 表示 X 方向梁右端点上升 100mm 或 Y 方向梁上端点上升 100mm。当输入梁顶标高改变值时，节点标高不改变。点击【网格生成/上节点高】，输入值若为负，则节点下降，与节点相连的梁、柱、墙的标高也随之下降。

4.7 次梁输入方式是什么？

答：次梁一般可以以主梁的形式输入建模，按主梁输入的次梁与主梁刚接连接，不仅传递竖向力，还传递弯矩和扭矩，用户可对这种程序隐含的连接方式人工干预指定为铰接端，由于次梁在整个结构中起次要作用，次梁一般不调幅，PKPM 程序中次梁均隐含设定为"不调幅梁"，此时用户指定的梁支座弯矩调整系数仅对主梁起作用，对不调幅梁不起作用。如需对该梁调幅，则用户需在"特殊梁柱定义"菜单中将其改为"调幅梁"。按次梁输入的次梁和主梁的连接方式是铰接于主梁支座，其节点只传递竖向力，不传递弯矩和扭矩。

4.8 墙布置时应注意事项？

答：1. 当用"光标方式"、"轴线方式"布置偏心墙时，鼠标点击轴线的哪边墙就向哪边偏心，偏心值在"偏轴距离"中填写，与输入值的正负号无关。当用"窗口方式"布置偏心墙时，偏心值为正时墙向上、向左偏心，偏心值为负时墙向下、向右偏心，用"窗口方式"布置偏心墙时，必须从右向左、从下向上框选墙。

2. 墙标 1 填写-100mm 表示 X 方向墙左端点下沉 100mm 或 Y 方向墙下端点下沉 100mm；墙标 1 填写 100mm 表示 X 方向墙左端点上升 100mm 或 Y 方向墙下端点上升 100mm；墙标 2 填写-100mm 表示 X 方向墙右端点下沉 100mm 或 Y 方向墙上端点下沉 100mm；墙标 2 填写 100mm 表示 X 方向墙右端点上升 100mm 或 Y 方向墙上端点上升 100mm。当输入墙标高改变值时，节点标高不改变。

3. 布置墙时，首先应点击【轴线输入/两点直线】，把墙两端的节点布置好，用【轴线输入/两点直线】命令布置节点时，应按 F4 键（切换角度），并输入两个节点之间的距离。

4. 剪力墙结构或框架-剪力墙结构中有端柱时，端柱与剪力墙协同工作，端柱是剪力墙的一部分，一般可把端柱按框架柱建模。

4.9 洞口布置时应注意事项？

答：1. 所有竖向洞口都在此对话框中点击"新建"命令定义，填写"矩形洞口宽度"、"矩形洞口高度"。

2. 开洞形成的梁为连梁，不可在"特殊构件定义"中根据需要将其改为框架梁。在

PMCAD 中定义的框架梁，程序会按一定的原则，自动将部分符合连梁条件的梁转化为连梁。也可以在 SATWE 特殊构件中间将框架梁定义为连梁。

3. 若定位距离填写 600，则表示洞口左端节点离 X 方向墙体（在 X 方向墙体上开洞）左端节点的距离为 600mm 或洞口下端节点离 Y 方向墙体下端节点的距离为 600mm；若定位距离填写-600，则表示洞口右端节点离 X 方向墙体右端节点的距离为 600mm 或洞口上端节点离 Y 方向墙体上端节点的距离为 600mm。底部标高填写 500，则表示洞口的底部标高上升 500mm，底部标高填写-500，则表示洞口的底部标高下降 500mm。

4.10 楼层组装应注意事项？

答：1. 楼层组装的方法是：选择〈标准层〉号，输入层高，选择〈复制层数〉，点击〈增加〉，在右侧〈组装结果〉栏中显示组装后的自然楼层。需要修改组装后的自然楼层，可以点击〈修改〉、〈插入〉、〈删除〉等进行操作。为保证首层竖向构件计算长度正确，该层层高通常从基础顶面算起。结构标准层仅要求平面布置相同，不要求层高相同。

2. 普通楼层组装应选择〈自动计算底标高（m）〉，以便由软件自动计算各自然层的底标高，如采用广义楼层组装方式不选择该项。

3. 广义楼层组装时可以为每个楼层指定〈层底标高〉，该标高是相对于±0.000 标高，此时应不勾选〈自动计算底标高（m）〉，填写要组装的标准层相对于±0.000 标高。广义楼层组装允许每个楼层不局限于和唯一的上、下层相连，而可能上接多层或下连多层。广义楼层组装方式适用于错层多塔、连体结构的建模。

4.11 填充墙下加虚梁导荷的做法对吗？

答：虚梁输入以后，板传递的荷载被改变，此种方法应慎用。一般的粗略计算可以采用"荷规"的方法：对固定隔墙的自重应按恒荷载考虑，当隔墙位置可灵活自由布置时，非固定隔墙的自重可取每延米长墙重（kN/m）的 1/3 作为楼面活荷载的附加值（kN/m²）计入，附加值不小于 1.0kN/m²，由于板的极限破坏荷载非常大，尤其是现在计算板时一般都按弹性计算，富余更多，所以按这种粗略方法计算板配筋一般也不会有问题，并且填充墙下应布置构造钢筋。

4.12 局部地下室建模的方法是什么？

答：地上一层，地下局部有地下室，建模时分为两个标准层，第一个标准层为首层以下局部地下室部分，第二个标准层为二层楼板和首层柱。新版程序填写与基础相连的标高即可（PMCAD 中的参数设置）。

4.13 如何确认 PKPK 中楼梯模型是否参与整体计算？

答：在 PMCAD 建模后保存退出有一个选项对话框，第一条就是是否计入楼梯影响。勾选退出后会在你的工作目录生成一个 LT 的文件夹，里面是考虑楼梯影响的计算模型。考虑楼梯参与整体计算后，楼梯承担了大量的水平力，也就是梯板的轴力很大，尤其是剪刀梯，所以柱的配筋减小了，此时楼梯梯板、平台梁的配筋需要用整体计算的配筋，且板上下都需要拉通配筋，梯板、梯梁不能再用当简支构件计算的配筋，所以楼梯还是采用滑动，具体做法可参考最新图集 12G901-2（楼梯），不参与整体好。

4.14 楼板高相差 1m 输入方法是什么？

答：可以当做错层处理。

4.15 钢筋混凝土水池在 PKPM 中怎么建模？

答：水池计算还是很复杂的。现在一般用世纪旗云的水池软件，有限元版。如果采用 PKPM，一般不大的水池用手算的，复杂一点的譬如里面有柱、深长池，可以按普通的结构建模，梁板柱，外围兜一圈剪力墙，然后再设成地下室，考虑水浮力。

4.16 为何有时 SATWE 对井子梁的计算结果与查设计手册相差很大？

答：无论是混凝土结构还是砖混结构，井子梁一般都可按主梁输入，有时软件计算结果和设计手册数据相差较大，是因为计算假定不同。查表法假定梁端无论是刚接还是铰接，均不考虑竖向位移，而 SATWE 等软件采用空间交叉梁系计算，考虑了梁端位移的影响。当井子梁端为框架梁（无柱）时，计算结果与查表法相差较大，当井子梁端为剪力墙（或柱）等竖向刚度较大的构件时，梁端节点竖向位移很小，SATWE 计算结果与查表法数据基本一致。

4.17 梁与梁节点与柱靠近形成短梁容易超筋，如何解决？

答：因工程需要，当梁梁相交节点柱很近时会形成短梁。短梁刚度很大，会吸收较大的局部荷载引起超筋。错误的解决方法，如加大柱截面、改为双柱、设置梁端铰接等，这些做法不但于事无补，而且有害。

其正确做法应是：当短梁的长度小于梁的宽度，可以近似将梁的搭接点移到柱节点上（加柱或适当加大柱截面）。如果短梁的长度大于梁宽度，可以采用短梁加宽、短梁加腋、柱加牛腿等措施。

4.18 楼梯、阳台、雨篷、挑檐、空调板建模时需要建入吗？

答：这些构件通常以悬挑板的方式布置到整体模型中并输入其荷载（或近似模拟其荷载），以考虑其对整体模型的影响。构件的计算常常手算或借助小软件。

第5章　PKPM 之基础

5.1　筏板基础基床系数 K 值该如何取？

答：目前大概有三种取值方式：（1）取程序默认值，在没有地勘资料的情况下很多土层默认 K 值都是 20000。（2）取 JCCAD 说明书附录 C 里面的推荐参考 K 值。（3）输入地质资料，由程序自动计算沉降反推 K 值。按第（2）种方式取 K 值，不确定性很大，因为推荐值是一个范围，而且是个不小的范围。按第（3）种方法往往与第（2）种方法差别很大。

需要注意的是：程序算的基床系数为压强与沉降的比值。沉降大基床系数小，而规范规定：压缩模量取值应取土的自重压力至土的自重压力与附加压力之和的压力段计算。首先要勘察单位提供土体固结试验的 e-p 曲线，在可压缩范围内的。举个例子，基础埋深 6m，基础底土的自重压力为 $6 \times 18.5 = 111$kPa，基础底的上部附加压力为 500kPa，那么就取 $100 \sim 600$kPa 段的压缩模量。（$111 + 500 = 611$kPa，取 600kPa 计）从勘察报告 e-p 中读出相应土层的初始空隙比 e_0，再分别找出 100kPa 与 600kPa 对应的 e_1 和 e_6。即得出 $e_{1\sim6} = (600 - 100) \times (1 + e_0)/(e_1 - e_6) = $MPa，逐步求出压缩范围内的压缩模量。

5.2　有关筏板＋上柱墩的配筋问题？

答：一个单层地下车库，顶部有 1.5m 覆土，抗浮设计水位 3.8m，基础持力层为细砂 15t。可以采用独立基础＋防水底板的做法，但 JCCAD 无法计算抗浮，而且承载力比较低，无法考虑独基＋底板的协同作用。也可以考虑采用满堂筏板＋上柱墩，可以计算抗浮，而且与实际模型比较接近。当采用第二种做法时，上柱墩若是刚性的，板配筋不考虑上柱墩。若是柔性上柱墩，则把它当作加厚的筏板。上柱墩的配筋，可按 10@200 构造。

5.3　JCCAD 下柱墩筏板基础怎么建模计算？

答：下部可以先定义节点后定义子筏板，筏板局部加厚。PKPM 更新到 V2.1 版本后，下柱墩可以计算，不管是刚性下柱墩，还是柔性下柱墩，柱墩的计算结果都是按照柱墩的实际厚度来进行计算的，即按变截面筏板来进行计算。但是刚性下柱墩和柔性下柱墩的计算结果比较，柔性下柱墩的底部配筋稍大，刚性下柱墩的底部配筋略小，差别不是特别大。

在基础交互数据输入中，刚性下柱墩对计算冲切无影响，即只考虑了筏板厚度，未计柱墩厚度，但是柔性下柱墩可以计算柱的冲切，这个结果又与我们手算的冲切结果有所不同，程序不但考虑了柱对墩的冲切，还考虑了墩对筏板的冲切，按照两者取最不利值。

5.4　怎样在 JCCAD 里计算异形承台？

答：可以用桩筏有限元计算，自己布桩及异形承台。

5.5 有关当前组合和目标组合？

答：屏幕上当前所显示的组合值就叫当前组合。某一最大内力所对应的组合值，比如最大轴力或最大弯矩下所对应的组合值。当前组合仅表示当前屏幕上所显示的值，并不是说基础的最终控制组合就一定是它。目标组合并不一定是最不利组合，比如最大轴力下所对应的组合值其弯矩值有可能很小，不一定是控制工况，所以目标组合不能作为基础设计依据。

5.6 剪力墙下独立基础一般用什么软件模拟比较好？

答：可以在 JCCAD 中添加网格后布置筏板，用桩筏有限元可计算。用筏板模拟独立基础，配筋按照计算结果配筋。计算需要设置上部钢筋的按计算面积配足。若计算结果不需要配置上部钢筋，则需要对各个独立基础单独对待。若墙肢较短，可以不设置上部钢筋；若墙肢较长，建议按构造配置上部钢筋。

5.7 做桩承台基础，桩反力为什么大量超限？

答：按照柱底力一般是用 D+L（非地震力组合）的标准值来布置桩，而 JCCAD 计算所得单桩反力往往是地震力组合，根据桩基规范对于地震力组合，单桩竖向承载力特征值可以提高 25%。所以应该按提高后的单桩竖向承载力来复核地震组合下的桩底反力。

5.8 独立基础考虑地震作用吗？

答：满足由"抗规"4.2.1 的独立基础可不考虑地震作用，去掉 SATWE 地 X 标准值、SATWE 地 Y 标准值，如图 5-1 所示。

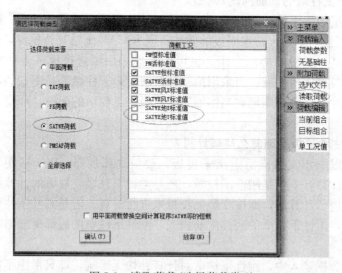

图 5-1 读取荷载/选择荷载类型

5.9 确定桩数时应用什么荷载？

答：对于大多数工程（非独立基础），不应该采用三维刚度分配后 SATWE 荷载其他组合，可采用 PM 恒+活，或 SATWE "恒+活"一般来说相对保守。如图 5-2 所示。

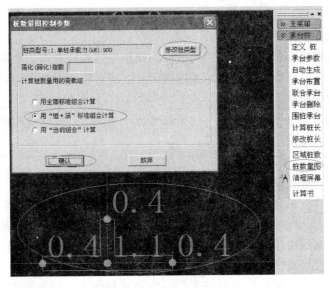

图 5-2　桩数量图对话框

5.10　地下室底板设计的电梯井底坑建模怎么处理及按什么配筋？

答：筏板内的加厚区、下沉的积水坑和电梯井都称之为子筏板。采用子筏板输入。计算软件自动计算。此部分局部加厚对计算结果有利，尤其是冲切计算。

5.11　进入桩筏筏板有限元计算时，选择弹性地基梁板模型还是选择倒楼盖模型？

答：一般选择弹性地基梁模型，具体选择方法见"基础规范"8.4.10。

5.12　弹性地基梁计算结果抗剪强度不够怎么办？

答：地梁抗剪强度不够是结构分析中常遇到的问题。一般来说，地梁内力都伴有扭矩，在弯剪扭联合作用下，很容易出现抗剪强度不足的问题。采取的措施一般是提高地梁混凝土强度等级，增加荷载集中部位的地梁数，不选择"弹性基础考虑抗扭"（地梁扭矩会减少，但弯矩会增加），增加地梁截面特别是翼缘宽度，考虑上部结构刚度影响等。

5.13　采用梁元法计算平筏板，墙（柱）下需要布置梁（板带）吗？

答：当采用梁元法计算筏板基础时，墙下要布梁，如果设计平筏板，应该用"墙下布梁"命令生成一个与墙同宽，与板同高的肋梁。同理对柱下平筏板，应该布置板带，于是可以正确读取上部荷载，为筏板寻找正确的支撑点，当采用板元法计算平筏板基础时，则无此要求。

5.14　有关承台拉梁的计算？

答：可以在 PMCAD 中新建一个标准层，输入填充墙荷载并开洞。也可以根据设计院内部经验手算。

5.15 梁元法与板元法适用条件？

答：梁元法计算筏板时，板是按四周嵌固的倒楼盖方式计算内力和配筋，不考虑板与梁整体弯曲作用。板元法计算筏板时，采用有限元方法对楼板进行内力计算，能够考虑板与梁整体弯曲作用的影响。

通常对于板较薄的梁筏板（板厚与肋梁高度比小于 0.5）可以采用梁元法计算，对于板较厚的梁筏板应优先采用板元法计算。

5.16 桩筏有限元计算结果局部配筋偏大的解决方法？

答：有限元计算结果会存在应力集中的现象，在柱下或剪力墙的转角部位往往因为内力较大导致配筋偏大，此时可以通过分区域均匀配筋的方式降低局部钢筋，即将配筋较大的区域的钢筋分布到周边相邻区域，这也符合应力扩散原理，在 JCCAD 有限元计算程序中，可以通过"分区域均匀配筋"菜单来实现该功能。

考虑上部结构刚度，减小基础差异沉降，减少筏板内力，使筏板配筋更加均匀合理。未考虑上下部结构共同作用时，平铺在地基上的大面积筏板基础（或其他整体式基础，如地基梁等），其在筏板平面外的刚度较弱，在上部结构的不均匀荷载作用下容易产生较大的变形差，进而导致筏板内力和配筋的增加。

有限元程序网格划分的情况对计算结果有较为直接的影响，尤其是在剪力墙或者柱子等荷载较为集中的地方，网格划分的情况对计算结果有较大的影响。通常情况下，横平竖直的四边形单元计算结果合理性较高。

5.17 筏板基础中很大剪力墙 JCCAD 不能进行冲切验算怎么办？

答：关于筏板冲切验算，规范仅规定框架柱和核心筒必须进行验算，对于普通剪力墙冲切时没有规定的，这不是规范的疏忽。在同一工程中，如果框架柱、核心筒及短肢剪力墙的冲切都满足规范要求，那么普通剪力墙肯定是满足规范要求的。如果一定要出普通剪力墙的冲切计算书，可以采用工具箱中的筏板冲切进行，按等周长的原则将剪力墙等效成形状类似的矩形柱进行验算即可。

5.18 筏板沉降该如何计算？

答：筏板基础沉降应按勘察报告输入地质资料，并采用单向压缩分层总和法—弹性修正模型进行计算。需要注意的是计算沉降调整系数需要根据工程经验进行合理取值，一般土质较差时可取 0.5，土质较好时可取 0.2。

第6章 PKPM软件参数设置

6.1 楼层组装/设计参数，总信息如何设置？

答：点击【设计参数】，弹出对话框，点击【总信息】，如图 6-1 所示。

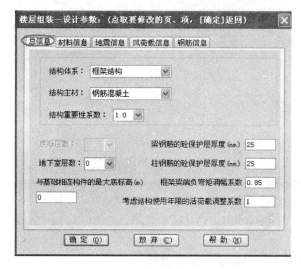

图 6-1 总信息对话框

注：以上参数填写后，有些仍可以在 SATWE 中修改，以 SATWE 为准。

参数注释：

1. 结构体系：根据工程实际填写。

2. 结构主材：一般为钢筋混凝土，也有其他选项，比如"钢和混凝土"、"砌体"等。

3. 结构重要性系数：1.1、1.0、0.9 三个选项，《建筑结构可靠度设计统一标准》GB 50068—2001 规定：对安全等级分别为一、二、三级或设计使用年限分别为 100 年及以上、50 年、5 年时，重要性安全系数分别不应小于 1.1、1.0、0.9，一般工程可填写 1.0。

4. 地下室层数：如实填写。

5. 梁、柱钢筋的混凝土保护层厚度：见"混规"8.2.1 条。当混凝土强度等级大于 C25 时，对于一类环境的板、墙、壳保护层厚度可取 15mm，梁、柱、杆可取 20mm。

6. 框架梁端负弯矩调幅系数：一般可填写 0.85。

7. 考虑结构使用年限的活荷载调整系数：一般可填写 1.0。

8. 与基础相连构件的最大底标高（m）：程序默认值为 0。某坡地框架结构，若局部基础顶标高分别为 −2.00mm，−6.00mm，则"与基础相连构件的最大底标高"填写 4.00m 时程序才能分析正确，程序会把低于此数值的构件节点设为嵌固，这样就能兼顾不同基础埋深的情况。

6.2 楼层组装/设计参数，材料信息如何设置？

答：点击【材料信息】，如图 6-2 所示。

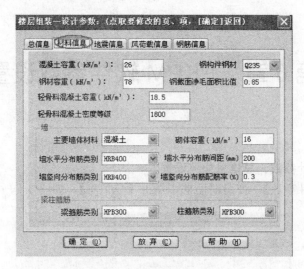

图 6-2 材料信息对话框

注：以上参数填写后，有些仍可以在 SATWE 中修改，以 SATWE 为准。

参数注释：

1. 混凝土土重度：框架可取 26，框剪可取 26～27，剪力墙可取 27；

2. "墙"一栏下的各个参数对框架结构不起控制作用，如框架结构中有少量的墙，应如实填写；

3. 梁、柱箍筋类别应按设计院规定或当地习惯、市场购买情况填写；规范规定 HPB300 级钢筋为箍筋的最小强度等级；钢筋强度等级越低延性越好，强度等级越高，一般比较省钢筋。现多数设计院在设计时，梁、柱箍筋类别一栏填写 HRB400。

6.3 楼层组装/设计参数，地震信息如何设置？

答：点击【地震信息】，如图 6-3 所示。

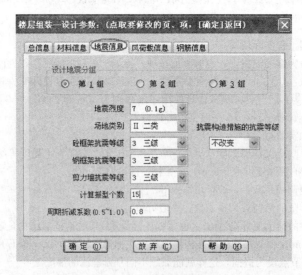

图 6-3 地震信息对话框

注：以上参数填写后，有些仍可以在 SATWE 中修改，以 SATWE 为准。

参数注释：

1. 设计地震分组：根据实际工程情况查看"抗规"附录 A；

2. 地震烈度：根据实际工程情况查看"抗规"附录 A；

3. 场地类别：根据《地质勘测报告》测试数据计算判定。

注：地震烈度度、设计地震分组、场地土类型三项直接决定了地震计算所采用的反应谱形状，对水平地震力的大小起到决定性作用。

4. 混凝土框架抗震等级、剪力墙抗震等级、钢框架抗震等级

丙类建筑按本地区抗震设防烈度计算，根据"抗规"表 6.1.2 或"高规"3.9.3 选择。乙类建筑，（常见乙类建筑：学校、医院）按本地区抗震设防烈度提高一度查表选择。建筑分类见《建筑工程抗震设防分类标准》GB 50223—2008

"混凝土框架抗震等级"、"剪力墙抗震等级"根据实际工程情况查看"抗规"表 6.1.2。

5. 计算振型个数：地震力振型数至少取 3，由于程序按三个阵型一页输出，所以振型数最好为 3 的倍数。一般对于进行耦联计算的高层建筑，所选振型数不应小于 9 个，对于高层建筑应至少取 15 个；多塔结构计算阵型数应取更多，但要注意此处的阵型数不能超过结构的固有阵型的总数（刚性楼板假定时），比如一个规则的两层结构，采用刚性楼板假定，共 6 个有效自由度，此时阵型个数最多取 6，否则会造成地震力计算异常。对于复杂、多塔以及平面不规则的建筑计算振型个数要多选，一般要求有效质量数大于 90%。振型数取得越多，计算一次时间越长。对于弹性楼板，振型数可大于 3×楼层数。

6. 计算各振型地震影响系数所采用的结构自振周期应考虑非承重填充墙体对结构刚度增强的影响，采用周期折减予以反应。因此当承重墙体为填充砖墙时，高层建筑结构的计算自振周期折减系数可按"高规"4.3.17 取值：

(1) 框架结构可取 0.6～0.7；

(2) 框架-剪力墙结构可取 0.7～0.8；

(3) 框架-核心筒结构可取 0.8～0.9；

(4) 剪力墙结构可取 0.8～1.0。

注：厂房和砖墙较少的民用建筑，周期折减系数一般取 0.80～0.85，砖墙较多的民用建筑取 0.6～0.7，（一般取 0.65）。框架-剪力墙结构：填充墙较多的民用建筑取 0.7～0.80，填充墙较少的公共建筑可取大些（0.80～0.85）。剪力墙结构：取 0.9～1.0，有填充墙取低值，无填充墙取高值，一般取 0.95。

7. 抗震构造措施的抗震等级：一般选择不改变。当建筑类别不同（比如甲类、乙类），场地类别不同时，应按相关规定填写，如表 6-1 所示。

建筑类别	场地类别	设计基本地震加速度（g）和设防烈度					
		0.05	0.1	0.15	0.2	0.3	0.4
		6	7	7	8	8	9
甲、乙类	Ⅰ	6	7	7	8	8	9
	Ⅱ	7	8	8	9	9	9+
	Ⅲ、Ⅳ	7	8	8+	9	9+	9+
丙类	Ⅰ	6		6	7	7	8
	Ⅱ	6	7	7	8	8	9
	Ⅲ、Ⅳ	6	7	8	8	9	9

决定抗震构造措施的烈度　　　　　　　　　　　　　　　表 6-1

6.4 楼层组装/设计参数，风荷载信息如何设置？

答：点击【风荷载信息】，如图 6-4 所示。

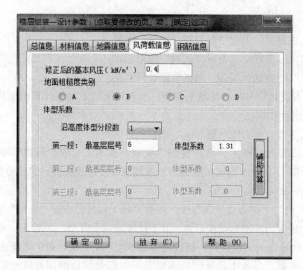

图 6-4　风荷载信息对话框

注：以上参数填写后，有些仍可以在 SATWE 中修改，以 SATWE 为准。

参数注释：

1. 修正后的基本风压：

一般工程按荷载规范给出的 50 年一遇的风压采用（直接查荷载规范）；对于沿海地区或强风地带等，应将基本风压放大 1.1～1.2 倍。

注：风荷载计算自动扣除地下室的高度。

2. 地面粗糙类别：

该选项是用来判定风场的边界条件，直接决定了风荷载的沿建筑高度的分布情况，必须按照建筑物所处环境正确选择。相同高度建筑风荷载 A＞B＞C＞D。

A 类：近海海面、海岛、海岸、湖岸及沙漠地区。

B 类：指田野、乡村、丛林、丘陵及中小城镇和大城市郊区。

C 类：指有密集建筑群的城市市区。

D 类：指有密集建筑群且房屋较高的城市市区。

3. 体型分段数：

默认 1，一般不改。现代多、高层结构立面变化较大，不同的区段内的体型系数可能不一样，程序限定体型系数最多可分三段取值。若建筑物立面体型无变化时填 1。对于（基础梁与上部结构共同分析计算的）多层框架或（地下室顶板不作为上部结构嵌固端的）高层当定义底层为地下室后，体形分段数应只考虑上部结构，程序会自动扣除地下室部分的风载。

6.5　楼层组装/设计参数，钢筋信息如何设置？

答：点击【钢筋信息】，如图 6-5 所示。

参数注释：

一般可采用默认值，不用修改。

6.6　分析与设计参数补充定义（必须执行），总信息如何设置？

答：点击【总信息】，如图 6-6 所示。

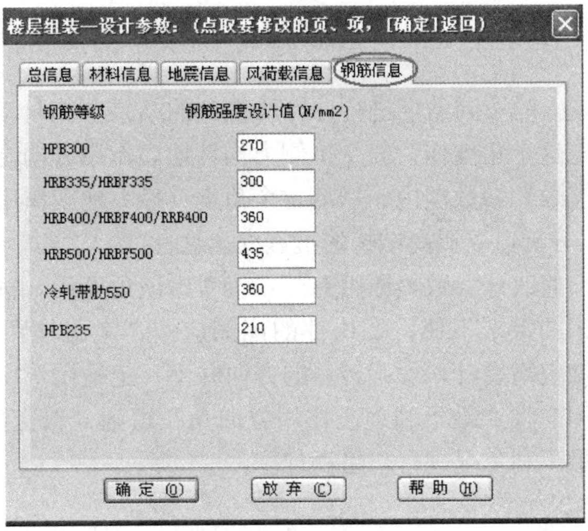

图 6-5 钢筋信息对话框

注：以上参数填写后，有些仍可以在 SATWE 中修改，以 SATWE 为准。

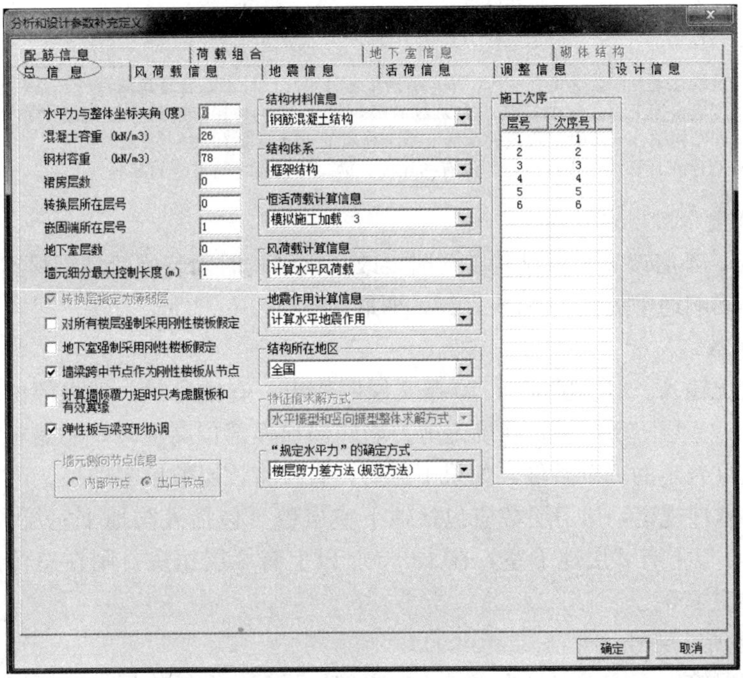

图 6-6 SATWE 总信息页

1. 水平力与整体坐标角

通常情况下，对结构计算分析，都是将水平地震沿结构 X、Y 两个方向施加，所以一般情况下水平力与整体坐标角取 0°。由于地震沿着不同的方向作用，结构地震反应的大小一般也不同，结构地震反应是地震作用方向角的函数。因此当结构平面复杂（如 L 形、三角形）或抗侧力结构非正交时，根据"抗规"5.1.1-2 规定，当结构存在相交角大于 15°的抗侧力构件时，应分别计算各抗侧力构件方向的水平地震作用，但实际上按 0°、45°各算一次即可；当程序给出最大地震力作用方向时，可按该方向角输入计算，配筋取三者的大值。

SATWE 软件对输入的不同角度进行计算所得到的结果不能自动取最不利情况，为了简化设计过程，可以把这个角度作为斜交抗侧力构件地震作用方向之一，即在"斜交抗侧力构件方向的附加地震数"参数项内，增填这个角度（最大地震作用方向大于 15°的角度）与 45°，进行结构整体分析，以提高结构的抗震安全性。

一般并不建议用户修改该参数，原因有三：①考虑该角度后，输出结果的整个图形会旋转一个角度，会给识图带来不便；②构件的配筋应按"考虑该角度"和"不考虑该角度"两次的计算结果做包络设计；③旋转后的方向并不一定是用户所希望的风荷载作用方向。综上所述，建议用户将"最不利地震作用方向角"填到"斜交抗侧力构件夹角"栏，这样程序可以自动按最不利工况进行包络设计。

2. 混凝土重度（kN/m³）

由于建模时没有考虑墙面的装饰面层，因此钢筋混凝土计算重度，考虑饰面的影响应大于 25，不同结构构件的表面积与体积比不同饰面的影响不同，一般按结构类型取值：

结构类型	框架结构	框剪结构	剪力墙结构
重度	26	26~27	27

注：1. 中国建筑设计研究院姜学诗在"SATWE 结构整体计算时设计参数合理选取（一）"做了相关规定：钢筋混凝土重度应根据工程实际取，其增大系数一般可取 1.04~1.10，钢材重度的增大系数一般可取 1.04~1.18。即结构整体计算时，输入的钢筋混凝土材料的重度可取为 26~27.5。
2. PKPM 程序在计算混凝土重度时，没有扣除板、梁、柱、墙之间重叠的部分。

3. 钢材重度（kN/m³）

一般取 78，不必改变。钢结构工程时要改，钢结构时因装修荷载钢材连接附加重量及防火、防腐等影响通常放大 1.04~1.18，即取 82~93。

4. 裙房层数

按实际情况输入。"抗规"6.1.10 条文说明指出：有裙房时，加强部位的高度也可以延伸至裙房以上一层。SATWE 在确定剪力墙底部加强部位高度时，总是将裙房以上一层作为加强区高度判定的一个条件，如果不需要，直接将该层数填零即可。

SATWE 软件规定，裙房层数应包括地下室层数（包括人防地下室层数）。例如，建筑物在±0.000 以下有 2 层地下室，在±0.000 以上有 3 层裙房，则在总信息的参数"裙房层数"项内应填 5。

5. 转换层所在层号

按实际情况输入。该指定只为程序决定底部加强部位及转换层上下刚度比的计算和内力调整提供信息，同时，当转换层号大于等于三层时，程序自动对落地剪力墙、框支柱抗震等级增加一级，对转换层梁、柱及该层的弹性板定义仍要人工指定。若有地下室，转换层号从地下室算起，假设地上第三层为转换层，地下 2 层，则转换层号填：5。

6. 嵌固端所在层号

"抗规"6.1.3-3 条规定了地下室作为上部结构嵌固部位时应满足的要求；6.1.10 条规定剪力墙底部加强部位的确定与嵌固端有关；6.1.14 条提出了地下室顶板作为上部结构的嵌固部位时的相关计算要求；"高规"3.5.2-2 条规定结构底部嵌固层的刚度比不宜小

于 1.5。

当地下室顶板作为嵌固部位时，那么嵌固端所在层为地上一层，即地下室层数＋1；而如果在基础顶面嵌固时，嵌固端所在层号为 1。如果修改了地下室层数，应注意确认嵌固端所在层号是否需相应修改。

注：1. 一般可以认为嵌固端为力学概念，即约束所有自由度，嵌固部位是预期塑性铰出现的部位，其水平位移为零，规范和众多文章中对于嵌固端和嵌固部位的用词不做区分不是很合理，规范中确定剪力墙底部加强部位的嵌固端可以认为是嵌固部位。在设计时，地下一层与首层侧向刚度比不宜小于 2，加上覆土的约束作用，预期塑性铰会出现在地下室顶板部位。

2. 满足刚度比时，不考虑覆土的作用，地下室水平位移比较小。覆土的作用是约束地下室的水平扭转变形，逐步"吃掉"上部结构的地震作用，不约束竖向位移和竖向转动。在设计时，我们要用程序模拟结构受力，就要符合程序计算的边界条件，程序是采用弹簧刚度法，将上部结构和地下室作为整体考虑，嵌固端取基础底板处，并在每层的地下室楼板处引入水平土弹簧刚度，反映回填土对地下室的约束作用，所以在实际设计中，嵌固端设在地下室顶板时，除了满足刚度比、板厚、梁板楼盖、水平力传递要连续的要求外，还要满足四周均有覆土，或者三面有覆土且基本上能约束住地下室部分的水平扭转变形的要求，某些局部构件的设计应进行包络设计（三面有覆土时，将嵌固端下移）。如果实际情况与程序计算的边界条件不符，应将嵌固端下移。

3. SATWE 中有"嵌固端所在层号"此项重要参数，程序根据此参数实现以下功能：（1）确定剪力墙底部加强部位，延伸到嵌固层下一层。（2）根据"抗规"6.1.14 和"高规"12.2.1 条将嵌固端下一层的柱纵向钢筋相对上层相应位置柱纵筋增大 10%；梁端弯矩设计值放大 1.3 倍。（3）按"高规"3.5.2.2 条规定，当嵌固层为模型底层时，刚度比限值取 1.5；（4）涉及"底层"的内力调整等，程序针对嵌固层进行调整。

4. 在计算地下一层与首层侧向刚度比时，可用剪切刚度计算，如用"地震剪力与地震层间位移比值（抗震规范方法）"，应将地下室层数填写 0 或将"土层水平抗力系数的比值系数"填为 0。新版本的 PK-PM 已在 SATWE"结构设计信息"中自动输入"Ratx，Raty：X，Y 方向本层塔侧移刚度与下一层相应塔侧移刚度的比值（剪切刚度）"，不必再人为更改参数设置。

7. 地下室层数

程序据此信息决定底部加强区范围和内力调整。当地下室局部层数不同时，以主楼地下室层数输入。地下室一般与上部共同作用分析；地下室刚度大于上部层刚度的 2 倍，可不采用共同分析。

8. 墙元细分最大控制长度

SATWE 从 08 新版开始，采用了与 05 版、08 版完全不同的墙元划分方案。为保证网格划分质量，细分尺寸一般要求控制在 1m 以内。长度控制越短计算精度越高，但计算耗时越多。当高层调方案时此参数可改为 2，振型数可改小（如 9 个），地震分析方法可改为侧刚，当仅看参数而不用看配筋时"SATWE 计算参数"也可不选"构件配筋及验算"，以达到加快计算速度的目的。

9. 转换层指定为薄弱层

默认不让选，填转换层后，默认勾选，不需要改。软件默认转换层不作为薄弱层，需要用户人工指定。此项打勾与在"调整信息"栏中"指定薄弱层号"中直接填写转换层号的效果一样。转换层不论层刚度比如何，都应强制指定为薄弱层。

10. 对所有楼层强制采用刚性楼板假定

"强制刚性楼板假定"和"刚性楼板假定"是两个相关但不等同的概念。"刚性楼板假定"指楼板平面内无限刚,平面外刚度为零的假定,每块刚性楼板有三个公共的自由度(两个平动,一个转角),而"强制刚性楼板假定"则不区分刚性板、弹性板,或独立的弹性节点,只要位于该层楼面处的所有节点,在计算时都将强制从属同一刚性板。

"强制刚性楼板假定"可能改变结构初始的分析模型,一般仅在计算位移比和周期比的时候采用,而在进行结构内力分析与配筋计算时,仍要遵循结构的真实模型,不再选择"强制刚性楼板假定"。

11. 地下室强制采用刚性楼板假定

旧版 SATWE 默认地下室顶板强制采用刚性板假定。但对于地下室顶板开大洞的结构,强制刚性板假定会使跃层柱的计算长度系数判断错误,从而影响柱内力及配筋。此时应取消勾选,由程序自动判断柱计算长度。本参数将影响周期、内力、长度系数等。程序默认勾选,以便于与旧版程序对比结果;如不勾选,则相当于旧版程序中"强制刚性板假定时保留弹性板面外刚度"。如已勾选"对所有楼层强制采用刚性楼板假定",则本参数是否勾选已无意义。

12. 墙梁跨中节点作为刚性板楼板从节点

当采用刚性板假定时,因为墙梁(即用开洞方式形成的连梁)与楼板是相互连接的,因此在计算模型上墙梁跨中节点是作为刚性板从节点的。此时,一方面会由于刚性板的约束作用过强而导致连梁的剪力偏大,另一方面由于楼板的平面内作用,使得墙梁两侧的弯矩和剪力不满足平衡关系。程序默认勾选,这也是旧版的算法;如不勾选,则认为墙梁跨中结点为弹性结点,其水平面内位移不受刚性板约束,即类似于框架梁的算法,此时墙梁剪力一般比勾选时小,但相应结构整体刚度变小、周期加长,侧移加大。

13. 计算墙倾覆力矩时只考虑腹板和有效翼缘

用来调整倾覆力矩的统计方式。勾选后,墙的无效翼缘部分内力计入框架部分,这使结构中框架、短肢墙、普通墙倾覆力矩结果更为合理。程序默认不勾选,以便于与旧版程序对比结果。墙的有效翼缘定义见"混规"9.4.3 条及"抗规"6.2.13 条文说明。

14. 弹性板与梁变形协调

此参数相当于旧版程序中的"强制刚性板假定时保留弹性板面外刚度"。勾选后,程序在进行弹性板划分时自动实现梁、板边界变形协调,计算结果符合实际受力。程序默认不勾选,以便于与旧版程序对比结果。

15. 墙元侧向节点信息:〈内部节点〉或〈出口节点〉

该参数是墙元刚度矩阵凝聚计算的控制参数,2010 版改为强制采用"出口节点";PMSAP 仍可选择。

16. 结构材料信息

程序提供钢筋混凝土结构、钢与混凝土混合结构、有填充墙钢结构、无填允墙钢结构、砌体结构共 5 个选项。现在做的住宅、高层等一般都是钢筋混凝土结构。

17. 结构体系

软件共提供 15 个选项,常用的是:框架、框剪、框筒、筒中筒、剪力墙、砌体结构、底框结构、部分框支剪力墙结构等。

规范规定不同结构体系的内力调整及配筋要求不同;同时,不同结构体系的风振系数不同;结构基本周期也不同,影响风荷计算。宜在给出的多种体系中选最接近实际的一种。

18. 恒活荷载计算信息

(1) 一次性加载计算

主要用于多层结构，而且多层结构最好采用这种加载计算法。因为施工的层层找平对多层结构的竖向变位影响很小，所以不要采用模拟施工方法计算。对于框架-核心筒类结构，由于框架和核心筒的刚度相差较大，使核心筒承受较大的竖向荷载，导致二者之间产生较大的竖向位移差。这种位移差常会使结构中间支柱出现较大沉降，从而使上部楼层与之相连的框架梁端负弯矩很小或不出现负弯矩，造成配筋困难。一次性加载的计算方法仅适合用于低层结构或有上传荷载的结构，如吊柱以及采用悬挑脚手架施工的长悬臂结构等。

(2) 模拟施工方法1加载

按一般的模拟施工方法加载，对高层结构，一般都采用这种方法计算。但是对于"框架-剪力墙结构"，采用这种方法计算在导给基础的内力中剪力墙下的内力特别大，使得其下面的基础难于设计。于是就有了下一种竖向荷载加载法。

(3) 模拟施工方法2加载

这是在"模拟施工方法1"的基础上将竖向构件（柱墙）的刚度增大10倍的情况下再进行结构的内力计算，也就是再按模拟施工方法1加载的情况下进行计算。采用这种方法计算出传给基础的力比较均匀合理，可以避免墙的轴力远远大于柱的轴力的不合理情况。由于竖向构件的刚度放大，使得水平梁的两端的竖向位移差减少，从而其剪力减少，这样就削弱了楼面荷载因刚度不均而导致的内力重分配，所以这种方法更接近手工计算。在进行上部结构计算时采用"模拟施工方法1"或"模拟施工方法3"；在基础计算时，用"模拟施工方法2"的计算结果。

(4) 模拟施工加载3

采用分层刚度、分层加载型，适用于多高层无吊车结构，更符合工程实际情况，推荐使用；模拟施工加载1和3的比较计算表明，模拟施工加载3计算的梁端弯矩，角柱弯矩更大，因此，在进行结构整体计算时，如条件许可，应优先选择模拟施工加载3来进行结构的竖向荷载计算，以保证结构的安全。模拟施工加载3的缺点是计算工作量大。

19. 风荷载计算信息

SATWE提供两类风荷载，一是程序依据《建筑结构荷载规范》GB 50009—2012风荷载的公式在"生成SATWE数据和数据检查"时自动计算的水平风荷载；二是在"特殊风荷载定义"菜单中自定义的特殊风荷载。

一般来说，大部分工程采用SATWE缺省的"水平风荷载"即可，如需考虑更细致的风荷载，则可通过"特殊风荷载"实现。

20. 地震作用计算信息

程序提供4个选项，分别是：不计算地震作用、计算水平地震作用、计算水平和规范简化方法竖向地震、计算水平和反应谱方法竖向地震。

不计算地震作用：对于不进行抗震设防的地区或者地震设防烈度为6度时的部分结构，"抗规"3.1.2条规定可以不进行地震作用计算。"抗规"5.1.6条规定：6度时的部分建筑，应允许不进行截面抗震验算，但应符合有关的抗震措施要求。因此在选择"不计算地震作用"的同时，仍要在"地震信息"页中指定抗震等级，以满足抗震构造措施的要求。

计算水平地震作用：计算 X、Y 两个方向的地震作用。普通工程选择该项。

计算水平和规范简化方法竖向地震：按"抗规"5.3.1 条规定的简化方法计算竖向地震。

计算水平和反应谱方法竖向地震："抗规"4.3.14 条规定：跨度大于 24m 的楼盖结构、跨度大于 12m 的转换结构和连体结构，悬挑长度大于 5m 的悬挑结构，结构竖向地震作用效应标准值宜采用时程分析方法或振型分解反应谱方法进行计算。

21. 特征值求解方法

默认不让选，一般不用改，仅需计算反应谱法竖向时选；仅在选择了"计算水平和反应谱方法竖向地震"时，此参数才激活。当采用"整体求解"时，在"地震信息"栏中输入的振型数为水平与竖向振型数的总和；且"竖向地震参与振型数"选项为灰，用户不能修改。当采用"独立求解"时，在"地震信息"栏中需分别输入水平与竖向的振型个数。注意：计算用振型数一定要足够多，以使得水平和竖向地震的有效质量系数都满足 90%。振型数一定的情况下，选择"独立求解"可以有效克服"整体求解"无法得到足够竖向振动、竖向振动有效系数不够的问题。一般首选"独立求解"，当选择"整体求解"时，与水平地震力振型相同给出每个振型的竖向地震力；而选择"独立求解方式"时，还给出竖向振型的各个周期值。计算后程序给出每个楼层、各塔的竖向总地震力，且在最后给出按"高规"4.3.15 条进行的调整信息。

22. 结构所在地区

一般选择全国，上海、广州的工程可采用当地的规范。B 类建筑选项和 A 类建筑选项只在鉴定加固版本中才可选择。

23. 规定水平力的确定方式：

默认规范算法一般不改，仅楼层概念不清晰时改，规定水平力主要用于新规范中位移比和倾覆力矩的计算，详见"抗规"3.4.3 条、6.1.3 条和"高规"3.4.5 条、8.1.3 条；计算方法见"抗规"3.4.3-2 条文说明和"高规"3.4.5 条文说明。程序中"规范算法"适用于大多数结构，"CQC 算法"由 CQC 组合的各个有质量节点上的地震力，主要用于不规则结构，即楼层概念不清晰，剪力差无法计算的情况。

6.7 分析与设计参数补充定义（必须执行），风荷载信息如何设置？

答：点击风荷载信息，如图 6-7 所示。

1. 地面粗糙类别

该选项用来判定风场的边界条件，直接决定了风荷载的沿建筑高度的分布情况，必须按照建筑物所处环境正确选择。相同高度建筑风荷载 A＞B＞C＞D。

A 类：近海海面，海岛、海岸、湖岸及沙漠地区。

B 类：指田野、乡村、丛林、丘陵及中小城镇和大城市郊区。

C 类：指有密集建筑群的城市市区。

D 类：指有密集建筑群且房屋较高的城市市区。

注：一般在大中城市的均可采用 C 类，其他类别的选择应根据建筑物所在场地情况确定，大城市密集高层建筑城区可采用 D 类。

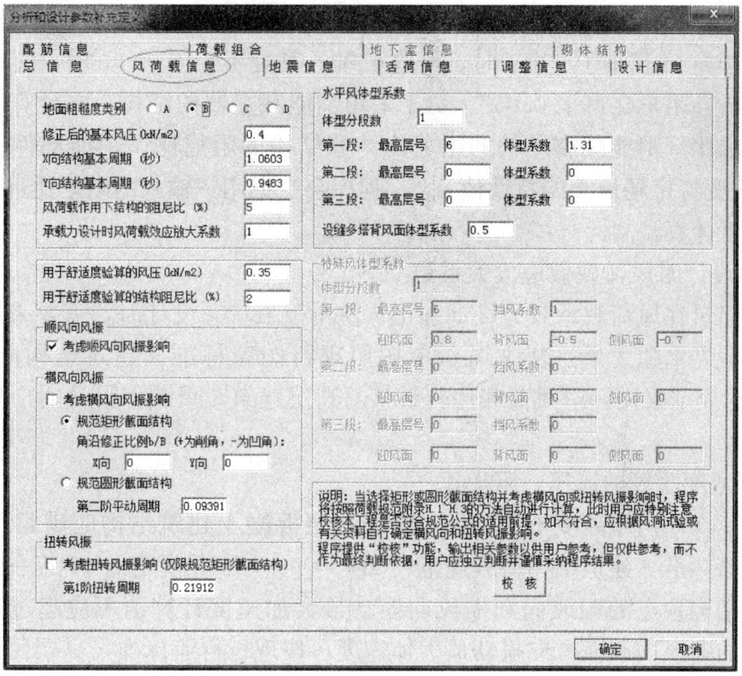

图 6-7 SATWE 风荷载信息页

2. 修正后的基本风压

修正后的基本风压主要考虑的是地形条件的影响，与楼层数直接关系不大。对于平地建筑修正系数为 1，即等于基本风压。对于山区的建筑应乘以修正系数。当安全等级为一级或高度超过 60m 的高层建筑，结构水平位移按 50 年重现期的风压值计算，承载力设计时按基本风压的 1.1 倍采用。

一般工程按"荷规"给出的 50 年一遇的风压采用（直接查"荷规"）；对于沿海地区或强风地带等，应将基本风压放大 1.1～1.2 倍。

注：风荷载计算自动扣除地下室的高度。

3. X、Y 向结构基本周期

X、Y 向结构基本周期（s）可以先按程序给定的默认值按"高规"近似公式对结构进行计算。计算完成后再将程序输出的第一平动周期值（可在 WZQ. OUT 文件中查询）填入再算一遍即可。风荷载计算与否并不会影响结构自振周期的大小。新版程序可以分别指定 X 向和 Y 向的基本周期，用于 X 向和 Y 向风载的详细计算。参照"高规" 4.2 自振周期是：结构的振动周期；基本周期是：结构按照基本振型，完成一个振动的时间（周期）。

注：1. 此处周期值应为估（或计）算所得数值，而不应为考虑周期折减后的数值。可按"荷规"附录 E.2 的有关公式估算。

2. 另外需要注意的是，结构的自振周期应与场地的特征周期错开，避免共振造成灾害。

4. 风荷载作用下结构的阻尼比

程序默认为 5，一般情况取 5。

根据"抗规" 5.1.5 条 1 款及"高规" 4.3.8 条 1 款："混凝土结构一般取 0.05（即 5%）对有墙体材料填充的房屋钢结构的阻尼比取 0.02；对钢筋混凝土及砖石砌体结构取

0.05"。"抗规"8.2.2 条规定："钢结构在多遇地震下的计算，高度不大于 50m 时可取 0.04；高度大于 50m 且小于 200m 时，可取 0.03；高度不小于 200m 时，宜取 0.02；在罕遇地震下的分析，阻尼比可采 0.05"。对于采用消能减振器的结构，在计算时可填入消能减震结构的阻尼比（消能减震结构的阻尼比＝原结构的阻尼比＋消能部件附加有效阻尼比），而不必改变特定场地土的特性值 α_{max}，程序会根据用户输入的阻尼比进行地震影响系数 α 的自动修正计算。

5. 承载力设计时风荷载效应放大系数

部分高层建筑在风荷载承载力设计和正常使用极限状态设计时，需要采用两个不同的风压值。"高规"4.2.2 条：基本风压应按照现行国家标准《建筑结构荷载规范》GB 50009—2012 的规定采用。对风荷载比较敏感的高层建筑，承载力设计时应按基本风压的 1.1 倍采用。

6. 用于舒适度验算的风压、阻尼比

"高规"3.7.6：房屋高度不小于 150m 的高层混凝土建筑结构应满足风振舒适度要求。在现行国家标准《建筑结构荷载规范》GB 50009—2012 规定的 10 年一遇的风荷载标准值作用下，结构顶点的顺风向和横风向振动最大加速度计算值不应超过表 3.7.6 的限值。结构顶点的顺风向和横风向振动最大加速度可按现行行业标准《高层民用建筑钢结构技术规程》JGJ 99 的有关规定计算，也可通过风洞试验结果判断确定，计算时结构阻尼比宜取 0.01～0.02。

验算风振舒适度时结构阻尼比宜取 0.01～0.02，程序缺省取 0.02，"风压"则缺省与风荷载计算的"基本风压"取值相同，用户均可修改。

7. 用于舒适度验算的阻尼比（%）

程序默认为 2，一般取 2。计算时阻尼比对于混凝土结构取 0.02，对混合结构可取 0.01～0.02。

8. 考虑顺风向风振影响

根据"荷规"8.4.1 条，对于高度大于 30m 且高宽比大于 1.5 的房屋，及结构基本自振周期 T_1 大于 0.25s 的高耸结构，应考虑顺风向风振影响。当符合"荷规"8.4.3 条规定时，可采用风振系数法计算顺风向荷载。一般宜勾选。

9. 考虑横风向风振影响

根据"荷规"8.5.1 条，对于高度超过 150m 或高宽比大于 5 的高层建筑，以及高度超过 30m 且高宽比大于 4 的构筑物，宜考虑横风向风振的影响。

10. 考虑扭转风振影响

根据"荷规"8.5.4 条，一般不超过 150m 的高层建筑不考虑，超过 150m 的高层建筑也应满足"荷规"8.5.4 条相关规定才考虑。

11. 分段数

默认 1，一般不改。现代多、高层结构立面变化较大，不同的区段内的体型系数可能不一样，程序限定体型系数最多可分三段取值。若建筑物立面体型无变化时填 1。对于（基础梁与上部结构共同分析计算的）多层框架或（地下室顶板不作为上部结构嵌固端的）高层当定义底层为地下室后，体形分段数应只考虑上部结构，程序会自动扣除地下室部分的风载。

12. 分段最高层号

程序默认为最高层号，不需要修改，按各分段内各层的最高层层号填写。

13. 各段体形系数

程序默认为1.30，按"荷规"表7.3.1一般取1.30。按"荷规"表7.3.1取值；规则建筑（高宽比 H/B 不大于4的矩形、方形、十字形平面建筑）取1.3（详见"高规"3.2.5条3款），处于密集建筑群中的单体建筑体型系数应考虑相互增大影响（详见《工程抗风设计计算手册》张相庭）。

14. 设缝多塔背风面体型系数

程序默认为0.5，仅多塔时有用。该参数主要应用在带变形缝的结构关于风荷载的计算中。对于设缝多塔结构，用户可以在<多塔结构补充定义>中指定各塔的挡风面，程序在计算风荷载时会自动考虑挡风面的影响，并采用此处输入的背风面体型系数对风荷载进行修正。"挡风面"的定义方法参见《PKPM新天地》05年4期中"关于'遮挡定义'功能简介"一文。需要注意的是，如果用户将此参数填为0，则表示背风面不考虑风荷载影响。对风载比较敏感的结构建议修正；对风载不敏感的结构可以不用修正。

注意：在缝隙两侧的网格长度及结构布置不尽相同时，为了较为准确地考虑遮挡范围，当遮挡位置在杆件中间时，在建模时人工在该位置增加一个节点，保证计算遮挡范围的准确性。

15. 特殊风体型系数

程序默认为灰色，一般不用更改。

6.8 分析与设计参数补充定义（必须执行），地震信息如何设置？

答：点击地震信息，如图6-8所示。

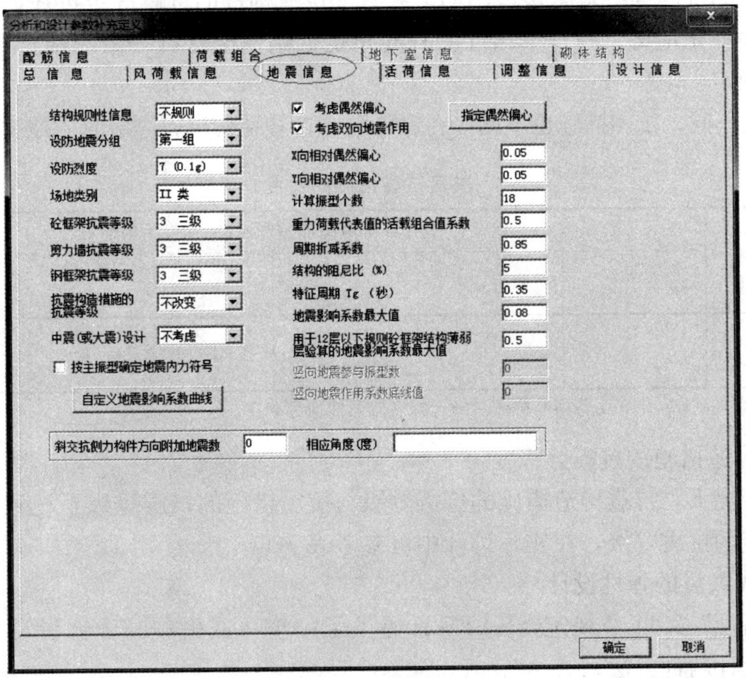

图6-8 SATWE地震信息页

1. 结构规则性信息

根据结构的规则性选取。默认不规则，该参数在程序内部不起作用。

2. 设防地震分组

根据实际工程情况查看"抗规"附录 A。

3. 设防烈度

根据实际工程情况查看"抗规"附录 A。

4. 场地类别

根据《地质勘测报告》测试数据计算判定。场地类别一般可分为四类。Ⅰ类场地土：岩石，紧密的碎石土；Ⅱ类场地土：中密、松散的碎石土，密实、中密的砾、粗、中砂；地基土容许承载力＞250kPa 的黏性土；Ⅲ类场地土：松散的砾、粗、中砂，密实、中密的细、粉砂，地基土容许承载力≤250kPa 的黏性土和≥130kPa 的填土；Ⅳ类场地土：淤泥质土，松散的细、粉砂，新近沉积的黏性土；地基土容许承载力＜130kPa 的填土。场地类别越高，地基承载力越低。

地震烈度、设计地震分组、场地土类型三项直接决定了地震计算所采用的反应谱形状，对水平地震力的大小起到决定性作用。

5. 混凝土框架抗震等级、剪力墙抗震等级、钢框架抗震等级

丙类建筑按本地区抗震设防烈度计算，根据"抗规"表 6.1.2 或"高规"3.9.3 条选择。

乙类建筑（常见乙类建筑：学校、医院），按本地区抗震设防烈度提高一度查表选择。建筑分类见《建筑工程抗震设防分类标准》GB 50223—2008。

"混凝土框架抗震等级"、"剪力墙抗震等级"根据实际工程情况查看"抗规"表 6.1.2。

此处指定的抗震等级是全楼适用的。某些部位或构件的抗震等级可在前处理第二项菜单"特殊构件补充定义"进行单构件的补充指定。钢框架抗震等级应根据"抗规"8.1.3 条的规定来确定。

抗震等级不同，抗震措施也不同，在设计时，查看结构抗震等级时的烈度可参考表 6-2。

决定抗震措施的烈度   表 6-2

建筑类别	设计基本地震加速度（g）和设防烈度					
	0.05 6	0.1 7	0.15 7	0.2 8	0.3 8	0.4 9
甲、乙类	7	8	8	9	9	9＋
丙类	6	7	7	8	8	9

注："9＋"表示应采取比 9 度更高的抗震措施，幅度应具体研究确定。

6. 抗震构造措施的抗震等级

在某些情况下，抗震构造措施的抗震等级与抗震措施的抗震等级不一致，可在此指定抗震构造措施的抗震等级，在实际设计中可参考表 6-1。

7. 中震或大震的弹性设计

依据"高规"3.11 节规定，SATWE 提供了中震（或大震）弹性设计、中震（或大震）不屈服设计两种方法。

无论选择弹性设计还是不屈服设计，均应在"地震影响系数最大值"中填入中震或大

震的地震影响系数最大值，可参照表 6-3。

水平地震影响系数最大值　　　　　　表 6-3

地震影响	6 度	7 度	7.5 度	8 度	8.5 度	9 度
多遇地震	0.04	0.08	0.12	0.16	0.24	0.32
基本烈度地震	0.11	0.23	0.33	0.46	0.66	0.91
罕遇地震	—	0.20	0.72	0.90	1.20	1.40

中震验算包括中震弹性验算和中震不屈服验算，在设计中的要求如表 6-4 所示。

中震弹性验算和中震不屈服验算的基本要求　　　　　表 6-4

设计参数	中震弹性	中震不屈服
水平地震影响系数最大值	按表 12-3 基本烈度地震	按表 12-3 基本烈度地震
内力调整系数	1.0（四级抗震等级）	1.0（四级抗震等级）
荷载分项系数	按规范要求	1.0
承载力抗震调整系数	按规范要求	1.0
材料强度取值	设计强度	材料标准值

建议：

在高烈度地区，对于结构中比较重要的抗侧力构件，比如框支剪力墙结构中的框支梁、框支柱和落地剪力墙、连体结构中与连体部分内侧相连的框架柱、剪力墙、各种结构形式中出现的跃层柱、框-筒结构中的角柱，宜进行中震弹性验算，其他竖向抗侧力构件宜进行中震不屈服验算。

8. 按主振型确定地震内力符号

根据"抗规"5.2.3 条，考虑扭转耦联时计算得到的地震作用效应没有符号。SAT-WE 原有的符号确定原则为：每个内力分量取各振型下绝对值最大者的符号。现增加本参数，以解决原有方式可能导致个别构件内力符号不匹配的问题。程序默认不勾选，以便于与旧版程序对比结果。

9. 自定义地震影响曲线

一般不需要修改，SATWE 允许用户输入任意形状的地震反应谱，以考虑规范设计谱以外的反应谱曲线。

10. 偶然偏心、考虑双向地震、用户指定偶然偏心

默认未勾选，一般可同时选择﹛偶然偏心﹜和﹛双向地震﹜，不再指定偶然偏心值。对"质量和刚度明显不对称的结构"可按取偶然偏心和双向地震两次计算结构的较大值，于是可以同时选择﹛偶然偏心﹜和﹛双向地震﹜，SATWE 对两者取不利，结果不叠加。

"偶然偏心"：

是由于施工、使用或地震地面运动扭转分量等不确定因素对结构引起的效应，对于高层结构及质量和刚度不对称的多层结构，偶然偏心的影响是客观存在的，故一般应选择"偶然偏心"去计算高层结构及质量和刚度明显不对称的多层结构的"位移比"及高层结构的"配筋"（多层结构"配筋"时一般可不选择"偶然偏心"）。计算层间位移角时一般应选择刚性楼板，可不考虑偶然偏心、不考虑竖向地震作用。

考虑﹛偶然偏心﹜计算后，对结构的荷载（总重、风荷载）、周期、竖向位移、风荷载作用下的位移及结构的剪重比没有影响，对结构的地震力和地震下的位移（最大位移、

层间位移、位移角等）有较大影响。

"高规" 4.3.3 条 "计算单向地震作用时应考虑偶然偏心的影响（地震作用大小与配筋有关）"；"高规" 3.4.5 条，计算位移比时，必须考虑偶然偏心的影响；"高规" 3.7.3 条，计算层间位移角时可不考虑偶然偏心、不考虑双向地震，一般应选择强制刚性楼板假定。"抗规" 3.4.3 的表 3.4.3-1 只注明了在规定水平力作用下计算结构的位移比，并没有说明是否考虑了偶然偏心。"抗规" 3.4.4.2 的条文说明里注明了计算位移比时候的规定水平力一般要考虑偶然偏心。

"考虑双向地震"：

"双向地震作用" 是客观存在的，其作用效果与结构的平面形状的规则程度有很大的关系（结构越规则，双向地震作用越弱），一般当位移比超过 1.3 时（有的地区规定为 1.2，过于保守），"双向地震作用" 对结构的影响会比较大，则需要在总信息参数设置中考虑双向地震作用，不考虑偶然偏心。

双向地震作用计算，本质是对抗侧力构件承载力的一种放大，属于承载能力计算范畴，不涉及对结构扭转控制和对结构抗侧刚度大小的判别。一般当位移比超过 1.3 时（有的地区规定为 1.2，过于保守），选取 "考虑双向地震"，程序会对地震作用放大，结构的配筋一般会加大，但位移比及周期比，不看 "双向地震作用" 的计算结果，而看 "偶然偏心" 作用下的计算结果。SATWE 在进行底框计算时，不应选择地震参数中的〔偶然偏心〕和〔双向地震〕，否则计算会出错。

"抗规" 5.1.1-3：质量和刚度分布明显不对称的结构，应计入双向水平地震作用下的扭转影响；其他情况，应允许采用调整地震作用效应的方法计入扭转影响。"高规" 4.3.2-2：质量与刚度分布明显不对称的结构，应计算双向水平地震作用下的扭转影响；其他情况，应计算单向水平地震作用下的扭转影响。

11. X 向相对偶然偏心、Y 向相对偶然偏心

默认 0.05，一般不需要改。

12. 计算振型个数

地震力振型数至少取 3，由于程序按三个阵型一页输出，所以振型数最好为 3 的倍数。一般对于进行耦联计算的高层建筑，所选振型数不应小于 9 个，对于高层建筑应至少取 15 个；多塔结构计算阵型数应取更多，但要注意此处的阵型数不能超过结构的固有阵型的总数（刚性楼板假定时），比如一个规则的两层结构，采用刚性楼板假定，共 6 个有效自由度，此时阵型个数最多取 6，否则会造成地震力计算异常。对于复杂、多塔以及平面不规则的建筑计算振型个数要多选，一般要求 "有效质量数大于 90%"。振型数取得越多，计算一次时间越长。

13. 活荷载重力代表值组合系数

默认 0.5，一般不需要改。该参数值改变楼层质量，不改变荷载总值（即对竖向荷载作用下的内力计算无影响），应按 "抗规" 5.1.3 条及 "高规" 4.3.6 条取值。一般民用建筑楼面等效均布活荷载取 0.5（对于藏书库、档案库、库房等建筑应特别注意，应取 0.8）。

在 WMASS.OUT 中 "各层的质量、质心坐标信息" 项输出的 "活载产生的总质量" 为已乘上组合系数后的结果。在 "地震信息" 选项卡里修改本参数，则 "荷载组合" 选项

卡中"活荷重力代表值系数"联动改变。在 WMASS. OUT 中"各楼层的单位面积质量分布"项输出的单位面积质量为"1.0 恒＋0.5 活"组合；而 PM 竖向导荷默认采用"1.2 恒＋1.4 活"组合，两者结果可能有差异。

14. 周期折减系数

计算各振型地震影响系数所采用的结构自振周期应考虑非承重填充墙体对结构刚度增强的影响，采用周期折减予以反应。因此当承重墙体为填充砖墙时，高层建筑结构的计算自振周期折减系数可按"高规"4.3.17 条取值：

(1) 框架结构可取 0.6～0.7；

(2) 框架-剪力墙结构可取 0.7～0.8；

(3) 框架-核心筒结构可取 0.8～0.9；

(4) 剪力墙结构可取 0.8～1.0。

对于其他结构体系或采用其他非承重墙时，可根据工程情况确定周期折减系数。具体折减数值应根据填充墙的多少及其对结构整体刚度影响的强弱来确定（如轻质砌体填充墙，周期折减系数可取大一些）。周期折减是强制性条文，但减多少不是强制性条文，这就要求在折减时慎重考虑，既不能太多，也不能太少，因为周期折减不仅影响结构内力，同时还影响结构的位移，当周期折减过多，地震作用加大，可能导致梁超筋。周期折减系数不影响建筑本身的周期，即 WZQ 文件中的前几阶周期，所以周期折减系数对于风荷载是没有影响的，风荷载在 SATWE 计算中与周期折减系数无关。周期折减系数只放大地震力，不放大结构刚度。

注：1. 厂房和砖墙较少的民用建筑，周期折减系数一般取 0.80～0.85，砖墙较多的民用建筑取 0.6～0.7，（一般取 0.65）。框架-剪力墙结构：填充墙较多的民用建筑取 0.7～0.80，填充墙较少的公共建筑可取大些（0.80～0.85）。剪力墙结构：取 0.9～1.0，有填充墙取低值，无填充墙取高值，一般取 0.95。

2. 空心砌块应少折减，一般可为 0.8～0.9。

15. 结构的阻尼比

对于一些常规结构，程序给出了结构阻尼的隐含值。除有专门规定外，钢筋混凝土高层建筑结构的阻尼比应取 0.05；钢结构在多遇地震下的阻尼比，对不超过 12 层的钢结构可采用 0.035，对超过 12 层的钢结构可采用 0.02；在罕遇地震下的分析，阻尼比可采用 0.05；对于钢-混凝土混合结构则根据钢和混凝土对结构整体刚度的贡献率取为 0.025～0.035。

16. 特征周期 T_g、地震影响系数最大值

特征周期 T_g：根据实际工程情况查看"抗规"（表 6-5）

特征周期值（s）　　　　　　　　　　　　　　　　　　表 6-5

设计地震分组	场地类别				
	I_0	I_1	II	III	IV
第一组	0.20	0.25	0.35	0.45	0.65
第二组	0.25	0.30	0.40	0.55	0.75
第三组	0.30	0.35	0.45	0.65	0.90

地震影响系数最大值：即"多遇地震影响系数最大值"，用于地震作用的计算时，无论多遇地震或中、大震弹性或不屈服计算时均应在此处填写"地震影响系数最大值"。

具体值可根据"抗规"表5.1.4-1来确定，如表6-6所示。

水平地震影响系数最大值 表6-6

地震结构	6度	7度	8度	9度
多遇地震	0.04	0.08 (0.12)	0.16 (0.24)	0.32
罕遇地震	0.25	0.50 (0.72)	0.90 (1.20)	1.40

注：括号中数值分别用于设计基本地震加速度为0.15g和0.30g的地区。

17. 用于12层以下规则混凝土框架结构薄弱层验算的地震影响系数最大值

此参数为"罕遇地震影响系数最大值"，仅用于12层以下规则混凝土框架结构的薄弱层验算，一般不需要改。

18. 斜交抗侧力构件方向附加地震数，相应角度

可允许最多5组方向地震。附加地震数在0～5之间取值。相应角度填入各角度值。该角度是与X轴正方向的夹角，逆时针方向为正。SATWE参数中增加"斜交抗侧力构件附加地震角度"与填写"水平与整体坐标夹角"计算结果有区别：水平力与整体坐标夹角不仅改变地震力而且改变风荷载的作用方向，而斜交抗侧力构件附加地震角度仅改变地震力方向。"抗规"5.1.1条、各类建筑结构的地震作用，应符合下列规定：对于有斜交抗侧力构件的结构，当相交角度大于15°时，应分别计算各抗侧力构件方向的水平地震作用。此处交角是指与设计输入时，所选择坐标系间的夹角。对于主体结构中存在有斜向放置的梁、柱时，也要分别计算各抗力构件方向的水平地震力。结构的参考坐标系建立以后，所求的地震力、风力总是沿着坐标系的方向作用。

建议选择对称的多方向地震，因为风载并未考虑多方向，否则容易造成配筋不对称。如输入45°和225°，程序自动增加两个逆时针旋转90°的角度（即135°和315°），并按这四个角度进行地震力的计算，程序将计算每一对新增地震作用下的构件内力，并在构件设计时考虑进内力组合中，最后构件验算取最不利一组。

19. 竖向地震作用系数底线值

该参数作用相当于竖向地震作用的最小剪重比。在WZQ.OUT文件中输出竖向地震作用系数的计算结果，如果不满足要求则自动进行调整。

20. 自定义地震影响系数曲线

SATWE允许用户输入任意形状的地震设计谱，以考虑来自安评报告或其他情形的比规范设计谱更贴切的反应谱曲线。点击该按钮，在弹出的对话框中可查看按规范公式的地震影响系数曲线，并可在此基础上根据需要进行修改，形成自定义的地震影响系数曲线。其中"按规范定义的时间"项，代表该时间之前曲线采用规范值，之后采用自定义值。如填3s就代表前3s按规范反应谱取值。

6.9 分析与设计参数补充定义（必须执行），活载信息如何设置？

答：点击活载信息，如图6-9所示。

1. 柱墙设计时活荷载

程序默认为"不折减"，一般不需要改。SATWE根据"荷规"4.1.2条2款设置此选项，点选"折减"，程序会按照右侧输入的楼层折减系数进行活荷载折减，生成的墙、柱轴压比及配筋会比点选"不折减"稍微小一些。所以，当需要以结构偏安全性为先的时候，

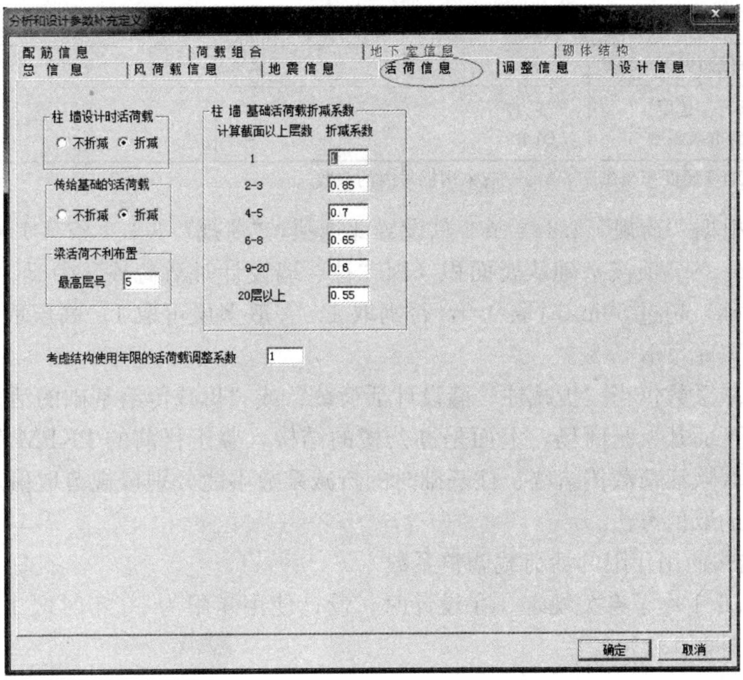

图 6-9　SATWE 活载信息页

建议点选"不折减";当需要以墙、柱尺寸和结构经济性为先的时候,建议点选"折减"。

如在 PMCAD 中考虑了梁的活荷载折减(荷载输入/恒活设置/考虑活荷载折减),则在 SATWE、TAT、PMSAP 中最好不要选择"柱墙活荷载折减",以避免活荷载折减过多。对于带裙房的高层建筑,裙房不宜按主楼的层数取用活荷载折减系数。同理,顶部带小塔楼的结构、错层结构、多塔结构等,都存在同一楼层柱墙活荷载系数不同的情况,应按实际情况灵活处理。

注:SATWE 软件目前还不能考虑"荷规"5.1.2 条 1 款对楼面梁的活载折减;PMSAP 则可以。PM 中的荷载设置楼面折减系数对梁不起作用,柱墙设计时"活荷载"对柱起作用。

2. 传给基础的活荷载

程序默认为"折减",不需要改。SATWE 根据"荷规"4.1.2 条 2 款设置此选项,点选"折减",程序会按照右侧输入的楼层折减系数进行活荷载折减,生成传到底层的最大组合内力,但没有传到 JCCAD,JCCAD 读取的是程序计算后各工况的标准值。所以,当需要考虑传给基础的活荷载折减时,应到 JCCAD 的"荷载参数"中点选"自动按楼层折减活荷载"。

3. 柱、墙、基础活荷载折减系数

《建筑结构荷载规范》GB 50009—2012　5.1.2-2 条:

1)第 1(1)项应按表 6-7 规定采用;

2)第 1(2)～7 项应采用与其楼面梁相同的折减系数;

3)第 8 项对单向板楼盖应取 0.5;对双向板楼盖和无梁楼盖应取 0.8;

4)第 9～13 项应采用与所属房屋类别相同的折减系数。

注:楼面梁的从属面积应按梁两侧各延伸二分之一梁间距的范围内的实际面积确定。

活荷载按楼层的折减系数 表 6-7

墙、柱、基础计算截面以上的层数	1	2～3	4～4	6～8	9～20	>20
计算截面以上各楼层活荷载总和的折减系数	1.00 (0.90)	0.85	0.70	0.65	0.60	0.55

注：当楼面梁的从属面积超过 25m² 时，应采用括号内的系数。

SATWE 根据"荷规"4.1.2 条 2 款设置此选项，"荷规"4.1.1 条第 1 (1) 项按程序默认；第 1 (2) ～7 项按基础从属面积（因"柱、墙设计时活荷载"中梁、柱按不折减，此处仅考虑基础）超过 50m² 时取 0.9，否则取 1，一般多层可取 1，高层取 0.9；第 8 项汽车通道及停车库可取 0.8。

此处的折减系数仅当"折减柱、墙设计活荷载"或"折减传给基础的活荷载"勾选后才生效。对于下面几层是商场，上面是办公楼的结构，鉴于目前的 PKPM 版本对于上下楼层不同功能区域活荷载传给墙、柱基础时的折减系数不能分别按规范取值，故折减系数建议按偏安全的取值方法。

4. 考虑结构使用年限的活荷载调整系数

"高规"5.6.1 作了有关规定。在设计时，设计使用年限为 50 年时取 1.0，设计使用年限为 100 年时取 1.1。

6.10 分析与设计参数补充定义（必须执行），调整信息如何设置？

答：点击调整信息，如图 6-10 所示。

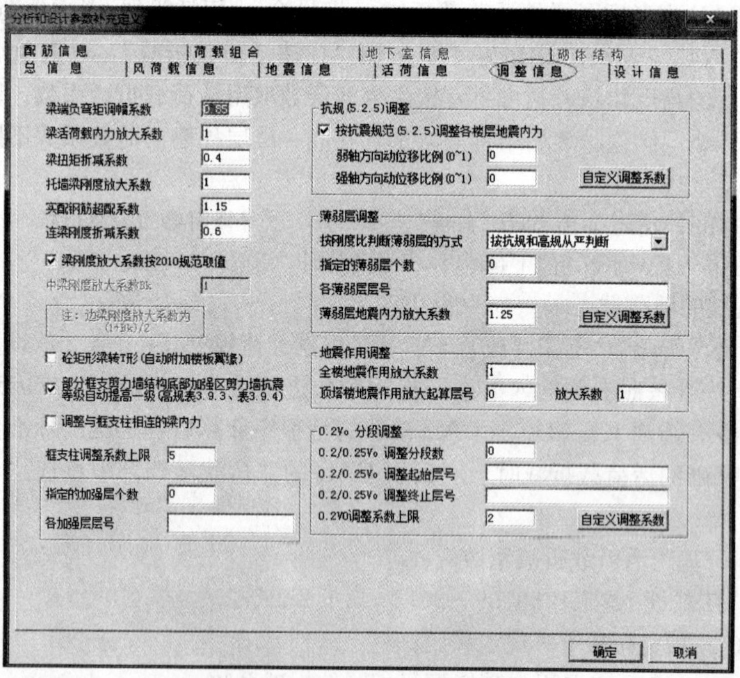

图 6-10　SATWE 调整信息页

1. 梁端负弯矩调幅系数

现浇框架梁 0.8～0.9；装配整体式框架梁 0.7～0.8。

框架梁在竖向荷载作用下梁端负弯矩调整系数，是考虑梁的塑性内力重分布。通过调整使梁端负弯矩减小，跨中正弯矩加大（程序自动加）。梁端负弯矩调整系数一般取0.85。

《广东省院结构设计技术措施》规定：转换层、嵌固层一般按不调幅考虑，但跨中正弯矩不应小于竖向荷载作用下简支计算的一半。

注意：1. 程序隐含钢梁为不调幅梁；不要将梁跨中弯矩放大系数与其混淆。

2. 弯矩调幅法是考虑塑性内力重分布的分析方法，与弹性设计相对；弯矩调幅法可以求得结构的经济，充分挖掘混凝土结构的潜力和利用其优点；弯矩调幅法可以使得内力均匀。对于承受动力荷载、使用上要求不出现裂缝的构件，要尽量少调幅。

3. 调幅与"强柱弱梁"并无直接关系，要保证强柱弱梁，强度是关键，刚度不是关键，即柱截面承载能力要大于梁（满足规范要求），在地震灾害地区的很多房屋，并没有出现预期的"强柱弱梁"，反而是"强梁弱柱"，是因为忽略了楼板钢筋参与负弯矩分配，还有其他原因，比如：梁端配筋时内力所用截面为矩形截面，计算结果比T形截面大，习惯性放大梁支座配筋及跨中配筋的纵筋5%～10%，基于裂缝控制，两端配筋远大于计算配筋，未计入双筋截面及受压翼缘的有利影响，低估截面承载能力、施工原因。

2. 梁活荷载内力放大系数

用于考虑活荷载不利布置对梁内力的影响，将活荷载作用下的梁内力（包括弯矩、剪力、轴力）进行放大。一般工程建议取值1.1～1.2，如果已考虑了活荷载不利布置，则应填1。

3. 梁扭矩折减系数

现浇楼板（刚性假定）取值0.4～1.0，一般取0.4；现浇楼板（弹性楼板）取1.0。

注意：程序规定对于不与刚性楼板相连的梁及弧梁不起作用。

4. 托梁刚度放大系数

默认值：1，一般不需改，仅有转换结构时需修改。对于实际工程中"转换大梁上面托剪力墙"的情况，当用户使用梁单元模拟转换大梁，用壳单元模式的墙单元模拟剪力墙时，墙与梁之间的实际的协调工作关系在计算模型中不能得到充分体现。实际的结构受力情况是，剪力墙的下边缘与转换大梁的上表面变形协调。计算模型的情况是：剪力墙的下边缘与转换大梁的中性轴变形协调。于是计算模型中的转换大梁的上表面在荷载作用下将会与剪力墙脱开，失去本应存在的变形协调性。与实际情况相比，这样计算模型的刚度偏柔了。这就是软件提供梁刚度放大系数的原因。为了再现真实刚度，根据经验，托墙梁刚度放大系数一般取为100左右。当考虑托墙梁刚度放大时，转换层附近的超筋情况（若有）通常可以缓解。当然，为了使设计保持一定的富裕度，也可以不考虑或少考虑托墙梁刚度放大系数。使用该功能时，用户只需指定托墙梁刚度放大系数，托墙梁段的搜索由软件自动完成，即剪力墙（不包括洞口）下的那段转换梁，按此处输入的系数对抗弯刚度进行放大。最后指出一点，这里所说的"托墙梁段"在概念上不同于规范中的"转换梁"，"托墙梁段"特指转换梁与剪力墙"墙柱"部分直接相接、共同工作的部分，比如说转换梁上托开门洞或窗洞的剪力墙，对洞口下的梁段，程序就不看作"托墙梁段"，不做刚度放大。建议一般取默认值100。目前对刚性杆上托墙还不能进行该项识别。

5. 实配钢筋超配系数

默认值：1.15；不需改，只对一级框架结构或9度区起作用。对于9度设防烈度的各类框架和一级抗震等级的框架结构，剪力调整应按实配钢筋和材料强度标准值来计算。根据"抗规"6.2.2条、6.2.5条及"高规"6.2.1条、6.2.3条，一、二、三、四级抗震等级分别取1.4、1.2、1.1和1.1。

由于程序在接〈梁平法施工图〉前并不知道实际配筋面积，所以程序将此参数提供给用户，由用户根据工程实际情况填写。程序根据用户输入的超配系数，并取钢筋超强系数（材料强度标准值与设计值的比值）为1.1（330MPa/300MPa＝1.1）。本参数只对一级框架结构或9度区框架起作用，程序可自动识别；当为其他类型结构时，也不需要用户手工修改为1.0。

注：9度及一级框架结构仅调整梁柱钢筋的超配系数是不全面的，按规范要求采用其他有效抗震措施。

6. 连梁刚度折减系数

一般工程剪力墙连梁刚度折减系数取0.7，8、9度时可取0.55；位移由风载控制时取≥0.8；

连梁刚度折减系数主要是针对那些与剪力墙一端或两端平行连接的梁，由于连梁两端位移差很大，剪力会很大，很可能出现超筋，于是要求连梁在进入塑性状态后，允许其卸载给剪力墙。计算地震内力时，连梁刚度可折减；对如计算重力荷载、风荷载作用效应时，不易考虑折减。框架梁方式输入的连梁，旧版本中抗震等级默认取框架结构抗震等级；在PKPM2011/09/30版本中，默认取剪力墙抗震等级。

注：连梁的跨高比大于等于5时，建议按框架梁输入。

7. 中梁刚度放大系数 B_k：

默认：灰色不用选，一般不需改。根据"高规"5.2.2条，"见现浇楼面中梁的刚度可考虑翼缘的作用予以增大，现浇楼板取值1.3～2.0"。通常现浇楼面的边框梁可取1.5，中框梁可取2.0；对压型钢板组合楼板中的边梁取1.2，中梁取1.5（详见"高钢规"5.1.3条）梁翼缘厚度与梁高相比较小时梁刚度增大系数可取较小值，反之取较大值，而对其他情况（包括弹性楼板和花纹钢板楼面）梁的刚度不应放大。该参数对连梁不起作用，对两侧有弹性板的梁仍然有效；对于板柱结构，应取1。梁刚度放大的主要目的，是为了考虑在刚性板假定下楼板刚度对结构的贡献。梁的刚度放大并非是为了在计算梁的内力和配筋时，将楼板作为梁的翼缘，按T形梁设计，以达到降低梁的内力和配筋的目的，而仅仅是为了近似考虑楼板刚度对结构的影响。该参数的大小对结构的周期、位移等均有影响。参见《PKPM新天地》2008年4期中"浅谈PKPM系列软件在工程设计中应注意的问题（一）"及2008年6期中"再谈中梁刚度放大系数"两文。

SATWE前处理"特殊构件补充定义"中的右侧菜单"特殊梁"下，用户可以交互指定楼层中各梁的刚度放大系数。在此处程序默认显示的放大系数，是没有搜索边梁的结果，即所有梁的刚度放大系数均按中梁刚度放大系数显示。但在后面计算时，SATWE软件自动判断梁与楼板的连接关系，对于两侧都与楼板相连的梁，直接取交互指定的值来计算；对于仅有一侧与楼板相连的梁，梁刚度放大系数取（B_k＋1）/2；对两侧都不与楼板相连的独立梁，不管交互指定的值为多少，均按1.0计算。梁刚度放大系数只影响梁的内力（即效应计算），在SATWE里不影响梁的配筋计算（即抗力计算）在PMSAP里会影响梁的配筋计算。因为SATWE计算承载力是按矩形截面的，而PMSAP可以选择按T形截面。

注：当按照考虑板面外刚度的弹性板计算时，该系数宜取1.0。

8. 梁刚度放大系数按 2010 规范取值

默认：勾选；一般不需改。考虑楼板作为翼缘对梁刚度的贡献时，每根梁，由于截面尺寸和楼板厚度有差异，其刚度放大系数可能各不相同，SATWE 提供了按 2010 规范取值选项，勾选此项后，程序将根据"混规"5.2.4 条的表格，自动计算每根梁的楼板有效翼缘宽度，按照 T 形截面与梁截面的刚度比例，确定每根梁的刚度系数。刚度系数计算结果可在"特殊构件补充定义"中查看，也可在此基础上修改。如果不勾选，仍按上一条所述，对全楼指定唯一的刚度系数。

注：剪力墙结构连梁刚度一般不用放大，因为楼板的支座主要是墙，墙对板起了很大的支撑作用，墙刚度大，力主要流向刚度大墙支座，可以取个极端情况，不要连梁，对楼板的影响一般也不大，所以楼板对连梁的约束作用较弱，一般连梁刚度可不放大。类似的东西，作用效果不同，就看其边界条件，分析边界条件，可以用类比或者极端、逆向的思维方法。

9. 混凝土矩形梁转 T 形（自动附加楼板翼缘）

勾选后，程序自动搜索与梁相邻的楼板，将矩形梁转成 T 形或 L 形梁进行内力和配筋计算，同时梁刚度放大系数和梁扭矩折减系数应取 1。

10. 部分框支剪力墙结构底部加强区剪力墙抗震等级自动提高一级

根据"高规"表 3.9.3、表 3.9.4，部分框支剪力墙结构底部加强区和非底部加强区的剪力墙抗震等级可能不同，但在实际设计中，都是先在"地震信息"页"剪力墙抗震等级"中填入部分框支剪力墙结构中一般部位剪力墙的抗震等级，若勾选该项，则程序将自动对底部加强区的剪力墙抗震等级提高一级。

11. 调整与框支柱相连的梁内力

一般都不调整（按实际工程选），因为程序对框支柱的弯矩、剪力调整系数往往很大，若此时调整与框支柱相连的梁内力，会出现异常，

"高规"10.2.17 条：框支柱剪力调整后，应相应调整框支柱的弯矩及柱端框架梁（不包括转换梁）的剪力、弯矩，但框支梁的剪力、弯矩和框支柱轴力可不调整。由于框支柱的内力调整幅度较大，若相应调整框架梁的内力，则有可能使框架梁设计不下来。2010 年 9 月之前的版本，此项参数不起作用，勾不勾选程序都不会调整；2010 年 9 月版勾选后程序会调整与框支柱相连的框架梁的内力。PMSAP 默认不调。

12. $0.2V_0$、框支柱调整上限

由于程序计算的 $0.2V_0$ 调整与框支柱的调整系数值可能很大，用户可设置调整系数的上限值。程序缺省 $0.2V_0$ 调整上限为 2.0，框支柱调整上限为 5.0。

13. 指定的加强层个数

默认值：0，一般不需改。各加强层层号，默认值：空白，一般不填。加强层是新版 SATWE 新增参数，由用户指定，程序自动实现如下功能：

（1）加强层及相邻层柱、墙抗震等级自动提高一级；

（2）加强层及相邻轴压比限制减小 0.05；依据见"高规"10.3.3 条（强条）；

（3）加强层及相邻层设置约束边缘构件。

多塔结构还可在"多塔结构构件定义"菜单分塔指定加强层。

14. "抗规"5.2.5 条调整各层地震内力

默认：勾选；不需改。用于调整剪重比，详见"抗规"5.2.5 条和"高规"4.3.12

条。抗震验算时，结构任一楼层的水平地震的剪重比不应小于"抗规"中表 5.2.5 给出的最小地震剪力系数 λ。当结构某楼层的地震剪力小得过多，地震剪力调整系数过大（调整系数大于 1.2 时）说明该楼层结构刚度过小，其地震作用主要不是地震加速度而是地震地面运动速度和位移引起的。此时应先调整结构布置和相关构件的截面尺寸，提高结构刚度，使计算的剪重比能自然满足规范要求；其次才考虑调整地震力。而根据"抗规" 5.2.5 条文说明：只要求底部总剪力不满足要求，则结构各楼层的剪力均需要调整，继而原先计算的倾覆力矩、内力和位移均需相应调整。

按"抗规" 5.2.5 条规定，抗震验算时，结构任一楼层的水平地震的剪重比不应小于表 6-8 给出的最小地震剪力系数 λ。

楼层最小地震剪力系数

表 6-8

类　别	6 度	7 度	8 度	9 度
扭转效应明显或基本周期 小于 3.5s 的结构	0.008	0.016（0.024）	0.032（0.048）	0.064
基本周期大于 5.0s 的结构	0.006	0.012（0.018）	0.024（0.036）	0.048

注：1. 基本周期介于 3.5s 和 5s 之间的结构，按插入法取值；
　　2. 括号内数值分别用于设计基本地震加速度为 0.15g 和 0.30g 的地区。

15. 弱轴方向位移比例

默认值：0，剪重比不满足时按实际改。

16. 强轴方向位移比例

默认值：0，剪重比不满足时按实际改。

按照"抗规" 5.2.5 条文说明，在剪重比调整时，根据结构基本周期采用相应调整，即加速度段调整、速度段调整和位移段调整。弱轴方向即结构第一平动周期方向，强轴方向即结构第二平动周期方向一般可根据结构自振周期 T 与场地特征周期 T_g 的比值来确定：当 $T<T_g$ 时，属加速度控制段，参数取 0；当 $T_g<T<5T_g$ 时，属速度控制段，参数取 0.5；当 $T>5T_g$ 时，属位移控制段，参数取 1。按照"抗规" 5.2.5 条文说明，在剪重比调整时，根据结构基本周期采用相应调整，即加速度段调整、速度段调整和位移段调整。

17. 按刚度比判断薄弱层的方式

分为"按抗规和高规从严判断"、"仅按抗规判断"、"仅按高规判断"和"不自动判断"四个选项，可由用户选择判断标准。旧版软件是"抗规"和"高规"同时执行，并从严控制。

18. 指定薄弱层个数及相应的各薄弱层层号

薄弱层个数默认值为：0，一般不改。各层薄弱层层号，默认值为：空白，一般不填。

SATWE 自动按刚度比判断薄弱层并对薄弱层进行地震内力放大，但对竖向构件不连续结构形成的薄弱层、对承载力突变形成的薄弱层（比如"层间受剪承载力比"不满足规范要求时）、对有转换构件形成的薄弱层不能自动判断为薄弱层，需要用户在此指定。输入各层号时以逗号或空格隔开。

19. 薄弱层地震内力放大系数

"抗规"规定薄弱层的地震剪力增大系数不小于 1.15，"高规"规定薄弱层的地震剪力增大系数不小于 1.25。SATWE 对薄弱层地震剪力调整的做法是直接放大薄弱层构件的地震作用内力。程序缺省值为 1.25。

竖向不规则结构的薄弱层有三种情况：①楼层侧向刚度突变；②层间受剪承载力突变；③竖向构件不连续。

20. 全楼地震作用放大系数

通过此参数来放大地震作用，提高结构的抗震安全度，其经验取值范围是 1.0~1.5。在实际设计时，对于超高层建筑，用时程分析判断出结构的薄层部位后，可以用"全楼地震作用放大系数"或"顶塔楼地震放大起算层号及放大系数"来提高结构的抗震安全度。

21. 顶塔楼地震放大起算层号及放大系数

默认值：0，一般不改。放大系数：默认值：1，一般不改。

顶塔楼通常指突出屋面的楼、电梯间、水箱间等。当采用底部剪力法时，按凸出屋面部分最低层号填写；无顶塔楼时填 0，详见"抗规"5.2.4 条。目前的 SATWE、TAT 和 PMSAP 均是采用振型分解反应谱法计算地震力，因此只要给出足够的振型数，从规范字面上理解可不用放大塔楼（建模时应将突出屋面部分同时输入）地震力，但审图公司往往会要求做一定放大，放大系数建议取 1.5。该参数对其他楼层及结构的位移比、周期等无影响，是将顶层构件的地震内力标准值放大，进行内力组合及配筋。

注：此系数仅放大顶塔楼的内力，并不改变其位移。可以通过此系数来放大结构顶部塔楼的地震内力，若不调整，则可将起算层号及放大系数均填为 0。该系数仅放大顶塔楼的地震内力，对位移没影响。

22. $0.2V_0$ 分段调整

此处指定 $0.2V_0$ 调整的分段数，每段的起始层号和终止层号，以空格或逗号隔开。如果不分段，则分段数填 1。如不进行 $0.2V_0$ 调整，应将分段数填为 0。

$0.2V_0$ 调整系数的上限值由参数"$0.2V_0$ 调整上限"控制，如果将起始层号填为负值，则不受上限控制。用户也可点取"自定义调整系数"，分层分塔指定 $0.2V_0$ 调整系数，但仍应在参数中正确填入 $0.2V_0$ 调整的分段数和起始、终止层号，否则，自定义调整系数将不起作用。程序缺省，$0.2V_0$ 调整上限为 2.0，框支柱调整上限为 5.0，可以自行修改。

注：1. 对有少量柱的剪力墙结构，让框架柱承担 20% 的基底剪力会使放大系数过大，以致框架梁、柱无法设计，所以 20% 的调整一般只用于主体结构。

2. 电梯机房，不属于调整范围。

6.11 分析与设计参数补充定义（必须执行），设计信息如何设置？

答：点击设计信息，如图 6-11 所示。

1. 结构重要性系数

应按"混规"3.3.2 条来确定。当安全等级为二级，设计使用年限 50 年，取 1.00。

2. 梁、柱保护层厚度

应根据工程实际情况查"混规"表 8.2.1。混凝土结构设计规中有说明，保护层厚度指截面外边缘至最外层钢筋（箍筋、构造筋、分布筋等）外缘的距离。

3. 考虑 $P-\Delta$ 效应（重力二阶效应）

通常混凝土结构可以不考虑重力二阶效应，钢结构按"抗规"8.2.3 条的规定，应考虑重力二阶效应。是否考虑重力二阶效应可以参考 SATWE 输出文件 WMASS. OUT 中的

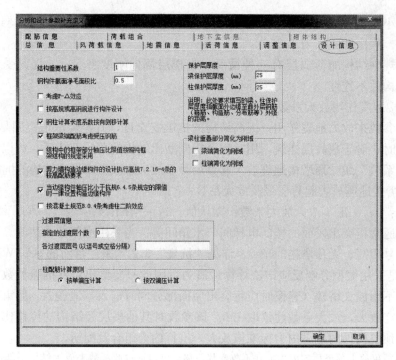

图 6-11 SATWE 设计信息页

提示，若显示"可以不考虑重力二阶效应"，则可以不选择此项，否则应选择此项。

注：1. 建筑结构的二阶效应由两部分组成：P-δ 效应和 P-Δ 效应。P-δ 效应是指由于构件在轴向压力作用下，自身发生挠曲引起的附加效应，可称之为构件挠曲二阶效应，通常指轴向压力在产生了挠曲变形的构件中引起的附加弯矩，附加弯矩与构件的挠曲形态有关，一般中间大，两端小。P-Δ 效应是指由于结构的水平变形引起的重力附加效应，可称之为重力二阶效应，结构在水平力（风荷载或水平地震力）作用下发生水平变形后，重力荷载因该水平变形而引起附加效应，结构发生的水平侧移绝对值较大，P-Δ 效应越显著，若结构的水平变形过大，可能因重力二阶效应而导致结构失稳。

2. 一般来说，7 度以上抗震设防的建筑，其结构刚度由地震或风荷载作用的位移控制，只要满足位移要求，整体稳定性自动满足，可不考虑 P-Δ 效应。SATWE 软件采用的是等效几何刚度的有限元算法，修正结构总刚，考虑 P-Δ 效应后结构周期不变。

4. 梁柱重叠部分简化为刚域

一般不选；大截面柱和异形柱应考虑选择该项；考虑后，梁长变短，刚度变大，自重变小，梁端负弯矩变小。

5. 按"高规"或者"高钢规"进行构件设计

点取此项，程序按"高规"进行荷载组合计算，按"高钢规"进行构件设计计算，否则，按多层结构进行荷载组合计算，按普通钢结构规范进行构件设计计算。高层建筑一般都勾选。

6. 钢柱计算长度系数按有侧移计算

默认不勾选（一般不修改）。该参数仅对钢结构有效，对混凝土结构不起作用，通常钢结构宜选择"有侧移"，如不考虑地震、风作用时，可以选择"无侧移"。

7. 框架梁端配筋考虑受压钢筋

默认勾选，建议不修改。

8. 结构中的框架部分轴压比按照纯框架结构的规定采用

默认不勾选，主要是为执行"高规"8.1.3-4条：框架部分承受的地震倾覆力矩大于结构总地震倾覆力矩的80%时，按框架-剪力墙结构进行设计，但其最大适用高度宜按框架结构采用，框架部分的抗震等级和轴压比限值应按框架结构的规定采用。当结构的层间位移角不满足框架-剪力墙结构的规定时，可按本规程第3.11节的有关规定进行结构抗震性能分析和论证。

9. 剪力墙构造边缘构件的设计执行"高规"7.2.16-4条

"高规"7.2.16-4条规定：抗震设计时，对于连体结构、错层结构以及B级高度高层建筑结构中的剪力墙（筒体），其构造边缘构件的最小配筋率应按照要求相应提高。

勾选此项时，程序将一律按"高规"7.2.16-4条的要求控制构造边缘构件的最小配筋，即对于不符合上述条件的结构类型，也进行从严控制；如不勾选，则程序一律不执行此条规定。

10. "混规"B.0.4条考虑柱二阶效应

默认不勾选，一般不需要改，对排架结构柱，应勾选。对于非排架结构，如认为"混规"6.2.4条的配筋结果过小，也可勾选；勾选该参数后，相同内力情况下，柱配筋与旧版程序基本相当。

11. 指定的过渡层个数及相应的各过渡层层号

默认为0，不修改。"高规"7.2.14-3条规定：B级高度高层建筑的剪力墙，宜在约束边缘构件层与构造边缘构件层之间设置1~2层过渡层。程序不能自动判断过渡层，用户可在此指定。

12. 配筋计算原则

默认为按单偏压计算，一般不需要修改。〔单偏压〕在计算 X 方向配筋时不考虑 Y 向钢筋的作用，计算结果具有唯一性，详见"混规"7.3节；而〔双偏压〕在计算 X 方向配筋时考虑了 Y 向钢筋的作用，计算结果不唯一，详见"混规"附录F。建议采用〔单偏压〕计算，采用〔双偏压〕验算。"高规"6.2.4条规定，"抗震设计时，框架角柱应按双向偏心受力构件进行正截面承载力设计"。如果用户在〈特殊构件补充定义〉中"特殊柱"菜单下指定了角柱，程序对其自动按照〔双偏压〕计算。对于异形柱结构，程序自动按〔双偏压〕计算异形柱配筋。详见2009年2期《PKPM新天地》中"柱单偏压与双偏压配筋的两个问题"一文。

注：1. 角柱是指建筑角部柱的两个方向各只有一根框架梁与之相连的框架柱，故建筑凸角处的框架柱为角柱，而凹角处框架柱并非角柱。

2. 全钢结构中，指定角柱并选"高钢规"验算时，程序自动按"高钢规"5.3.4条放大角柱内力30%。一般单偏压计算，双偏压验算；考虑双向地震时，采用单偏压计算；对于异形柱，结构程序自动采用双偏压计算。

6.12　分析与设计参数补充定义（必须执行），配筋信息如何设置？

答：点击配筋信息，如图6-12所示。

1. 梁箍筋强度、柱箍筋强度、墙水平分布筋强度、墙竖向分布筋强度、梁箍筋间距、柱箍筋间距均不可修改，与PMCAD建模时设置的参数相同或程序规定采取默认值。

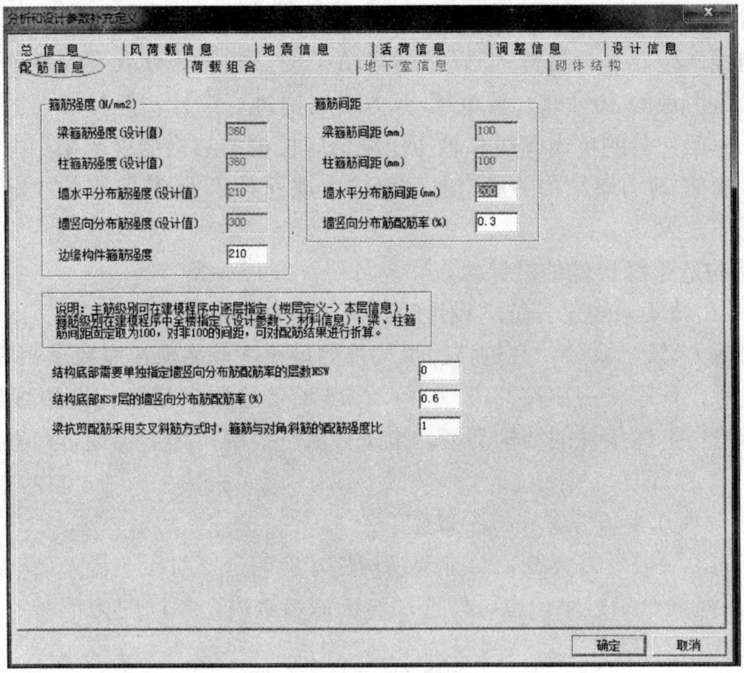

图 6-12　SATWE 配筋信息页

2. 墙水平分布筋间距

抗震墙的竖向和横向分布钢筋的间距不宜大于 300mm，部分框支抗震墙结构的落地抗震墙底部加强部位，竖向和横向分布钢筋的间距不宜大于 200mm。

在实际设计中一般填写 200mm。

3. 墙竖向分布筋配筋率

一、二、三级抗震墙的竖向和横向分布钢筋最小配筋率均不应小于 0.25％，四级抗震墙分布钢筋最小配筋率不应小于 0.20％。高度小于 24m 且剪压比很小的四级抗震墙，其竖向分布筋的最小配筋率应允许按 0.15％采用。部分框支抗震墙结构的落地抗震墙底部加强部位，竖向和横向分布钢筋配筋率均不应小于 0.3％。

4. 结构底部需单独指定墙竖向分布筋配筋率的层数 NSW

程序缺省值为 0，一般不需要改。

5. 结构底部 NSW 层的墙竖向分布筋配筋率（％）

程序缺省值为 0.6，未设定时不起作用，一般根据结构的抗震等级取加强区的构造配筋率即可。

4、5 这两项参数可以对剪力墙结构设定不同的竖向分布筋配筋率，如加强区和非加强区定义不同的竖向分布筋配筋率（提高底部加强区部位的竖向分布筋的配筋率，从而提高结构底部加强部位的延性）。

6. 梁抗剪配筋采用交叉斜筋时，箍筋与对角斜筋的配筋强度比

其属性可在"特殊梁"中指定。当采用"交叉斜筋"方式时，需要用户指定"箍筋与对角斜筋的配筋强度比"参数，一般可取 0.6～1.2，详见"混规"11.7.10-1 条。经计算后，程序会给出 A_{sd} 面积，单位 cm^2。

6.13 分析与设计参数补充定义（必须执行），荷载信息如何设置？

答：点击荷载信息，如图 6-13 所示。

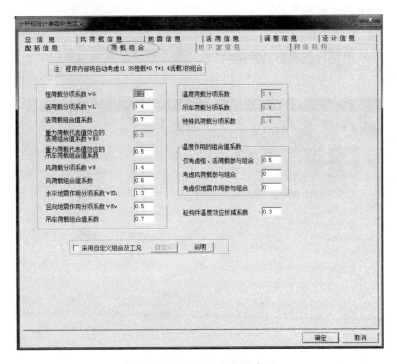

图 6-13 SATWE 荷载组合页

1. 一般来说，本页中的这些系数是不用修改的，因为程序在做内力组合时是根据规范的要求来处理的。只有在有特殊需要的时候，一定要修改其组合系数的情况下，才有必要根据实际情况对相应的组合系数做修改。

"荷规" 3.2.5 条基本组合的荷载分项系数，应按下列规定采用：

1 永久荷载的分项系数：

1）当其效应对结构不利时

一对由可变荷载效应控制的组合，应取 1.2；

一对由永久荷载效应控制的组合，应取 1.35；

2）当其效应对结构有利时的组合，应取 1.0。

2 可变荷载的分项系数：

一般情况下取 1.4；

对标准值大于 $4kN/m^2$ 的工业房屋楼面结构的活荷载取 1.3。

2. 采用自定义组合及工况

点取〔采用自定义组合及工况〕按钮，程序弹出对话框，用户可自定义荷载组合。首次进入该对话框，程序显示缺省组合，用户可直接对组合系数进行修改，或者通过下方的按钮增加、删除荷载组合。删除荷载组合时，需首先点击要删除的组合号，然后点删除按钮。用户修改的信息保存在 SAT_LD.PM 和 SAT_LF.PM 文件中，如果要恢复缺省组合，删除这两个文件即可。

3. SATWE前处理修改了荷载组合的相关参数：温度作用与恒活、风、地震的组合值系数单独控制；吊车荷载添加了单独的组合值系数；吊车与地震组合时，由"重力荷载代表值的吊车荷载组合值系数"控制。

6.14 分析与设计参数补充定义（必须执行），地下室信息如何设置？

答：点击地下室信息，如图 6-14 所示。

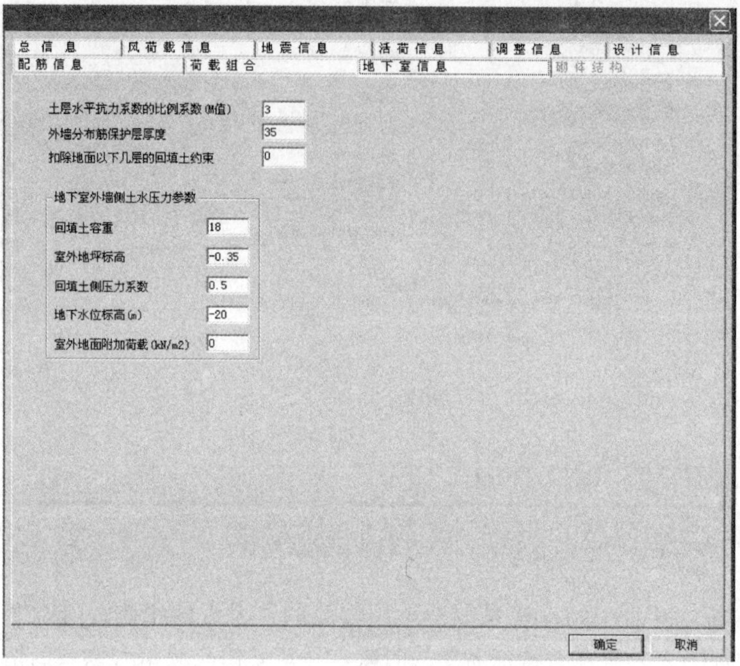

图 6-14 SATWE 地下室信息页

地下室层数为零时，"地下室信息"页为灰，不允许选择；在 PMCAD 设计信息中填入地下室层数时，"地下室信息"页变亮，允许选择。

当四周有覆土、地下室相关范围刚度满足规范要求、水平力在地下室顶板处传递连续、板厚满足规范要求时，一般可将嵌固端定在地下室顶板处，这样的模型比较理想，也比较经济。地下室部分刚度大时（满足规范要求），地下室顶板处水平位移较小，同时若地下室四周覆土约束住了地下室水平扭转变形，地下室部分可不考虑地震作用。当不是四周有覆土时，比如三面有覆土，且地下室形状比较规则，地震作用下地下室扭转变形较小时，我们应该"抓大放小"，较准确地模拟结构的边界条件，将嵌固端定位地下室顶板处，但是用该上述边界条件模拟整个结构受力会对某些构件不利，此时应该分别取不同的嵌固端，进行包络设计。当地下室覆土较小且地下室最终的扭转变形较大时，应当满足结构的实际受力情况，将嵌固端下移。地下室设计时，有两个关键要点，第一是刚度比约束水平位移，第二是四周覆土约束水平扭转变形。

1. 土层水平抗力系数的比值系数（m 值）

默认值为 3，需修改。土层水平抗力系数的比例系数 m，其计算方法即是土力学中水

平力计算常用的 m 法。m 值的大小随土类及土状态而不同；一般可按 JGJ 94—2008 表 5.7.5 的灌注桩项来取值。取值范围一般在 2.5～100 之间，在少数情况的中密、密实的砂砾、碎石类土取值可达 100～300。需要注意的是，负值仍保留原有版本的意义，即为绝对嵌固层数。该值≤地下室层数，如果有 2 层地下室，该值填写-2，则表示 2 层地下室无水平位移。

土层水平抗力系数的比例系数 m，用 m 值求出的地下室侧向刚度约束呈三角形分布，在地下室顶层处为 0，并随深度增加而增加。

2. 外墙分布筋保护层厚度

默认值为 35。

根据"混规"表 8.2.1 选择，环境类别见表 3.5.2。在地下室外围墙平面外配筋计算时用到此参数。外墙计算时没有考虑裂缝问题；外墙中的边框柱也不参与水土压力计算。"混规"8.2.2-4 条：对地下室墙体采取可靠的建筑防水做法或防护措施时，与土层接触一侧钢筋的保护层厚度可适当减少，但不应小于 25mm。"耐久性规范"3.5.4 条：当保护层设计厚度超过 30mm 时，可将厚度取为 30mm 计算裂缝最大宽度。

3. 扣除地面以下几层的回填土约束

默认值为 0，一般不改。该参数的主要作用是由设计人员指定从第几层地下室考虑基础回填土对结构的约束作用，比如某工程有 3 层地下室，"土层水平抗力系数的比例系数"填 50，若设计人员将此项参数填为 1，则程序只考虑地下 3 层和地下 2 层回填土对结构有约束作用，而地下 1 层则不考虑回填土对结构的约束作用。

4. 回填土重度

默认值为 18，一般不改。该参数用来计算回填土对地下室侧壁的水平压力。建议一般取 18.0。

5. 室外地坪标高（m）

默认值为-0.45，一般按实际情况填写。当用户指定地下室时，该参数是指以结构地下室顶板标高为参照，高为正、低为负（目前的）《用户手册》及其他相关资料中对该项参数的描述均有误；当没有指定地下室时，则以柱（或墙）脚标高为准。单建式地下室的室外地坪标高一般均为正值。建议一般按实际情况填写。

6. 回填土侧压力系数

默认值为 0.5，建议一般不改。

该参数用来计算回填土对地下室外墙的水平压力。由于地下车库外墙在净高范围内的土压力由于墙顶部的位移可认为等于 0，因此应按静止土压力计算。根据《2003 技术措施》中 2.6.2 条，"地下室侧墙承受的土压力宜取静止土压力"，而静止土压力的系数可近似按 $K_0 = 1 - \sin\varphi$（土的内摩擦角＝30°）计算。建议一般取默认值 0.5。当地下室施工采用护坡桩时，该值可乘以折减系数 0.66 后取 0.33。

注：手算时，回填土的侧压力宜按恒载考虑，分项系数根据荷载效应的控制组合取 1.2 或 1.35。

7. 地下水位标高（m）

该参数标高系统的确定基准同〔室外地坪标高〕，但应满足≤0。建议一般按实际情况填写。若勘察未提供防水设计水位和抗浮设计水位时，宜从填土完成面（设计室外地坪）满水位计算。上海地区，一般情况可按设计室外地坪以下 0.5m 计算。

8. 室外地面附加荷载

该参数用来计算地面附加荷载对地下室外墙的水平压力。建议一般取 $5.0kN/m^2$，详见（《2009 技术措施-结构体系》F.1-4 条 7）。

6.15 参数输入/基本参数，"地基承载力计算参数"如何设置？

答：点击地基承载力计算参数，如图 6-15 所示。

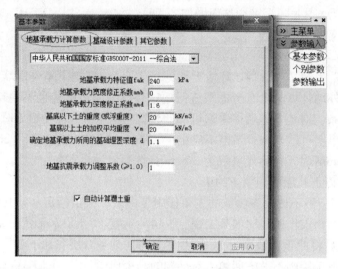

图 6-15 地基承载力计算参数

参数注释：

计算承载力的方法（图 6-16）：

程序提供 5 种计算方法，设计人员应根据实际情况选择不同的规范，一般可选择"中华人民共和国国家标准 GB 5007—201x—综合法"，如图 2-280 所示。选择"中华人民共和国国家标准 GB 5007—201x—综合法"和"北京地区建筑地基基础勘察设计规范 DB J01—501—92"需要输入的参数相同，"中华人民共和国国家标准 GB 5007—201x—抗剪监督指标法"和"上海市工程建设规范 DG J08—11—2010—抗剪强度指标法"需输入的参数也相同，除了"地基承载力计算参数"对话框，还有"基础设计参数"和"其他参数"对话框。

图 6-16 计算承载力方法

"地基承载力特征值 f_{ak}（kPa）"：

地基承载力特征值 f_{ak} 是由荷载试验直接测定或由其与原位试验相关关系间接确定和由此而累积的经验值。它相于载荷试验时地基土压力－变形曲线上线性变形段内某一规定变形所对应的压力值，其最大值不应超过该压力－变形曲线上的比例界限值。地基承载力特征值是标准值的 1/2。"地基承载力特征值 f_{ak}（kPa）"应根据地质报告输入。

"地基承载力宽度修正系数 amb"：

初始值为 0，当基础宽度大于 3m 时，从载荷试验或其他原位测试、经验值等方法确定的地基承载力应《建筑地基基础设计规范》GB 50007—2011 第 5.2.4 条确定。

"地基承载力深度修正系数 amd"：

初始值为 1，当基础埋置深度大于 0.5m 时，从载荷试验或其他原位测试、经验值等方法确定的地基承载力应《建筑地基基础设计规范》GB 50007—2011 第 5.2.4 条确定。

"基底以下土的重度（或浮重度）γ（kN/m³）：初始值为 20，应根据地质报告填入"。

"基底以下土的加权平均重度（或浮重度）γ_m（kN/m³）"：初始值为 20，应取加权平均重度。

"承载力修正用基础埋置深度 d（m）"：

基础埋置深度，一般自室外地面标高算起。在填方整平地区，可自填土地面标高算起，但填土在上部结构施工完成时，应从天然地面标高算起。对于地下室，当周围无可靠侧向限制时，埋置深度应从具有侧限的地面算起，如采用箱型或筏板基础，基础埋置深度自室外地面标高算起，如果采用独立基础或条形基础而无满堂抗水板时，应从室内地面标高算起。

"北京细则"规定，地基承载力进行深度修正时，对于有地下室之满堂基础（包括箱基、筏基以及有整体防水板之单独柱基），其埋置深度一律从室外地面算起。当高层建筑侧面附有裙房且为整体基础时（无论是否由沉降缝分开），可将裙房基础底面以上的总荷载折合成土重，再以此土重换算成若干深度的土，并以此深度进行修正。当高层建州四边的裙房形式不同，或仅一、二边为裙房，其他两边为天然地面时，可按加权平均方法进行深度修正。

规范要求的基础最小埋置深度无论有无地下室都从室外地面算至结构最外侧基础底面。（主要考虑整体结构的抗倾覆能力，稳定性和冻土层深度）当室外地面为斜坡时基础的最小埋置以建筑两侧较低一侧的室外地面算起。

"自动计算覆土重"：

只对独立基础、条形基础起作用。程序自动按 20kN/m 的基础与土的平均重度计算。不勾选"自动计算覆土重"则对话框显示"单位面积覆土重"，一般设计有地下室的条基、独基时应该采用"单位面积覆土重"且覆土高度应计算到地下室室内地坪处。

"地基抗震承载力调整系数"：按"抗规"第 4.2.3 条确定。

6.16 参数输入/基本参数，"基础设计参数"如何设置？

答：点击基础设计参数，如图 6-17 所示。

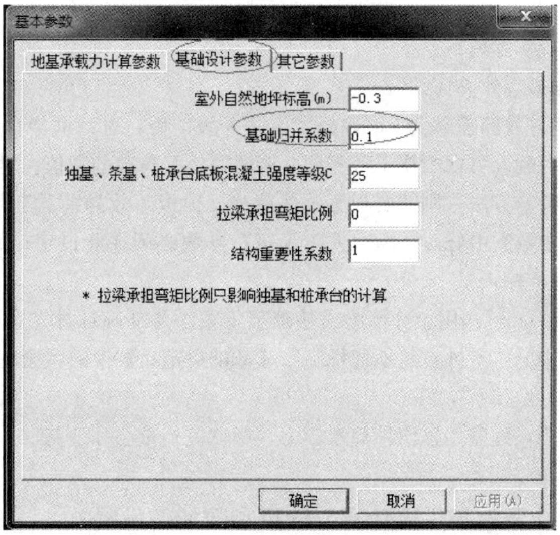

图 6-17 地基设计参数

参数注释：

"室外自然地坪标高"：初始值为-0.3，应由建筑师提供；

"基础归并系数"：初始值为0.2，一般可填写0.1；

"混凝土强度等级C"：和上部结构统一或降低一个等级；

"拉梁承担弯矩比例"：指由拉梁来承担独立基础或桩承台沿梁方向的弯矩，从而减小独基的底面积，初始值为0；

"结构重要性系数"：应和上部结构统一，可按"混规"3.3.2条确定，普通工程一般取1.0。

6.17 参数输入/基本参数，"其他"如何设置？

答：点击其他参数，如图6-18所示。

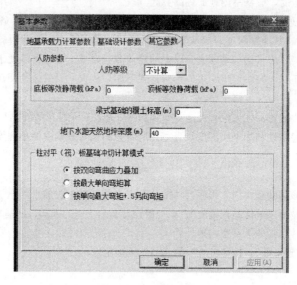

图6-18 其他参数

参数注释：

"人防等级"：根据工程实际填写；

"底板等效静荷载、顶板等效静荷载"：

不选择"人防等级"，等效静荷载为0，选择"人防等级"后，对话框会自动显示在该人防等级下，无桩无地下水时的等效静荷载，可以根据工程需要，调整等效静荷载的数值。对于筏板基础，如采用【5桩筏筏板有限元计算】的计算方法，则"底板等效静荷载、顶板等效静荷载"的数值还可在【5桩筏筏板有限元计算】→【模型参数】中修改，但"人防等级"参数必须在此设定；如采用【3基础梁板弹性地基梁法计算】，则只能在此输入。

"梁式基础的覆土标高（m）"：用于计算梁式基础覆土重。要准确计算"梁式基础的覆土重"，要准确填写【基础设计参数】中的"室外自然地坪标高"；【基础梁定义】中的"梁底标高"。

"地下水距天然地坪深度（m）"：

该值只对梁元法起作用，程序用该值计算水浮力，影响筏板重心和地基反力的计算结果。

6.18 JCCAD/桩基承台及独基沉降计算，计算参数如何设置？

答：点击计算参数，如图6-19所示。

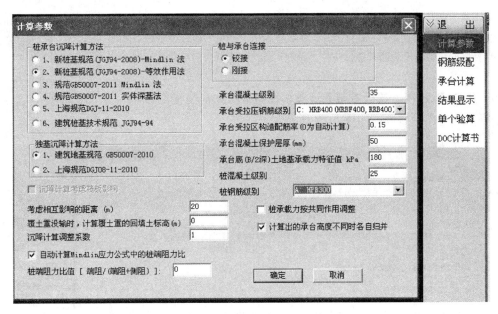

图 6-19　桩基承台及独基沉降计算参数设置对话框

注：桩承台计算类似于独立基础

参数注释：

桩承台沉降计算方法：一般来讲，当桩中心距不大于 6 倍桩径的桩基采用等效作用法或实体深基法进行沉降计算，当计算单桩、单排桩、疏桩基础时采用 Mindlin 法进行沉降计算。《上海地基规范》仅采用 Mindlion 应力公式法进行桩沉降计算。

沉降计算考虑筏板影响：程序不仅能够考虑桩承台之间的相互影响且能考虑其他相邻基础形式产生的沉降对桩承台沉降的影响。勾选后表示桩承台沉降计算时考虑筏板沉降的影响。需注意的是：想要考虑其他基础形式对于桩承台基础的沉降影响时，需先执行相关程序将有关基础的沉降计算出来后，再进行桩承台基础沉降计算。

考虑相互影响的距离：程序可由此参数的填写来考虑是否考虑沉降相互影响，以及考虑相互影响后的计算距离。默认为 20m，一般沉降的相互影响距离考虑到隔跨就较为合适了。填 0 时表示不考虑相互影响。

覆土重没输时，计算覆土重的回填土标高（m）：此参数的设置影响到桩反力计算。如果在基础人机交互中未计算覆土重，在此处可以填入相关参数考虑覆土重。

"沉降计算调整系数"：《上海地基规范》中利用 Mindlin 方法计算沉降时提供了沉降经验系数，《地基规范》及《桩基规范》没有给出相应的系数，由于经验系数是有地区性的，因此 JCCAD 计算沉降时，提供了一个可以修改的参数，程序将根据此参数修正沉降值，使其最终结果符合经验值。

自动计算 Mindlin 应力公式中的桩端阻力比：默认为程序根据《桩基规范》公式自动计算。

桩端阻力比值：当用户根据实际经验想干预此值，可选择人工填写此值。

桩与承台连接：一般为铰接。

承台受拉区构造配筋率：《桩基规范》规定承台配筋率为 0.15%。

承台混凝土保护层厚度：当有混凝土垫层时，不应小于 50mm，无垫层时不应小于 70mm；此处尚不应小于桩头嵌入承台内的长度。

承台底（$B/2$ 深）土极限阻力标准值：此名词为"桩规"名词，也称土极限承载力标准值。其输入目的是当桩承载力按共同作用调整时考虑桩间土的分担。

桩承载力按共同作用调整：参数的含义为是否采用桩土共同作用方式进行计算。影响共同作用的因素有桩距、桩长、承台大小、桩排列等，有关技术依据参见"桩规"5.2.5条。

计算出的承台高度不同时各自归并：影响到最终生成承台的种类数。

6.19 JCCAD/桩筏、筏板有限元计算，模型参数如何设置？

答：点击模型参数，如图6-20所示。

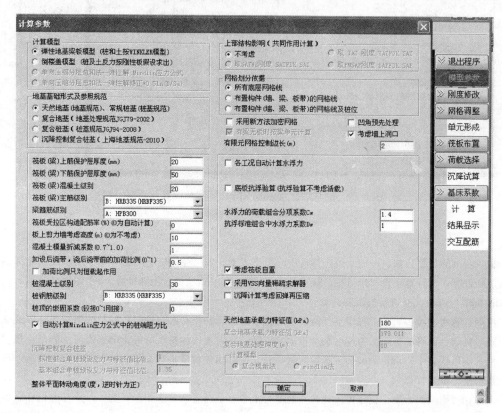

图6-20 桩筏、筏板有限元计算参数对话框

参数注释：

"计算模型"：

JCCAD提供四种计算方法，分别为：①弹性地基梁板模型（WINKLER模型）；②倒楼盖模型（桩及土反力按刚性板假设求出）；③单向压缩分层总和法——弹性解：Mindlin应力公式（明德林应力公式）；④单向压缩分层总和法——弹性解修正×$0.5l_n(D/S_a)$。对于上部结构刚度较小的结构，可采用①、③和④模型，反之，可采用第②种模型。初始选择为第一种也可根据实际要求和规范选择不同的计算模型。①适合于上部刚度较小，薄筏板基础，②适合于上部刚度较大及厚筏板基础的情况。

（1）Winkler假定（弹性地基梁板模型（整体弯曲）：将地基范围以下的土假定为相互无联系的独立竖向弹簧，适用于地基土层很薄的情况，对于下覆土层深度较大的情况，土单元之间的相互联系不能忽略；计算时条板按受一组横墙集中荷载作用的无限长梁计算。其缺点是此方法的一般假定为基底反力是按线性分布的，柱下最大，跨中最小，只适用于柱下十字交叉形基础和柱下筏板基础的简化计算，不适用于剪力墙结构的筏板基础计算。工程设计常用模型，虽然简单但受力明确。当考虑上部结构刚度时将比较符合实际情况。如果能根据经验调整基床系数，如将筏板边缘基床系数放大，筏板中心基床系数

106

缩小，计算结果将接近模型 3 和 4。对于基于 Winkler 假定的弹性地基梁板模型，在基床反力系数，$k<$ $5000\sim10000$kN/m^3 时，常用设计软件 JCCAD 的分析结果比通用有限元 ANSYS 的分析结果大，用于设计具有一定的安全储备；但该假定忽略了由土的剪切刚度得到的沉降分布规律与实际情况存在较大的差异，可考虑对于板边单元适当放大基床反力系数进行修正。

（2）刚性基础假定（倒楼盖模型/局部弯曲）：假定基础为刚性无变形，忽略了基础的整体弯曲，在此假定下计算的沉降值是根据规范的沉降公式计算的均布荷载作用下矩形板中心点的沉降。此假定在土较软、基础刚度与土刚度相差较悬殊的情况下适用；其缺点是没有考虑地基土的反力分布实际上是不均匀的，所以各墙支座处所算得的弯矩偏小，计算值可能偏不安全。此模型在早期手工计算时常采用，由于没有考虑筏板整体弯曲，计算值可能偏不安全；但对于上部结构刚度比较高的结构（如剪力墙结构、没有裙房的高层框架剪力墙结构），其受力特性接近 2 模型。

（3）弹性理论有限压缩层假定（单向压缩分层总和法模型）：以弹性理论法与规范有限压缩层法为基础，采用 Mindlin 应力解直接进行数值积分求出土体任一点的应力，按规范的分层总和法计算沉降。假定地基土为均匀各向同性的半无限空间弹性体，土在建筑物荷载作用下只产生竖向压缩变形，侧向受到约束不产生变形。由于是弹性解，与实际工程差距比较大，如筏板边角处反力过大，筏板中心沉降过大，筏板弯矩过大并出现配筋过大或无法配筋，设计中需根据工程经验选取适当的经验系数。Winkler 假定模型中基床反力系数及单向压缩分层总和法模型中沉降计算经验系数的取值均具有较强的地区性和经验性。

（4）根据建研院地基所多年研究成果编写的模型，可以参考使用。

"地基基础形式及参照规范"：根据工程实际；

"混凝土、钢筋级别"：根据工程实际；

"筏板受拉区构造配筋率"：0 为自动计算，按"混规"8.5.1 条取 0.2 和 $45f_t/f_y$ 中的较大值；也可按 8.5.2 取 0.15%，推荐输入 0.15；

"板上剪力墙考虑高度"：按深梁考虑，高度越高剪力墙对筏板刚度的贡献越大。其隐含值为 10，表明 10m 高的深梁，0 为不考虑；

"混凝土模量折减系数"：默认值为 1，计算时采用"混规"4.1.5 条中的弹性模量值，可通过缩小弹性模量减小结构刚度，进而减小结构内力，降低配筋，筏板计算时，可取 0.85；

"如设后浇带，浇后浇带前的加荷比例"：与后浇带配合使用，解决由于后浇带设置后的内力、沉降计算和配筋计算、取值。填 0 取整体计算结果，即没有设置后浇带，填 1 取分别计算结果，类似于设沉降缝。取中间值 a 按下式计算：实际结果＝整体计算结果×（1－a）＋分别计算结果×a，a 值与浇后浇带时沉降完成的比例相关；

对于砂土可认为其最终沉降量已完成 80% 以上，对于其他低压缩性土可认为已完成最终沉降量的50%～80%，对于中压缩性土可认为已完成 20%～50%。

"桩顶的嵌固系数"：默认为 0，一般工程施工时桩顶钢筋只将主筋伸入筏板，很难完成弯矩的传递，出现类似塑性铰的状态，只传递竖向力不传递弯矩。如果是钢桩或预应力管桩，深入筏板一倍桩径以上的深度，可认为是刚接；海洋平台可选刚接。

"上部结构影响"：考虑上下部结构共同作用计算比较准确反应实际受力情况，可以减少内力节省钢筋；要想考虑上部结构影响应在上部结构计算时，在 SATWE 计算控制参数中，点取"生成传给基础的刚度"。

"网格划分依据"：（1）所有底层网格线，程序按所有底层网格线先形成一个个大单元，再对大单元进行细分；（2）布置构件的网格线，当底层网格线比较混乱时，划分的单元也比较混乱，选择此项划分单元成功机会很高；（3）布置构件的网格线及桩位，在（2）的基础上考虑桩位，有利于提高桩位周围板内力的计算精度；

"有限元网格控制边长"：默认值为 2m，一般可符合工程要求。对于小体量筏板或局部计算，可将控制边长缩小（如 0.5～1m）；

"各工况自动计算水浮力"：在原计算工况组合中增加水浮力，标准组合的组合系数为1.0；一般计算基底反力时只考虑上部结构荷载，而不考虑水的浮力作用，相当于存在一定的安全储备；建议在实际设计中，按有无地下水两种情况计算，详细比较计算结果，分析是否存在可以采用的潜力及设计优化。

"底板抗浮验算"：是新增的组合，标准组合＝1.0恒载＋1.0浮力，基本组合＝1.0恒载＋水浮力组合系数×浮力。由于水浮力作用，计算结果土反力与桩反力都有可能出现负值，即受拉。如果土反力出现负值，基础设计结果是有问题的，可增加上部恒载或打桩来进行抗浮；场地抗浮设防水位应是各含水层最高水位之最高；水头标高与筏板底标高、梁底标高等都是相对标高。

"考虑筏板自重"：默认为是。

"沉降计算考虑回弹再压缩"：对于先打桩后开挖，可忽略回弹再压缩；对于其他深基础，必须考虑。根据工程实测，若不考虑回弹再压缩，裙房沉降偏小，主楼沉降偏大；

桩端阻力比值：该值在计算中影响比较大，因为不同的规范选择桩端阻力比值也不同，程序默认的计算值与手工校核的不一致。如果选择《上海地基规范》，并在地质资料中输入每个土层的侧阻力、桩端土层的端阻力，程序以输入的承载值作为依据。其他情况以《桩基规范》计算桩承载力的表格，查表求出每个土层的侧阻力、桩端土层的端阻力，并计算桩端阻力比。程序可以自动计算，还可以直接输入桩端阻力比。

"地基基础形式及参照规范"：选项1是"天然地基或常规桩基"：如果筏板下没有布桩，则是天然地基，如有桩，则是常规桩基。所谓常规桩基是区别于符合桩基和沉降控制复合桩基，常规桩基不考虑桩间土承载力分担。选项2是"复合地基"：对于CFG桩、石灰桩、水泥土搅拌桩等复合地基，桩体在交互输入中按混凝土灌注桩输入，程序自动按《地基处理规范》JGJ 79—2002进行相关参数的确定；如果没有布桩，可以人工修改选项框中的参数值，天然地基承载力特征值、复合地基承载力特征值，复合地基处理深度。此项可以考虑地基处理，填写相关复合地基参数（承载力，处理深度）就可进行沉降及内力计算。复合地基考虑桩间土的作用。选项3为"复合桩基"：桩土共同分担的计算方法采用"桩规"中5.2.5条的相关规定，根据分担比例确定基床系数（1模型）或分担比（2、3、4模型），一般基床系数是天然地基基床的十分之一左右，分担比例一般小于10%。选项4为"沉降控制复合桩基"：桩土共同分担的计算方法采用《上海地基规范》中7.5节的相关规定。如果上部荷载小于桩的极限承载力，土不分担荷载，其计算与常规桩基一样。当上部结构荷载超过桩极限承载力后，桩承载力不增加，其多余的荷载由桩间土分担，计算类同于天然地基。

天然地基承载力特征值：桩筏计算时要把天然地基承载力特征值设为0，不考虑桩间土的反力。

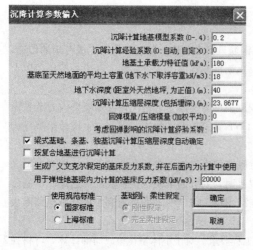

图6-21　"沉降计算参数输入"对话框

6.20　JCCAD/基础梁板弹性地基梁法计算，刚性沉降、柔性沉降参数如何设置？

答：点击刚性沉降、柔性沉降，如图6-21所示。

参数注释：

沉降计算地基模型系数：

一般0.1～0.4。软土取小值，硬土取大值，它控制边部反力与中央反力的比值；对于矩形板一般四世纪黏土应控制在1.3～1.7左右，软土控制在1.22左右。砂土控制在1.8～2.2左右；对于异形板黏土控制在1.9～2.2左右，砂土控制在1.8～2.6左右；一般正方形、圆形取大值，细长条形取小值。这里有个非常重要的概念，就是地基模型的选用。程序用模型

参数 k_{ij}（默认为 0.2）来模拟不同的地基模型，$k_{ij}=0$ 的时候，为经典文克尔地基模型，$k_{ij}=1$ 的时候，为弹性半空间模型。

沉降计算经验系数：

见"地规"5.3.5 条。分层法的几个假定与实际情况存在一定偏离，比如弹性假定，而实际存在非线性关系；侧限条件，假定向下传递，而实际会横向传递；采用实验室获得的侧限压缩样本具有一定局限性；土蠕变等，所以计算出来的沉降应乘以一个沉降计算经验系数。该参数填写 0 时，由程序自动计算。如果用户不想用"地规"给出的沉降经验系数进行沉降修正，而想采用"箱基规程"或各地区的沉降经验系数进行修正，则用户输入自己选择的值。在进行上海地区工程的设计时，要特别注意进行校核。上海市工程建设规范《地基基础设计规范》DG J08—11—1999 4.3.1 条文说明、实测沉降资料发现，在一些浅层粉性土地区，采用条文规定的沉降计算经验系数，可能导致计算沉降偏大；而对于第三层淤泥质粉质黏土缺失或很薄，而第四层淤泥质黏土层很厚（大于 10m）且含水量很高（大于 50%）的情况，采用条文规定的沉降计算经验系数所得到的计算沉降量又可能小于实测值。

"地基承载力特征值"：按地质勘查报告取。

"基底至天然地面的平均重度"：当有地下水的部分取浮重度。

"地下水深度"：按地下水位距室外天然地坪的距离填写，为正值。

沉降计算压缩层深度（包括埋深）：

对于筏板基础，该值可按规范近似取：基础埋深+$b(2.5-0.4\ln b)$（单位：m）。其中 b 为基础宽度（详见"地规"5.3.7 条）。对筏板基础，程序初次运行时，自动按次公式给出初始值。筏板基础可参考上述公式确定压缩层深度。对梁式基础、独立基础和墙下条形基础，程序可自动计算压缩层深度，当选择该自动计算功能后，此处填写的压缩层深度值不起作用。

回弹模量/压缩模量（加权平均）：

此项是根据"地规"和"箱筏规范"中要求加上的，所不同的是"箱筏规范"重采用的是回弹再压缩模量。这样即在沉降计算中考虑了基坑底面开挖后回弹再压缩的影响，回弹模量或回弹再压缩模量应按相关试验值取，可见"地规"的 5.3.10 条和"箱筏规范"的 3.3.1 条。对于多层建筑可填写 0，这样计算就不考虑回弹影响或回弹再压缩影响。全补偿或者超补偿基础：即上部结构加地下室的总载荷小于等于挖去的土的自重时的基础，此时地基也有沉降，即基坑的回弹再压缩的沉降量。计算高层建筑的地基变形时，由于基坑开挖较深，卸土较厚往往引起地基的回弹变形而使地基微量隆起，在实际施工中回弹再压缩模量较难测定和计算，从经验上回弹量约为公式计算变形量 10%～30%，因此高层建筑的实际沉降观测结果将是上述计算值的 1.1～1.3 倍左右．应该指出高层建筑基础由于埋置太深，地基回弹再压缩变形往往在总沉降中占重要地；带裙房的高层，差异沉降往往很大，考虑回弹再压缩变形后，差异沉降值往往会减小。

考虑回弹影响的沉降经验系数：当不考虑回弹影响时，该值取 1；

梁式基础、条基、独基沉降计算压缩层深度自动确定：

选取次项后程序对这三种基础自动计算压缩层深度，前面填写的是沉降计算压缩层深度无效。计算原则根据"地规"5.3.6 条规定，或"上海地基规范"5.3.2 条规定。

使用规范标准：

目前用户可选择沉降计算依据标准只有两种，即按国家规范 GB J7—89，或按上海市地方标准 DB J08—11—89。用户可任意点取其中之一。

选择采用广义文克尔假定进行地梁内力计算：

选取此项后，程序将按广义文克尔假定计算地梁内力，采用广义文克尔假定的条件是要有地质资料数据，且必须进行刚性底板假定的沉降计算。因此当选取此项后，在刚性假定沉降计算时，按反力与沉降的关系求出地基刚度，并按刚度变化率调整各梁下的基床反力系数。此时各梁基床反力系数将各不相同，一般来说边角部大些，中间小些。该参数的初始值为不选择用广义文克尔假定计算。

文克尔地基模型：

地基上任一点所受的压力强度 p 与该点的地基沉降 s 成正比，即 $p=ks$ 式中比例常数 k 称为基床系数，单位为 kPa/m（地基上某点的沉降与其他点上作用的压力无关，类似胡克定理，把地基看成一群独立的弹簧）。文克尔地基模型忽略了地基中的剪应力，而正是由于剪应力的存在，地基中的附加应力才能向旁扩散分布，使基底以外的地表发生沉降。凡力学性质与水相近的地基，例如抗剪强度很低的半液态土（如淤泥、软黏土）地基或基底下塑性区相对较大时，采用文克尔地基模型就比较合适。此外，厚度不超过梁或板的短边宽度之半的薄压缩层地基也适于采用文克尔地基模型（这是因为在面积相对较大的基底压力作用下，薄层中的剪应力不大的缘故）。

基础刚柔性假定：

刚性假定、完全柔性假定。对于含有基础梁的结构基础在应选择"完全柔性假定"，否则梁反力异常。如采用广义文克尔法计算梁板式基础则必须运行此菜单，并按刚性底板假定方法计算。完全柔性假定是根据《建筑地基基础设计规范》GB 50007—2011 中 5.3.5～5.3.9 条或者《上海地基规范》4.3.1～4.3.5 条，即常用的规范手算法，它可用于独立基础、条形基础和筏板基础的沉降计算。刚性假定中地基模型系数是考虑土的应力、应变扩散能力后的折减系数。

"按复合地基进行沉降计算"：按工程情况选取；

"用于弹性地基梁内力计算的基床反力系数"：

查表可得，JCCAD 用户手册附录 C（P279）。弹性地基基床反力系数，一般平均值为 20000（在筏板布置和板元法的参数设置中，是板的基床系数）；计算基础沉降值时应考虑上部结构的共同作用。K 值应该取与基础接触处的土参考值，土越硬，取值越大；埋深越深，取值越大；如果基床反力系数为负值，表示采用广义文克尔假定计算分析地梁和刚性假定计算沉降，基床反力系数的合理性就是看沉降结果，要不断地调整基床系数，使得与经验值或者规范分层总和法手算地基中心点处的沉降值相近；算出的沉降值合理后，从而确定了 K，再以当前基床反力系数为刚度而得到的弹性位移，算出内力。一般来说，按规范计算的平均沉降是可以采取的，但是有时候与经验值相差太大时，干脆以手算为准或者以经验值为准，反算基床系数。

6.21 弹性地基梁结构计算，计算参数如何设置？

答：点击计算参数，如图 6-22～图 6-24 所示。

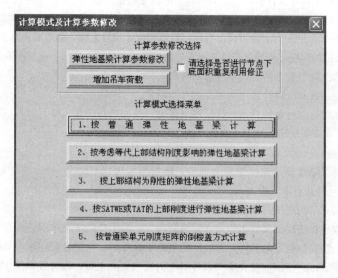

图 6-22 弹性地基梁计算模式及计算参数对话框

注：点击【弹性地基梁计算参数修改】，弹出参数修改对话框，如图 3-129 所示。

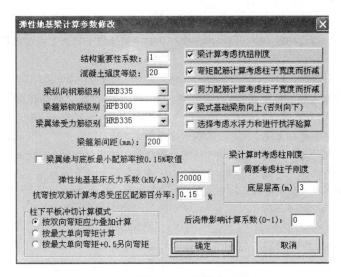

图 6-23　弹性地基梁计算参数修改

参数注释：

"混凝土强度及钢筋等级"：

指所有基础的混凝土强度等级（不包括柱和墙），应根据工程实际情况填写。此值在交互输入已定义过，这里可以再次进行修改。

"梁纵向钢筋级别"、"梁箍筋钢筋级别"、"梁翼缘钢筋级别"：

如工程实际情况填写。

"梁箍筋间距（mm）"：初始值为200。

"弹性地基基床反力系数"：

可按 JCCAD2010 说明书附录值取，单位为 kN/m^3。其初始值为20000。当基床反力系数为负值时即意味着采用广义文克尔假定计算，此时各梁基床反力系数将各不相同，一般来说边角部大些，中间小写。广义文克尔假定计算条件是前面进行了刚性假定的沉降计算，如不满足该条件，程序自动采用一般文克尔假定计算。

"抗弯按双筋计算考虑受压区配筋百分率"：

为合理减少钢筋用量，在受弯配筋计算时考虑了受压区有一定量的钢筋；初始值为0.15%。

"梁翼缘与底板最小配筋率按0.15%取值"：

如不选取，则自动按"混规"8.5.1条规定为0.2和$45f_t/f_y$中的较大值；如选取，则按"混规"8.5.2条规定适当降低为0.15%；

"梁计算考虑抗扭刚度"：

默认为考虑；若不考虑，则梁内力没有扭矩，但另一方向的梁的弯矩会增加。

"弯矩配筋计算考虑柱子宽度而折减"、"剪力配筋计算考虑柱子宽度而折减"：

在弹性地基梁元法配筋计算时，程序考虑了支座（柱）宽度的影响，实际配筋用的内力为距柱边 $B/3$ 处得计算内力（B 为柱宽），同时规定折减的弯矩不大于最大弯矩的30%。若选择此项，则相应的配筋值是用折减后的内力值计算。

"梁式基础梁肋向上（否则向下）"：

按工程实际选择，一般在肋板式基础中，大部分基础都是使梁肋朝上，这样便于施工，梁肋之间回填或盖板处理；"选择考虑水浮力和进行抗浮验算"：

选择此项将在梁上加载水浮力线荷载（反向线荷载），一般来说这个线荷载对梁内力计算结果没有影响，因为水浮力与土反力加载一起与没有水浮力的土反力完全一样。抗漂浮验算是验算水浮力在局部

（如裙房）是否超过建筑自重时的情况。当梁底反力为负，且超过基础自重与覆土等板面恒荷之和时，即意味该处底板抗漂浮验算有问题，应采取抗漂浮措施，如底板加覆土等加大基础自重方法，或采用其他有效措施。

"梁计算时考虑柱刚度"：

勾选此项时，程序会假定柱子在 $0.7H$ 处反弯，考虑柱刚度可使地基梁转角减小一些。一般选择"按普通弹性地基梁计算"模式时，可选此项；当考虑了上部结构刚度时，一般无需再考虑柱子刚度影响；但如果选择"按考虑等代上部结构刚度影响的弹性地基梁计算"模式时，"上部结构等代刚度为基础梁刚度的倍数"用户按"箱筏规范"提供的算法求出等代上部结构刚度时，此时规范公式仅考虑柱子对上部梁的约束，而没有考虑其对地梁的约束作用，因此需要采用此项作为补充。一般来说考虑柱子刚度后会使地梁的节点转角约束能力加强，导致不均匀竖向位移和整体弯曲减少。

"后浇带影响计算系数（0～1）"：

按实际工程填写。

"请选择是否进行节点下底面积重复利用修正"：

由于在纵横梁交叉节点处下的一块底面积被两个方向上的梁使用了两次，因此存在着底面积重复利用的问题。对节点下底面积重复利用进行修正，一般来说会增加梁的弯矩，特别是梁翼缘宽度较大时，修正后弯矩和钢筋将会增加。软件在一般情况下隐含值为不修正，对梁元法计算的柱下平板式基础隐含值是修正。建议按软件隐含值考虑。

系统在弹性地基梁计算中给出了五种模式：

① 按普通弹性地基梁计算：这种计算方法不考虑上部刚度的影响，绝大多数工程都可以采用此种方法，只有当该方法时计算截面不够且不宜扩大再考虑其他模式。

② 按考虑等代上部结构刚度影响的弹性地基梁计算：该方法实际上是要求设计人员人为规定上部结构刚度是地基梁刚度的几倍。该值的大小直接关系到基础发生整体弯曲的程度。上部结构刚度相对地基梁刚度的倍数通过输入参数系统自动计算得出。如图 6-24 所示。

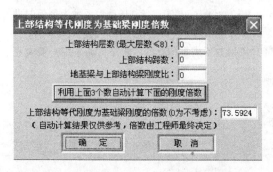

图 6-24 上部结构等代刚度为基础梁刚度倍数

注：只有当上部结构刚度较大、荷载分布不均匀，并且用模式 1 算不下来时方可采用，一般情况不选。

③ 按上部结构为刚性的弹性地基梁计算：模式 3 与模式 2 的计算原理实际上是一样的，只不过模式 3 自动取上部结构刚度为地基梁刚度的 200 倍。采用这种模式计算出来的基础几乎没有整体弯矩，只有局部弯矩。其计算结果类似传统的倒楼盖法。该模式主要用于上部结构刚度很大的结构，比如高层框支转换结构、纯剪力墙结构等。

④ 按 SATWE 或 TAT 的上部刚度进行弹性地基架计算：从理论上讲，这种方法最理想，因为它考虑的上部结构的刚度最真实，但这也只对纯框架结构而言。对于带剪力墙的结构，由于剪力墙的刚度凝聚有时会明显地出现异常，尤其是采用薄壁柱理论的 TAT 软件，其刚度只能凝聚到离形心最近的节点上，因此传到基础的刚度就更有可能异常。所以此种计算模式不适用带剪力墙的结构。

⑤ 按普通梁单元刚度的倒楼盖方式计算：模式 5 是传统的倒楼盖模型，地基梁的内力计算考虑了剪切变形。该计算结果明显不同与上述四种计算模式，因此一般没有特殊需要不推荐使用。

6.22　弹性地基板内力配筋计算参数如何设置？

答：点击弹性地基板内力配筋计算，如图 6-25 所示。

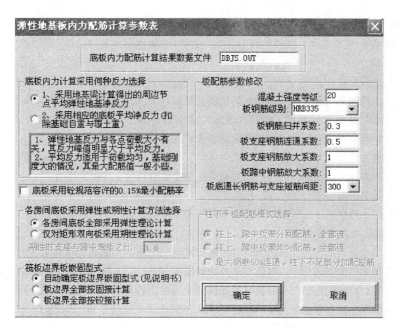

图 6-25　弹性地基板内力配筋计算参数表

参数注释：

"底板内力计算采用何种反力选择"：

弹性地基反力与各个节点的上部荷载大小有关，其最大反力峰值明显大于平均反力，一般来说上部荷载不均匀，如高层与裙房共存时，应采用第一种反力计算，否则高层部分反力偏低，裙房部分反力偏高。平均反力适用于荷载均匀，基础刚度大的情况，起最大配筋值较小些，配筋量较均匀。

"底板采用混凝土规范容许的 0.15% 最小配筋率"：

若不选择，则默认按 0.2% 的最小配筋率计算。

"各房间底板采用弹性或塑形计算方法选择"：

第一种弹性理论计算方法，特点是可以计算任意形状的周边支撑板，配筋偏于安全；第二种塑性理论计算，仅能用于矩形房间，对非矩形房间仍采用弹性法计算，配筋量较弹性法小 20%～30%。

"筏板边界板嵌固形式"：

若选择"自动确定板边界嵌固形式"时，当墙下筏板为边界且挑出宽度小于 600mm，支座为铰接处理，否则一律按嵌固处理。

"柱下平板配筋模式选择"：

① "分别配筋，全部连通"，适用于梁元法、板元法计算模型，但要求正确设置柱下板带位置，即暗梁位置；② "均匀配筋，全部连通"，适用于跨度小或厚板情况，该方法对桩筏筏板有限元计算模型无效；③ "部分连通，柱下不足部分加配短筋"，在通长筋区域内取柱下板带最大配筋量 50% 和跨中板带最大配筋量的大者作为该通常区域的连通钢筋，对于柱下不足处短筋补足。此方法钢筋用量小，施工方便。该项初始值为方法③，在第①、③模式配筋中，程序考虑了"地规"要求的柱子宽度加一倍板厚范围内钢筋增强（不少于 50% 的柱下板带配筋量）的要求，并将其应用在整个柱下板带区。

混凝土强度等级：

该参数在弹性地基梁结构计算参数输入中已定义过，在这里可以再次修改。

板板钢筋级别：

按实际工程填写。该参数在弹性地基梁结构计算参数输入中的"梁翼缘钢筋级别"定义过，它在梁式基础中为"翼缘筋级别"，在梁板式基础中为"板筋级别"。

板钢筋归并系数：

该参数可取 0.1～1.0 之间，其初始值为 0.3，它意味着板钢筋实配时，在 30% 的配筋量范围内都采用同一种钢筋实配。

板支座钢筋连通系数：

板的通长支座钢筋量与最大支座钢筋量的比值，可取 0.1～1.0 之间。其初始值为 0.5。程序还对通长支座钢筋按最小配筋率 0.15% 做了验算，使通长支座钢筋不小于 0.15% 的配筋率。当系数大于 0.8 时，程序按支座钢筋全部连通处理。另外跨中筋则全部连通。

板支座钢筋放大系数：

在钢筋实配时将计算支座配筋量与该系数相乘作为实配钢筋量，其初始值为 1.0。

板跨中钢筋放大系数：

在钢筋实配时将计算跨中配筋量与该系数相乘作为实配钢筋量，其初始值为 1.0。

板底通长钢筋与支座短筋间距：

该间距参数是指通长筋与通长筋的间距，短筋与短筋的间距，当通长筋与短筋同时存在时，两者间距应相同，以保持钢筋配置的有序。规范要求基础底板的钢筋间距一般不小于 150mm，但由于板可能通长钢筋与短筋并存，也可能通筋单独存在，因此板筋的实配比较复杂。通过该参数，可根据不同情况控制板底总体钢筋间距。该参数隐含为 300mm。当实配钢筋选择无法满足指定间距时，程序自动选择直径 36mm 或 40mm 的钢筋，间距根据配筋梁反算得到。

第7章 其 他

基 础

7.1 基础验槽时，未达到持力层很薄的软土怎么处理？

答：当薄土厚度为 0.5～1.0m 时，基础将荷载先传递给 0.5～1.0m 的软土，再传递给硬土的持力层。其中 0.5～1.0m 的软土，本身类似与"薄片"，对持力层承载力的提高是有利的，可以不做地基处理。当软土厚度较大时，应先局部清除掉软土，挖到持力层，然后再用级配砂石或豆石混凝土替换掉原小部分软土。

7.2 CFG 桩设计时应注意哪些问题？

答：CFG 桩复合地基首先要求基础具有足够的刚度与合适厚度的褥垫层，否则竖向荷载就不会很好地向 CFG 桩传递，于是此时的复合地基受力就和未经处理的软土一样，桩间土会分担部分竖向荷载，CFG 桩受力很小。

合适厚度的褥垫层是关键的传力部分，其具有均匀地扩散地基反力的功能。褥垫层的厚度一般可取 0.5 倍桩径，常规做法是取 150～300mm 厚较为经济。CFG 桩径宜取 350～600mm，桩距宜取 3～5 倍的桩径，其设计原则为：大桩长，大桩距，桩端落在好土层。

7.3 桩身配筋率该如何取值？

答：一般来说，仅承受较大水平力的桩主筋配置才需计算确定。关于各种桩的桩身配筋问题，规范规定了各种桩型的最小桩身配筋率，其中静压预制桩最小桩身配筋率 0.6%，灌注桩的最小配筋率为 0.2%～0.65%，大直径人工挖孔桩的最小配筋率为 0.2%～0.6%，对于不受力或者受力不大时，可取下限。

7.4 桩混凝土强度等级该如何取值？

答：对于预制桩，目前国内的 PHC 空心管桩，混凝土强度等级已经达到了 C80，因为预制桩车间化生产，生产过程及养护条件均可直接干预和控制，质量有保证。但对于灌注桩则截然相反，其混凝土强度等级不宜太高，因为其直接与土、水接触，水化热过大易裂，一般要求为 C30，最高不宜超过 C40。

7.5 一柱一桩大直径人工挖孔桩承台宽度该如何取值？

答：对于桩承台宽度的尺寸要求，《建筑桩基技术规范》JGJ 94—2008 规定为"双控"，一个是 1 倍桩径的要求，一个是桩侧距承台边缘的距离至少满足 150mm，由于一柱一桩大直径人工挖孔桩传力直接，一般可按 150mm 控制。

7.6 厚筏板中的中层温度钢筋该如何设置？

答：一般不必机械地按照《建筑地基基础设计规范》设置厚筏板中层温度钢筋。实践反复印证了此中层温度钢筋时多余构造。

7.7 基础梁腰筋怎么设置？

答：因为基础梁一般深埋在地面下，地上温度变化对之影响很小，同时基础梁一般截面大，机械地执行最低配筋率 0.1% 的构造，会造成梁侧的腰筋直径很大。一般可构造设置，直径 12~16mm，间距可取 200~300mm。

7.8 筏板基础是否要进行裂缝验算，筏板最小配筋率是 0.15% 还是 0.2%？

答：一般情况下筏板基础不需要进行裂缝验算。原因是筏板基础类似与独立基础，都属于与地基土紧密接触的板，筏板和独基板都受到地基土摩擦力的有效约束，是属于压弯构件而非纯弯构件。因此筏板基础和独基一样，不必进行裂缝验算，且最小配筋率可以按 0.15% 取值。

7.9 筏板合理厚度该如何取值？

答：（1）江湖中一般按 50mm 每层估算一个筏板厚度，其实这只是一个传说。筏板厚度与柱网间距、楼层数量关系最大，其次与地基承载力有关。一般来说柱网越大、楼层数越多，筏板厚度越大。

（2）对于 20 层以上的高层剪力墙结构，6、7 度可按 50mm 每层估算，8 度区可按 35mm 每层估算；对于框剪结构或框架-核心筒结构，可按 50~60mm 每层估算。局部竖向构件处冲切不满足规范要求时可采用局部加厚筏板或置柱墩等措施处理。

7.10 桩端持力层怎么选择？

答：一般可按下列条件选择：

1. 具有适当埋深的一般第四纪砂土和碎石土为较理想的桩端持力层。预制桩及灌注桩端持力层的厚度不宜小于 3m；

2. 具有适当埋深的低压缩性粉土可作为一般预制桩及灌注桩的桩端持力层，但其厚度应大于 4m；

3. 对于大面积的新近沉积砂土，当密实度达到中密以上，厚度大于 4m 时也可作为桩端持力层；

4. 风化基岩可作为桩端持力层。但需经详细勘察，以确定其顶面起伏变化情况、风化程度及力学性质。

7.11 不同场地优选桩型的一些方法是什么？

答：深厚软土场地：

对于多层、小高层建筑可选用预应力管桩或空心方桩。地震设防为 8 度及以上的液化土、深厚软土地区不宜采用预应力管桩。对于高层和超高层建筑，宜采用灌注桩。灌注桩由于可穿透硬夹层达到较好持力层，可灵活调整桩径、桩长，有利于优化布桩；可采用后注浆增强桩的承载力，尤其适合于荷载极度不均的框-筒、筒-筒结构。

一般黏性土、粉土为主的场地：

灌注桩可作为首选，因其适用性强，几何尺寸和桩端持力层可调可选范围大，并可采用后注浆增强措施。关于成桩工艺，应根据地质、环境等条件优选。对于高层和超高层建筑，可选用旋挖、反循环回旋钻成孔。对于多层和小高层建筑，可采用长螺旋钻压灌混凝土后插钢筋笼成桩，并结合后注浆。当土层承载力较低且无浅埋硬夹层时，对于多层、小高层建筑可选用预应力管桩或预应力空心方桩。但当土的密实度和承载力较高时，预制桩的适用性随之降低，因沉桩深度往往受到贯入阻力的限制，挤土效应又引发桩体上涌，削弱单桩承载力，增大建筑物沉降。

填土和液化土场地：

对于填土和液化土开阔场地，较合理的工序应是先采用强夯（饱和黏性土、软土除外）、真空预压（饱和软土）等先行加密而后成桩，但实际工程中往往由于种种原因无法实施先处理后成桩。填土中若不含粒径 15cm 以上大块碎石，可选用中小直径预应力管桩。利用沉桩过程的挤土效应对除黏土、软土以外的填土起到加密作用，消减桩的负摩阻力。

湿陷性黄土场地：

当湿陷性土层薄，可采用后注浆灌注桩。对于湿陷性土层较厚的高层住宅，可采用满布中小桩径的预应力管桩，利用沉桩挤土效应消除上部湿陷性黄土的湿陷性。既避免湿陷引起的负摩阻力，又可满足增强承载力和减小沉降的要求。

7.12 扩底端尺寸是什么？

答：扩底端直径与桩身直径之比 D/d，应根据承载力要求、扩底端侧面土性特征、桩端持力层土性特征及扩底施工方法确定。扩底端侧面土性较松散，施工中易塌落，则扩大头直径不宜过大；桩端持力层承载力较高时，为充分发挥其承载力，扩大头直径宜加大；不同施工方法其最大扩径比取值应有所区别，对于人工控孔桩，D/d 不应大于 3；对于钻孔桩，D/d 不应大于 2.50。一般以 D/d 等于 2 居多。

扩底端侧面的斜率应根据实际成孔及土体自立条件确定，根据工程施工经验常取 1/4～1/2；具体而言，砂土易塌落，斜率应缓一些，可取 1/4，粉土、黏性土自立性较好，可取 1/3～1/2。

h_1 常取 200mm，h_2 常取 2/D，b 常取 4/D，$h_3 = 0.3h_2$，如图 7-1 所示。

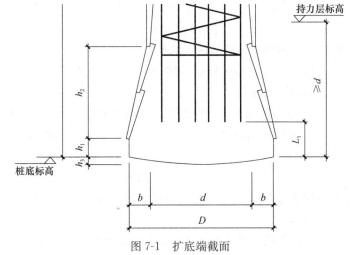

图 7-1　扩底端截面

7.13 大直径灌注桩桩身配筋如何取值？

答：如表 7-1 所示。

大直径灌注桩桩身配筋

表 7-1

桩直径 d	①通长纵筋	②最小配筋率	③加劲箍	④螺旋箍	L_N（④筋加密区段）
800	14Φ16	0.52	Φ12@2000	Φ8@200	2000
1000	16Φ18	0.46	Φ12@2000	Φ8@200	2000
1200	20Φ18	0.41	Φ12@2000	Φ8@200	2000
1400	22Φ18	0.36	Φ14@2000	Φ8@200	3000
1600	26Φ18	0.31	Φ14@2000	Φ10@200	3000
1800	26Φ18	0.25	Φ16@2000	Φ10@200	3000
2000	28Φ18	0.20	Φ16@2000	Φ10@200	3000
2200	30Φ18	0.20	Φ16@2000	Φ12@200	3500
2400	32Φ20	0.20	Φ18@2000	Φ12@200	3500
2600	34Φ20	0.20	Φ18@2000	Φ12@200	3500
2800	34Φ20	0.20	Φ18@2000	Φ12@200	3500

7.14 承台的最小宽度和厚度有何规定？

柱下独立桩基承台：

对于框架柱下独立桩基承台，其厚度通常由冲切控制，同时考虑到柱、桩、连系梁的钢筋均在此锚固，因此规定最小宽度不应小于 500mm，最小厚度不应小于 300mm；当柱纵筋直径较大时，承台厚度还应满足柱纵筋的锚固长度要求。多桩承台桩中心至承台边缘的距离不宜小于桩直径或边长，边缘挑出部分不应小于 150mm，主要是为满足边角桩抗冲切承载力的基本要求。

条形承台梁：

对于砌体墙下条形承台梁，其边缘挑出部分可减少至 75mm，主要是考虑到砌体墙体与承台梁共同工作可增强承台梁的整体刚度和抵抗桩对承台的剪切力。

7.15 剪力墙下布桩应注意的问题？

答：1. 应尽量做到剪力墙下布桩。由于剪力墙结构具备极大整体抗弯刚度，故可将上部结构视为承台。

2. 地震作用下剪力墙承受巨大的倾覆弯矩，因此宜将基桩布置在长墙肢的两端。

3. 多层剪力墙结构未设置地下室时，考虑钢筋锚固及局部受压的问题，宜设置条形承台梁。

4. 高层剪力墙结构，常因基础埋深要求设置地下室且由于要承受基底反力，筏板厚度不应小于 400mm，当桩径与板厚接近时，应在筏板内设置暗梁。

7.16 人工挖孔灌注桩及钻（冲）孔灌注桩设计时应注意的一些问题？

答：人工挖孔桩一般不超过 20m（混凝土薄壁），否则施工比较危险。桩长比较短，基本上是端阻力，一般不考虑桩侧摩擦力。钻（冲）孔灌注桩（≤50m）一般应考虑摩擦力，除非是嵌岩桩，其计算原理与预应力管桩相同，只是钻（冲）孔灌注桩摩擦力和端阻力要比预制桩小些，因为其为部分挤土桩，再就是灌注桩端有沉渣因素，所以阻力都会小。在计算时，地勘资料提供的这些参数会比预制桩小。

钻孔桩适用于一般黏性土、碎石卵石含量少的土层、砂土及风化岩层；冲孔桩适用于各种土层，尤其适用于地层复杂、夹层多、风化不均、软硬变化大的岩层。施工简单、造价较低、现场需要泥浆存放和排放条件，要控制沉渣、防止出现缩颈和泥浆沉淀等现象。

人工挖孔灌注桩适用于现场不宜进行机械化施工，荷载较大的端承桩、受力明确，质量可靠，造价较低，能扩孔。适宜于黏性土、人工填土、无流动性淤泥质土以及中密以上的砂土。地层中有流沙、涌水、涌泥的不宜采用。

7.17 标准组合、基本组合、准永久组合概念及应用？

答：基本组合，是属于承载力极限状态设计的荷载效应组合，它包括以永久荷载效应控制组合和可变荷载效应控制组合，荷载效应设计值取两者的大者。两者中的分项系数取值不同，这是新规范不同老规范的地方，它更加全面地考虑了不同荷载水平下构件的可靠度问题。在承载力极限状态设计中，除了基本组合外，还针对于排架、框架等结构，又给出了简化组合。基本组合就是系数大于1时的恒、活荷载相加。

标准组合，在某种意义上与过去的短期效应组合相同，主要用来验算一般情况下构件的挠度、裂缝等使用极限状态问题。在组合中，可变荷载采用标准值，即超越概率为5%的上分位值，荷载分项系数取为1.0。可变荷载的组合值系数由"荷规"给出。标准组合就是分项系数为1.0时的恒、活荷载相加。

准永久组合，在某种意义上与过去的长期效应组合相同，其值等于荷载的标准值乘以准永久值系数。它考虑了可变荷载对结构作用的长期性。在设计基准期内，可变荷载超越荷载准永久值的概率在50%左右。准永久组合常用于考虑荷载长期效应对结构构件正常使用状态影响的分析中。

计算柱下独立基础时，计算基础面积按标准组合，计算配筋及冲切高度按基本组合。"桩规"3.1.7条：桩基设计时，所采用的作用效应组合与相应的抗力应符合下列规定：

1　确定桩数和布桩时，应采用传至承台底面的荷载效应标准组合；相应的抗力应采用基桩或复合基桩承载力特征值。

2　计算荷载作用下的桩基沉降和水平位移时，应采用荷载效应准永久组合；计算水平地震作用，风荷载作用下的桩基水平位移时，应采用水平地震作用，风荷载效应标准组合。

3　验算坡地、岸边建筑桩基的整体稳定性时，应采用荷载效应标准组合；抗震设防区，应采用地震作用效应和荷载效应的标准组合。

4　在计算桩基结构承载力、确定尺寸和配筋时，应采用传至承台顶面的荷载效应基本组合。当进行承台和桩身裂缝控制验算时，应分别采用荷载效应标准组合和荷载效应准永久组合。

7.18 有关基桩最小中心距？

答：基桩的最小中心距应符合表7-2的规定；当施工中采取减小挤土效应的可靠措施时，可根据当地经验适当减小。部分挤土桩、挤土桩的最小桩距可根据其减挤效果将规范规定的最小桩距相应减小$0.5\sim1.0d$，但不应小于$3d$。设计中出现由于平面受限，桩距不得不小于$3d$时，要折减基桩的侧阻力；此外即使是挤土效应不明显的桩型（如钻孔桩等），也应提出有效减小挤土效应措施（如跳钻），因为两根桩靠得太近，旁边钻桩时会对周边的土有扰动，如在影响范围内有未凝固的桩混凝土，就容易出现桩身缺陷。

桩的最小中心距　　　　　　　　表7-2

土类与成桩工艺		排数不少于3排且桩数不少于9根的摩擦型桩桩基	其他情况
非挤土灌注桩		$3.0d$	$3.0d$
部分挤土桩		$3.5d$	$3.0d$
挤土桩	非饱和土	$4.0d$	$3.5d$
	饱和黏性土	$4.5d$	$4.0d$
钻、挖孔扩底桩		$2D$或$D+2.0m$（当$D>2m$）	$1.5D$或$D+1.5m$（当$D>2m$）
沉管夯扩、钻孔挤扩桩	非饱和土	$2.2D$且$4.0d$	$2.0D$且$3.5d$
	饱和黏性土	$2.5D$且$4.5d$	$2.2D$且$4.0d$

注：1. d——圆桩直径或方桩边长，D——扩大端设计直径。
　　2. 当纵横向桩距不相等时，其最小中心距应满足"其他情况"一栏的规定。
　　3. 当为端承型桩时，非挤土灌注桩的"其他情况"一栏可减小至$2.5d$。

7.19 有关灌注桩构造？

答："桩规"4.1.1条：

> 1. 配筋率：当桩身直径为$300\sim2000mm$时，正截面配筋率可取$0.65\%\sim0.2\%$（小直径桩取高值）；对受荷载特别大的桩、抗拔桩和嵌岩端承桩应根据计算确定配筋率，并不应小于上述规定值。
>
> 2. 配筋长度：
>
> （1）端承型桩和位于坡地岸边的基桩应沿桩身等截面或变截面通长配筋；
>
> （2）桩径大于$600mm$的摩擦型桩配筋长度不应小于2/3桩长；当受水平荷载时，配筋长度尚不宜小于$4.0/\alpha$，α为桩的水平变形系数；
>
> （3）对于受地震作用的基桩，桩身配筋长度应穿过可液化土层和软弱土层，进入稳定土层的深度不应小于本规范第3.4.6条规定的深度；
>
> （4）受负摩阻力的桩、因先成桩后开挖基坑而随地基土回弹的桩，其配筋长度应穿过软弱土层并进入稳定土层，进入的深度不应小于$2\sim3$倍桩身直径；
>
> （5）专用抗拔桩及因地震作用、冻胀或膨胀力作用而受拔力的桩，应等截面或变截面通长配筋。
>
> 3. 对于受水平荷载的桩，主筋不应小于$8\phi12$；对于抗压桩和抗拔桩，主筋不应少于$6\phi10$；纵向主筋应沿桩身周边均匀布置，其净距不应小于$60mm$。

> 4. 箍筋应采用螺旋式，直径不应小于 6mm，间距宜为 200～300mm；受水平荷载较大桩基、承受水平地震作用的桩基以及考虑主筋作用计算桩身受压承载力时，桩顶以下 $5d$ 范围内的箍筋应加密，间距不应大于 100mm；当桩身位于液化土层范围内时箍筋应加密；当考虑箍筋受力作用时，箍筋配置应符合现行国家标准《混凝土结构设计规范》GB 50010 的有关规定；当钢筋笼长度超过 4m 时，应每隔 2m 设一道直径不小于 12mm 的焊接加劲箍筋。

7.20 灌注桩保护层厚度取值是什么？

答："桩规"4.1.2-2：灌注桩主筋的混凝土保护层厚度不应小于 35mm，水下灌注桩的主筋混凝土保护层厚度不得小于 50mm。

7.21 有关承台的厚度估算及配筋构造？

答：对于墙下条形承台梁，其直接传力，所需的承台厚度较小，但应≥300mm，高层建筑平板式和梁板式筏形承台的最小厚度应≥400mm。对于传力不直接，产生弯矩的承台，其厚度可以按每层 5～6cm 估算。

对于单桩承台，由于其传力直接，其高度由上部框架柱主筋锚固长度决定（这里的锚固只能直锚 35d，一般不采用 11G101-3 图集中的做法，"桩规"4.2.5 条多桩可以弯锚这就是依据，反过来讲就是单桩不能弯锚，否则强调"多桩"就没有任何意义了）。单桩承台的配筋按构造确定，一般采用 12@150，太大的配筋是不必要的，但有的地区审图机构说要按构造 0.15% 配筋，高度越大配筋越多。对于人工挖孔桩，一般只要柱子没桩大，承台不做都可以。单桩承台配筋一般是环箍用以抗裂，水平环箍可以构造，单桩承台做成三向环箍是为了箍住混凝土，使承台内的混凝土处于三向受压的状态，以增加混凝土的抗压强度。对于多桩承台，承台一般传力不直接，产生弯矩，其配筋一般为构造配筋，普通承台厚度不小于 1000mm，纵横两个方向的下层钢筋配筋率不宜小于 0.15%。柱下独立两桩承台应按梁式配筋，纵向受力钢筋最小配筋率为 0.2%。受力钢筋直径应不小于 12mm，间距不应大于 200mm，腰筋可按 12@200 构造，对于筏形承台板或箱形承台板在计算中仅考虑局部弯矩作用时，考虑到整体弯曲的影响，在纵横两个方向的下层钢筋配筋率不宜小于 0.15%。剪力墙下承台要看情况，如果整片墙的形心与承台都重合就可按构造配筋，如果有偏心，或者其他情况，最好是用桩筏有限元计算其承台配筋。现在高层剪力墙做墙下承台很少，大多时候都做筏板基础或者桩筏基础，浪费了点但计算方便。

三桩承台及以上，可计算与构造配置底部纵横向纵筋。对于 3 桩承台，最里面的 3 根钢筋围成的三角形应在柱截面范围内。

承台的配筋大体分为两种：梁式配筋和板式配筋，如果承台面受负弯矩，则需要配面钢筋，按照梁式配筋时，则需要纵向侧向钢筋。

7.22 有关承台与承台之间的连系梁？

答：梁上有填充墙时应设置连系梁。一柱一桩时，应在桩顶两个柱轴方向上设置连系梁。当桩与柱的截面直径之比大于 2 时，可不设置连系梁。两桩桩基的承台，应在其短向设置连系梁。有抗震设防要求的柱下桩基承台，宜沿两个柱轴方向设置连系梁。

截面一般≥250mm×400mm，底筋与面筋均应≥2ϕ14。

7.23 有关桩负摩阻力计算？

答：土之间的相对位移的方向决定了桩侧摩阻力的方向，当桩周土层相对于桩侧向下位移时，桩侧摩阻力方向向下，称为负摩阻力。"桩规"5.4.2条：符合下列条件之一的桩基，当桩周土层产生的沉降超过基桩的沉降时，在计算基桩承载力时应计入桩侧负摩阻力：

1. 桩穿越较厚松散填土、自重湿陷性黄土、欠固结土、液化土层进入相对较硬土层时；

2. 桩周存在软弱土层，邻近桩侧地面承受局部较大的长期荷载，或地面大面积堆载（包括填土）时；

3. 在软土地区，大范围地下水位下降，使桩周土有效应力增大，并产生显著压缩沉降时；

4. 冻土地区，由于温度升高而引起桩侧土的缺陷。

7.24 高层建筑采用桩基础时的埋深取值是什么？

答：当高层建筑采用桩基时，由于桩的侧向刚度相对于承台（连同底板）刚度小很多的缘故，故其基础埋深只计算至承台底面标高处而不考虑桩的埋深。

7.25 有关箱基、筏基底板何时考虑整体弯曲与局部弯曲？

答：箱基的底板、面板以及筏基的底板的弯曲计算包括局部弯曲和整体弯曲两部分。当地基比较均匀，上部结构刚度较大且整体性较好（平立面布置较规则、柱荷载及柱间距变化不大），上述基础的底板及顶板仅按局部弯曲计算而不必进行整体弯曲计算。

7.26 有关基础选型方法？

（1）查看地勘报告中建议采用的基础类型。

（2）"地规"5.1.2条：在满足地基稳定和变形要求的前提下，当上层地基的承载力大于下层土时，宜利用上层土作持力层。除岩石地基外，基础埋深不宜小于0.5m。"地规"5.1.4条：在抗震设防区，除岩石地基外，天然地基上的箱形和筏形基础其埋置深度不宜小于建筑物高度的1/15；桩箱或桩筏基础的埋置深度（不计桩长）不宜小于建筑物高度的1/18。

对于没有地下室的多层建筑，可以大致估算其埋深，然后从地勘报告中查看该埋深处的地基承载力，套用下面的"基础选型方法"，确定基础类型。对于高层结构，规范对其埋深有规定，一般都会设置地下室，从地勘报告中查看地下室底标高处的地基承载力，套用下面的"基础选型方法"，确定基础类型。

地面以下5m以内地基承载力特征值（可考虑深度修正）f_a与结构总平均重度 $p=np_0$（p_0为楼层平均重度，n为楼层数）之间关系对基础选型影响很大，一般规律如下：

若 $p \leqslant 0.3f_a$，则采用独立基础；

若 $0.3f_a < p \leqslant 0.5f_a$，可采用条形基础；

若 $0.5f_a < p \leqslant 0.8f_a$，可采用筏板基础；

若 $p > 0.8f_a$，应采用桩基础或进行地基处理后采用筏板基础。

注：楼层平均重度可在 SATWE 后处理-文本文件输出中的"结构设计信息"中查看，一般在 15kN/m² 左右。

如果考虑地下室，地下室一般可按 20kN/m² 估算。

7.27 桩型选用方法有哪些？

最常用的桩基础类型为预应力混凝土管桩、泥浆护壁灌注桩、人工挖孔灌注桩。在设计时，可以查看"岩土工程勘察报告"中建议的桩型。

（1）预应力混凝土管桩属于挤土桩，入岩很困难，不宜用于有孤石或较多碎石土的土层，也不宜用于持力层岩面倾斜或无强风化岩层的情况，一般主要用于层数不大于 30 层的建筑中，桩径一般为 300～600mm，其中以直径 400mm、500mm 应用最多；如果细分，则一般 10 层以下宜采用直径为 400mm 的预制桩，10～20 层宜采用边长为 450～500mm 的预制桩，20～30 层宜采用直径大于 500mm 的预制桩。

（2）泥浆护壁灌注桩江湖称为万能桩，施工方便，造价低，应用范围最广，但其施工现场泥浆最大，外运渣土最大，对周围环境影响很大，因此，难以在大城市市区中心应用。桩径一般为 600～1200mm，其中以直径 600～800mm 应用最多；如果细分，则一般 10 层以下宜采用直径为 500mm 的灌注桩，10～20 层宜采用边长为 800～1000mm 的灌注桩，20～30 层宜采用直径 1000～1200mm 的灌注桩。灌注桩可以做端承桩或者摩擦桩，要看所需承载力的大小与地质情况，但一般都设计成端承桩，虽然其也考虑桩侧摩擦力。

（3）旋挖成孔灌注桩对环境影响较小，造价较高，主要用于对环境要求较高的区域，深度不应超过 60m，且要求穿越的土层不能有淤泥等软土，桩径一般为 800～1200mm，最常用的桩径一般为 800mm、1000mm；

（4）人工挖孔桩施工方便快捷，造价较低，人工挖孔桩易发生人身安全事故，不得用于有淤泥、粉土、沙土的土层，否则很容易坍塌出安全问题。桩径一般为 1000～3000mm（广州地区桩径不小于 1200mm）。当基岩或密实卵砾石层埋藏较浅时可采用。

7.28 桩筏式人防地下室底板和桩设计是否考虑人防荷载？

答：对于有桩基的人防地下室，桩基设计时不考虑人防荷载，因为人防荷载是瞬间作用，当产生核爆时，底板会将核爆荷载传至与其接触的土体中，所以此时并不是完全传到桩基上，况且，即使桩基考虑部分核爆荷载，由于人防荷载是瞬间作用，所以单桩承载力可以乘以大于 1 的提高系数，所以和非人防荷载组合相比，对桩基不会起控制作用。对于天然地基则要考虑，但有提高系数。和地基考虑地震荷载的概念是一样的。至于底板配筋无论怎样都是要按人防规范所要求的计算方法去配筋，再和非人防荷载组合的计算配筋去比较，取两者大的。

7.29 考虑承台效应有哪些条件？

答：考虑承台效应的基本条件是确保在上部荷载作用下，承台底土能永久地发挥承载力，因此考虑承台效应的前提必须是摩擦型桩基，且必须有一定的沉降。在满足以上要求的情况下，以下几种情况可在计算基桩承载力时考虑承台效应：上部结构整体刚度较好，体型简单的建筑；对差异沉降适应性较强的排架结构和柔性构筑物；按变刚度调平原则设计的桩基刚度相对弱化区；软土地基的减沉符合疏桩基础。

由于考虑承台效应一般会增加沉降量，结构刚度好，体型简单有利于抵抗差异沉降；对变形适应性强，能承受变形产生的不利影响；为减少差异沉降，需增大沉降部分。对于疏桩基础，很大一部分荷载由承台承担，因此必须考虑承台效应。

7.30　有关筏形基础的构造及配筋？

答：筏形基础混凝土强度等级不应低于 C25，不宜超过 C40，对于一般高层建筑，C30 已足够。梁板式筏形基础底板厚度不宜小于 250mm，平板式筏形基础底板厚度不宜小于 300mm。

筏形基础宜在纵横向每隔 30～40m 留一道后浇带，宽 800～1000mm，后浇带位置宜在柱距中部 1/3 范围内。

筏基底板的钢筋间距不应太小，一般为 200～400mm，且不宜小于 150mm。受力钢筋直径不宜小于 12mm。基础梁、板优先采用 HRB400 钢筋。基础梁箍筋直径不宜小于 10mm，箍筋间距不宜小于 150mm。

当等跨时基础板支座短筋伸至 $L/4$（L 为净跨）为止，不应额外加长。当底板为不等跨时，应按弯矩确定钢筋长度。

7.31　筏型基础底板是否外挑？

答：当地基土较好，基底面积即使不外挑，也能满足承载力及沉降要求，且有柔性防水层时，底板不宜外挑。

当地基土较好，基底面积即使不外挑，也能满足承载力及沉降要求但无柔性防水层时，底板可选择按构造外挑或者不外挑，如外挑长度可取 0.5～1.0m。

当基础土土质较差，承载力或沉降不能满足设计要求时，可根据计算结构，将底板向外挑出。挑出长度大于 1.5～2.0m 时，对于有梁筏基，应将梁一同挑出。对于无梁筏基，宜在柱底板设置平托板，外挑板一般不需要设置面筋，如挑出区段较长，可构造配置 $\phi10$@150～200 双向钢筋。

7.32　采用桩基或诸如 CFG 桩等措施进行地基处理后是否改变场地类别？

答：场地类别划分时所考虑的主要是地震地质条件对地震波的效应，关系到设计用的地震影响系数特征周期的取值。采用桩基或用搅拌桩处理地基，只对建筑物下卧土层起作用，对整个场地的地震地质特征影响不大，因此不能改变场地类别。

7.33　平板式基础筏板，要不要沿柱轴线设暗梁？

答：平板式基础筏板没有抗震延性的要求，柱下板带中沿纵横柱轴网没有必要设置暗梁。

7.34　独立柱基和墙下钢筋混凝土条基的扩展基础底板，是否要有最小配筋率 0.15% 的要求？

答：《建筑地基基础设计规范》GB 50007—2011 第 8.2.1-3 条：扩展基础受力钢筋最小配筋率不应小于 0.15%，底板受力钢筋的最小直径不应小于 10mm；间距不应大于

200mm，也不应小于 100mm。

北京市《建筑结构专业技术措施》第 3.5.2 条规定，如独立基础的配筋不小于 $\phi10@200$ 双向时，可不考虑最小配筋率的要求。

7.35 计算地基承载力修正值时应注意什么？

答：计算地基承载力修正值 $f_a=f_{ak}+\eta_b\gamma(b-3)+\eta_a\gamma_m(d-0.5)$，其中 f_{ak} 应根据岩土工程勘察成果文件报告提供的数据采用。修正值和 f_a 计算时有以下问题应注意不能采用错误值。

1）公式不能用于湿陷性黄土地基的承载力修正值计算。

2）γ 值为基础底面以下土的重度，地下水位以下取浮重度，γ_m 值为基础底面以上土的加权平均重度，地下水位以下取浮重度。

7.36 基础埋置深度"d"的确定方法？

答：按规范规定，d（基础埋置深度）一般从室外地面算起，填方整平地区，可自填土地面算起。但填土在上部结构施工后完成时，应从天然地面算起。对地下室如果用箱形基础或筏基时，基础埋深自室外地面标高算起；当采用独立基础或条形基础时，应从室内地面标高算起。d 的取值可取两侧值的较小值。

对于高层主楼和裙房（包括单侧裙房、两侧裙房、三侧裙房），进行地基承载力计算而确定基础埋深时，（d 值）可将裙房基础底面以上范围内荷载作为基础侧面的超载并将其折算成等效埋深。上部荷载确定后，即可确定基础底的反力 q，如果设折算埋深为 d_1，$d_1=q/\gamma_m$，d_1 应小于基础从室外地面到基础底的埋深。以上规定的前提条件是裙房（带地下室）的基础是与主楼厚度不同的筏板基础，裙房的筏板厚度与上部结构、地下水位、上部荷载有关，一般不宜小于 300mm。当采用条形基础时，带拉梁的独立柱基时，基础计算埋深应从地下室的室内地面计算。因为这种做法不能将主楼侧向力的作用传到地下室挡土墙再传给地基土。北京规定可以考虑，但计算下来也很小，且构造做法有争议。

对于高层建筑侧面有裙房并同时带地下室同类建筑与相邻带地下室建筑（含单建的地下室）的净间距较小（指小于主楼基础埋深及地基滑动面或小于建筑物基础底板宽度的 2 倍），可以将相邻间的土重、裙房（带地下室）重的加权平均值确定的地基反力 q 折算埋深 d_1，$d_1=q/\gamma_m$，d_1 也应小于基础从室外地面到基础底的埋深。条件是仅限于裙房地下室为筏板基础；当地下埋深较高层主楼埋深浅时，只计算到地下室底板的深度。一般地下室（裙房）基础底板不应比主楼基础底板深。如果裙房地下室基础底低于主楼地下室底板时，则应单独设挡土墙，设沉降缝并考虑相互影响。并采取安全措施。当主楼与裙房基础顶板不等高时（裙房比主楼底板高），不应该考虑这高差形成的超载作用。

高层建筑两侧均有地下室或裙房时，应分别计算基础埋深，并以最小的计算值定为高层建筑基础埋深。以上是基于裙房相对于主楼面积较大的情况下，即 b_1、b_2 均大于 $2B$，如图 7-2 所示。具体可参

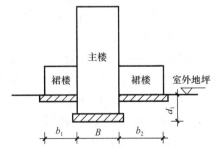

图 7-2　裙楼不设地下室时

照中国建筑设计研究院亚太建设信息研究院《建筑结构》编辑部李静发表的文章《对地基承载力埋深修正的再讨论》。

7.37 筏形基础的设计及优化要注意些什么问题？

答：梁板式筏形基础的优点是：结构刚度大，混凝土用量少，当对地下室的防水要求很高时，可充分利用地基梁之间的"格子"空间采取必要的排水措施等，但筏形基础梁很高，基础刚度又变化不均匀，受力呈现出跳跃，在核心筒或荷载较大的柱底易形成受力及配筋的突变。

梁板式筏形基础应设计成梁宽较大的梁以尽量减小梁高，从而减少基槽开挖深度和梁间材料的回填量，如柱截面过大，可以采用加腋的方式，如果不能满足受剪承载力的要求，可在支座处水平或竖向加腋，一般是水平加腋。

基础梁纵筋尽量用大直径的，比如 HRB400 的 30、32、36 的钢筋。基础梁剪力很大，优先采用 HRB400 级的。基础梁不宜进行调幅，因为减少调幅，可减少梁的上部纵向钢筋，有利于混凝土的浇筑。筏板基础梁的刚度一般远远大于柱的刚度，塑性较一般出现在柱端，而不会出现在梁内，所以基础梁无需按延性进行构造配筋。如果底板钢筋双向双排，且在悬挑部分不变，阳角可以不必加放射钢筋。对于有地下室的悬挑板，不必把悬挑板以内的上部钢筋通长配置在悬挑板的外端，单向板的上层分布钢筋可按构造要求设置，比如 $\phi 10@150 \sim 200$，因为实际不参与受力，只要满足抗裂要求即可。

7.38 从经济成本考虑，基础造价从低到高的顺序是什么？

答：从经济成本考虑，造价从低到高的顺序是：天然地基—地基处理—桩基础。

框架结构，若无地下室，地基较好时，应选用独立柱基，有地下室且有防水要求时，如地基较好，则可选用独立柱基加防水板的做法；如有地下室但无防水要求，地下室地面只采用建筑地面做法即可，但基础底面至地下室地面的距离不宜小于 1m；如地基较差，则宜采用条形基础或筏形基础。

剪力墙结构，建筑物无地下室，或虽有地下室无防水要求，如地基条件较好，宜优先选用墙下条形基础。有防水要求时，一般选用平板式筏形基础，当地基条件较好时，也可以选用条形基础加防水板。

框-剪结构，如地质条件较好，框-剪结构中的框架柱采用独立柱基，剪力墙采用钢筋混凝土条基；当无地下室时，应考虑地震作用产生的墙底弯矩对基础的影响力，但应注意，不能因考虑地震作用的影响而使抗震墙的基地面积增加过多。

基础传力，传递途径越短越好，因为传递过程越短，越经济，但应符合力的作用形式（比如柱下的力就像一个集中力扩散一样，所以做成独基，而剪力墙下是线荷载，当地质比较好时，可以做成混凝土条形基础），不管怎样，传力途径越短越好是有前提的，即要满足沉降总量与不均匀沉降，否则，要地基处理或者做成筏板基础（一块大厚板去协调变形，使得不均匀沉降减少）。

不论怎样，只要基础埋置于地下，越到下面，地震作用肯定是存在的，即弯矩肯定是存在的，但越到下面，变形越小，弯矩也越小。

7.39 有关基础设计中的变刚度调平概念？

答：基础设计中的变刚度调平概念：传统概念设计的箱基，筏基、桩筏基础必然导致蝶形沉降和马鞍形反力分布或出现主裙楼差异变形过大的问题，而这种变形与反力分布模式必然导致箱筏整体弯矩、冲切力和剪力增大，引起上部结构产生过大的次应力。

对于荷载不均匀的框-剪、框-筒，才采用变桩径、变桩距、变桩长布桩；对于主裙连体建筑，应按照增强主体（采用桩基、刚性桩复合地基），弱化裙房（采用天然地基、疏短桩基、复合地基）的原则进行设计。高层建筑的高层部分与多层裙房之间，可以不设置沉降缝，应采取措施减少高层建筑的沉降，同时使裙房的沉降量不致过小。

减小高层部分的沉降量：采用地基承载力更高的土作为持力层，扩大基础底面积（如筏板四周向外多挑），采用人工地基或桩基，但打桩、加固地基土造价太高，工期长，扩大基础底面积对高层效果不是很大，于是一般使裙房沉降量不致过小，其措施有：减小基础底面积，优先采用独立基础、条形基础；如果地基承载力是一个范围，一般取上限，或者进行宽度修正，让裙房基础的埋置深度小于高层部分基础的埋置深度，以使裙房基础持力层土的压缩性高于高层基础持力层的压缩性；设置沉降后浇带。

力大的地方，于是把力让更多数量或者更大面积的基础承担，或者地基处理，增大地基承载力，减少沉降量；力小的地方，让地基承载力相对较低的地基承担。最终的目的只有一个：减小不均匀沉降。不均匀沉降即有位移差，有位移差即产生力（弯矩）。

地 下 室

7.40 地下室保护层厚度该如何取值？

答：根据"混规"8.2.2-4条，当对地下室墙体采取可靠的建筑防水做法或防腐措施时，与土壤接触一侧钢筋的保护层厚度可适当减少，但不应小于25mm。根据工程经验，采取有效的综合措施，可以提高构件的耐久性能，减小保护层的厚度。对以下情况，保护层厚度可以酌情减小。构件的表面防护是指表面抹灰层以及其他各种有效的保护性涂料层；例如地下室墙体采用防水做法时，与土壤接触面的保护层厚度可减少；使用阻锈剂应经试验检验效果良好，应在确定有效的工艺参数后方可使用；采用环氧树脂涂层钢筋、镀锌钢筋或采取阴极保护处理等防锈措施时，保护层厚度可适当减小。

7.41 地下室顶板裂缝该如何取值？

答：《全国民用建筑结构技术措施》2009-结构p14：按《混凝土结构设计规范》GB 50010—2010公式计算得到的钢筋混凝土受拉、受弯和偏心受压构件的裂缝宽度，对处于一类环境中的民用建筑钢筋混凝土构件，可以不作为控制工程安全的指标。厚度≥1m的厚板基础，无需验算裂缝宽度。在实际工程中，普通地下室顶板不必按《地下工程防水技术规范》GB 50108—2001第4.1.6条执行，其承受的水压力比较小，防水质量和效果比较好，一般裂缝可以按0.3mm控制。对于地下室顶板梁，基于以上原因，其裂缝控制也可按0.3mm控制，或0.2~0.3mm之间。而对于上部结构梁板，一般可均按0.3mm

控制或更大（因为PKPM有很多有利因素没考虑）。普通地下室顶板有覆土荷载，一般多采用井字梁楼盖，整个地下室顶板板厚应符合"高规"3.6.3，非嵌固端≥160mm，嵌固端≥180mm，整个地下室顶板连成一块，整体加强。

7.42 地下水位以下土的重度该如何取值？

答：不应以为，水下土重度，就是将土的水上重度，减去水浮力10kN/m³即可。根据《北京院-建筑结构专业技术措施》第2.0.5条可知，该值可取11kN/m³。

7.43 在计算地下室外墙时，一般民用建筑的室外地面活荷载该如何取值？

答：根据《北京院-建筑结构专业技术措施》，一般民用建筑的室外地面（包括可能停放消防车的室外地面），活荷载可取5kN/m²。有特殊较重荷载时，按实际情况确定。进行外墙配筋计算时，水土荷载的分项系数可取为1.30。

《全国民用建筑工程设计技术措施》第2.1节第4款之7规定：计算地下室外墙时，其室外地面荷载取值不应低于10kN/m²，如室外地面为同行车道则应考虑行车荷载。需要注意的是，上述规定中的10kN/m²时工程设计的经验值，当计算位置离地表距离减小时，在汽车轮压作用下地下室外墙上部的土压力值将有可能大于10kN/m²。

一般民用建筑的非人防地下室顶板（±0.00m）的活荷载宜4kN/m²（室外顶板），当有景观、堆载等或者消防车时应适当加大。有的设计单位不分情况地下室顶部活荷载取值为10kN/m²是不对的，规范中的取值是考虑了上部结构施工过程中加在地下室顶板上的脚手架等施工荷载，但是在实际的施工过程中这个活荷载往往和覆土荷载不是同时组合的，有经验时，可以取4kN/m²。

对于地下室室内顶板，可以按"荷规"中普通房间取并适当考虑施工荷载。地下室顶覆土，是按恒载考虑还是按活载考虑要看覆土变动是否频繁，一般情况下的覆土可按恒载考虑。

7.44 消防车荷载（双向板）该如何取值？

答：当符合"荷规"4.4.1条的条件时，双向板按表中荷载取值，当有覆土时，按表7-3取值。

消防车荷载取值（按满载总重为300kN车辆考虑） 表7-3

	土厚≤1m	土厚=1.5m	土厚=2m
梁（板）	16（20）	13（16）	11

注：中间值可考虑插值；当无覆土时，楼板尚应验算冲切承载力。同时应考虑动力系数。

李永康《建筑工程施工图审查常见问题详解》一书中建议：不分单向板、双向板及消防车，覆土厚度大于2.0m时等效活荷载取13kN/m²；覆土厚度在1.5～2.0m之间时宜取15kN/m²。覆土厚度在1.1～1.5时宜取20kN/m²。

7.45 地下结构的抗震等级有何规定？

答：（1）当地下室顶板作为上部结构的嵌固端时，地下一层的抗震等级应与上部结构相同，地下一层以下抗震构造措施的抗震等级可逐层降低一级，且不低于四级。地下室中无上部结构的部分，可根据具体情况采用三级或四级；如丙类地下室结构6、7度时不应低于四级，8、9度时不宜低于三级。乙类地下室结构6、7度时不宜低于三级。

（2）当地下室顶板不能作为上部结构的嵌固部位，需嵌固在地下其他楼层时，实际嵌固部位所在楼层及以上的地下室楼层（与地面以上结构对应的部位）的抗震等级，可取为与地上结构相同。嵌固部位以下各层按（1）采用。

（3）当地下室为大底盘其上有多个独立的塔楼时，若嵌固部位在地下室顶板，地下一层高层部分及受高层部位影响范围以内部分的抗震等级应与高层部位底部结构抗震等级相同。地下一层其余部分及地下二层各层的抗震等级可按（1）确定。

（4）无上部结构的地下建筑，如地下车库等，其抗震等级可按三级或者四级采用。

7.46 地下室中超出上部主楼范围该如何取值？

答："相关范围"均可取主楼周边外延三跨或20m（楼层侧向刚度比计算时可取不大于三跨或20m的单位，确定抗震等级时取不小于三跨或20m的范围）。

7.47 采用桩基础的地下室底板厚度如何取值？

答：当地下室底板下标高处的土质较坚硬时，宜将底板设计成梁板式结构，柱网8m左右时，底板厚度通常取400mm，如地下水浮力较大，有时还需要酌情加厚。

当地下室底板下标高处的土质较软弱无法挖槽成型时，则需要将底板设计成无梁楼盖式的平板结构，柱轴方向或设暗梁或纯粹按柱上板带配筋。8m左右柱网，板厚600mm左右。

7.48 地下室裂缝控制及设计要点有哪些？

答：（1）孙芳垂编著的《建筑结构优化设计案例分析》一书中有以下阐述：有资料表明，地下室混凝土外墙的裂缝主要是竖向裂缝，地基不均匀沉降造成的倾斜裂缝非常少见，竖向裂缝产生的主要原因是混凝土干缩和温度收缩应力造成的，温度收缩裂缝是由于温度降低引起收缩产生的，但混凝土干缩裂缝出现时，钢筋应力有资料表明，只达到约60MPa，远没有发挥钢筋的作用，所以要防止混凝土早期的干缩裂缝，一味地加大钢筋是不明智的，要与其他措施同时进行。

（2）地下室外墙裂缝产生规律均为由下部老混凝土开始向上部延伸，上宽下小，墙体顶部由于在设计中往往按梁考虑，因此裂缝在顶部1~2m范围内往往终止。此外，工程中常发现，墙体与明柱连接处2~3m范围内，常有纵向裂缝产生。

室外地下水的最高地下水位高于地下室的底标高时，外墙的裂缝宽度限值如有外防水保护层时取0.3mm，无外防水保护层时取0.2mm。如果当室外地下水的最高地下水位低于地下室的底标高时，外墙的裂缝宽度限值可以取到0.3mm进行计算。

（3）控制裂缝措施

① 墙体配筋时尽量遵循小而密的原则，对于纵筋间距，有条件时可控制100~150mm，但不是绝对，因为控制裂缝是钢筋直径，总量等其他因素共同控制。

② 地下室混凝土外墙的裂缝主要是竖向裂缝，建议把地下室外墙处水平筋放外面，

也方便施工，并适当加大水平分布筋。

③ 设置加强带。为了实现混凝土连续浇筑无缝施工而设置补偿收缩混凝土带，根据一些工程实践经验，一般超过 60m 应设置膨胀加强带。

④ 设置后浇带。可以在混凝土早期短时期释放约束力。一般每隔 30~40m 设置贯通顶板、底部及墙板的施工后浇带。后浇带可设置在柱距三等分的中间范围内以及剪力墙附近，其方向宜与梁正交，沿竖向应在结构同跨内；底板及外墙的后浇带宜增设附加防水层；后浇带封闭时间宜滞后 45d 以上，其混凝土强度等级宜提高一级，并宜采用无收缩混凝土，低温入模。

⑤ 优化混凝土配合比，选择合适的骨料级配，从而减少水泥和水的用量，增强混凝土的和易性，有效地控制混凝土的温升。也可以掺加高效减水剂。

（4）按外墙与扶壁柱变形协调的原理，其外墙竖向受力筋配筋不足、扶壁柱配筋偏少、外墙的水平分布筋有富余量。建议：除了垂直于外墙方向有钢筋混凝土内隔墙相连的外墙板块或外墙扶壁柱截面尺寸较大（如高层建筑外框架柱之间）外墙板块按双向板计算配筋外，其余的外墙宜按竖向单向板计算配筋为妥。竖向荷载（轴力）较小的外墙扶壁桩，其内外侧主筋也应予以适当加强。

当柱子与外墙连在一起时，如果柱子配筋及截面都比墙体大得多，当混凝土产生收缩时，两者产生的收缩变形相差较大，容易在墙柱相连部位产生过大的应力集中而开裂，常常外墙的水平分布筋要根据扶壁柱截面尺寸大小，适当另配外侧附加短水平负筋予以加强，另增设直径 8mm 短钢筋，长度为柱宽加两侧各 800mm，间距 150mm（在原有水平分布筋之间加此短筋）。无上部结构柱相连的地下室外墙，支承顶板梁处不宜设扶壁柱，扶壁柱使得此处墙为变截面，易产生收缩裂缝，不设扶壁柱顶板梁在墙上按铰接考虑，此处墙无需设暗柱。

（5）地下室外墙为控制收缩及温度裂缝，水平筋间距不应大于 150mm，配筋率宜取 0.4%~0.5%（内外两侧均计入）。为了便于构造和节省钢筋，外墙可考虑塑性变形内力重分布，该值一般可取 0.9。塑性计算不仅可以在有外防水的墙体中采用，也可在混凝土自防水的墙体中采用。塑性变形可能只在截面受拉区混凝土中出现较细微的弯曲裂缝，不会贯通整个截面厚度，所以外墙仍有足够的抗渗能力。

（6）当高层剪力墙嵌固在地下室顶板时，地下室内外墙边缘构件可由地上相邻剪力墙的边缘构件延伸下来，再改变边缘构件宽度（应按地下一层墙宽），有时还应根据实际工程调整边缘构件长度（很少）。不按照地下室外墙的形状单独设置边缘构件是因为地下室外墙不是"墙"，其可以简化为连续梁或简支梁模型，背后以受水平方向弯矩为主（忽略轴力影响），而上部结构剪力墙是墙模型，按偏心拉压计算。

（7）在设计地下车道时，地下室外墙计算时底部为固定支座（即底板作为外墙的嵌固端），侧壁底部弯矩与相邻的底板弯矩大小一样，底板的抗弯能力不应小于侧壁，其厚度和配筋量应匹配，车道侧壁为悬臂构件，底板的抗弯能力不应小于侧壁底板。

7.49 "结构底部嵌固层"与相邻上层的侧向刚度比如何取值？

答："结构底部嵌固层"指上部结构嵌固部位的上一个楼层。当地下室顶板作为上部结构的嵌固部位是，上部结构首层与上部结构二层的侧向刚度比宜满足 $\gamma_2 \geqslant 1.5$ 的要求。

当地下室顶板不能作为上部结构的嵌固部位时，上部结构首层与上部结构二层的刚度比可不满足 $\gamma_2 \geqslant 1.5$ 的要求。当计算的嵌固端位于结构底层时，SATWE 才执行 1.5 的限值要求，当有地下室且计算的嵌固端位于底层以上时，SATWE 才不执行 1.5 的限值要求。

7.50 "结构底部嵌固层"与"上部结构嵌固部位"及其刚度比的区别？

答：结构底部嵌固层指上部结构嵌固部位的上一个楼层。而上部结构嵌固部位的侧向刚度比即嵌固部位以下的紧邻嵌固部位的地下室楼层的侧向刚度与上部结构首层的侧向刚度的比值，当地下室顶板作为上部结构嵌固部位时，就是地下一层与地上一层的侧向刚度比值。

7.51 高层与裙房之间后浇带该如何设置？

答：高层与裙房之间如果不设置沉降缝（或防震缝），宜设置后浇带。一般设于高层与裙房交界处的裙房一侧。后浇带设置在梁（板）的 1/3 跨度处（以 1/3 线为中点左右取弯矩最小的区域），带宽 800mm 左右，带内钢筋可以连通，混凝土后浇，且强度等级提高一级。

后浇带应自基础开始，直至裙房屋顶，每层皆留。如果因某种原因，后浇带不能留在梁的跨中部位，应注意其对梁的抗剪承载力影响。

7.52 防水水位该如何选取？

答：验算地下室外墙承载力时，如勘察报告已提供地下水外墙水压分布时，应按勘察报告计算。如果勘察报告没有提供上述资料，可取历史最高水位与最近 3～5 年的最高水位的平均值（水位高度包括上层滞水），水压力取静水压力并按直线分布计算。地下水位以下土的重度取浮重度。

当采用独立柱基或条形基础加防水板的做法时，应验算防水板的承载力，设防水位可取抗浮水位，如勘察报告为提供抗浮水位时，可取验算外墙承载力时的水位。

7.53 有关抗浮验算公式？

答：抗浮验算公式为：结构自重及其上作用的永久荷载标准值总和（不包括活荷载）/地下水对建筑物的浮托力标准值≥1.05。

7.54 有关抗浮措施

（1）地下室抗浮设计可归纳为"一压二拉"，"压"即为配重法，增加永久荷载的结构自重，比如地下室顶板覆土、地下室底板的配重等来平衡地下水浮力；"拉"即为设置抗拔桩或抗拔锚杆，以抗浮构件提供的抗拔力平衡地下水浮力。在工程实际应用中，单独运用一种方式抵抗地下室浮力往往事倍功半，耗材费力，通常采用两者相结合的方式进行抗浮设计，以达到经济合理。

在高层结构地下室中，常采用：车库顶板覆土＋车库底板配重＋结构桩基抗拔锚固，而不单独设置"单纯抗拔桩"，否则可能不经济。若原有承重桩作为抗拔桩后仍不足以承受地下水作用产生的浮力，可在适当位置增设纯抗拔桩。抗拔桩桩身最大裂缝宽度一般不应超过 0.2mm，其配筋率比抗压桩往往多很多，一般超过 1%。

（2）尽可能提高基坑坑底的设计标高，间接降低抗浮设防水位，梁式筏基的基础埋深要大于平板式筏基，故采用平板式筏板基础更有利于降低抗浮水位。楼盖提倡使用宽扁梁或无梁楼盖。一般宽扁梁的截面高度为 L $(1/22～1/16)$，宽扁梁的使用将有效地降低地下结构的层高，从而降低了抗浮设防水位。

（3）增设抗拔锚杆，抗拔锚杆应进入岩层，如岩层较深，可锚入坚硬土层，并通过现场抗拔试验确定其抗拔承载力。对于全长粘结型非预应力锚杆，土层锚杆的锚固段长度不应小于 4m，且不宜大于 10m；岩石锚杆的锚杆长度不应小于 3m，且不宜大于 $45d$ 和 6.5m；锚杆的间距，应根据锚杆所锚定的建筑物的抗浮要求及地层稳定性确定。锚杆的间距除必须满足锚杆的受力要求外，尚需大于 1.5m。所采用的间距更小时，应将锚固段错开布置。锚杆孔直径宜取 3 倍锚杆直径，但不得小于 1 倍锚杆直径加 50mm。锚杆宜采用带肋钢筋，抗拔锚杆的截面直径应比计算要求加大一个等级。

锚杆孔填充料可采用水泥砂浆或细石混凝土。水泥砂浆强度等级不宜低于 M30，细石混凝土强度等级不宜低于 C30。

锚杆钢筋截面面积可以按照《建筑边坡工程技术规范》计算，但计算出来的钢筋面积值太大，一般建议按《钢筋混凝土结构设计规范》正截面受拉承载力计算的公式计算，并且当钢筋的抗拉强度设计值大于 300N/mm^2 时，取 300N/mm^2。

（4）在目前的地下室采用锚杆抗浮设计中，有下列两种混乱的方法：第一，上部建筑结构荷重不满足整体抗浮要求，采用锚杆抗浮。其计算方法为：总的水浮力设计值/单根锚杆设计值＝所需锚杆根数。具体做法：底板下（连柱底或混凝土墙下）满铺锚杆，水浮力全部由锚杆承担，既不考虑上部建筑自重，也不考虑地下室底板自重可抵抗水浮力的作用，保守且不合理。第二，利用上部结构自重和锚杆共同抗浮，其计算方法为：（总的水浮力设计值－底板及上部结构自重设计值）/单根锚杆设计值＝所需锚杆根数。具体做法：将锚杆均匀分布在底板下（包括柱底或混凝土墙下），锚杆间距用底部面积除所需锚杆根数确定，存在安全隐患。

水的浮力是均匀作用在底板上，而结构抗浮力作用（除底板自重外）都具有不均匀性，并不是在整个地下室底板区域均匀分布的，可能是集中在一个点上（即柱、桩和锚杆）或一条线上（即墙、梁），因此抗浮力与水浮力平衡计算可分成两种区域：柱、墙、梁影响区域和纯底板抵抗区域。纯底板抵抗区域的计算方法应是抗浮锚杆设计承载力除以每平方米水浮力（减去每平方米底板自重），得到抗浮锚杆的受力面积；而柱、墙、梁影响区域应充分利用上部建筑自重进行抗浮，验算传递的上部建筑自重是否能平衡该区域的水浮力，此外，还应验算在水浮力作用下梁强度和裂缝满足要求。计算方法具体可分解为以下四个方面：1）在柱、墙、梁影响区格中：梁、墙可以传递的建筑自重线荷载除以每平方米的水浮力，得到影响区域的宽度 b。其中梁传递的建筑自重荷载，根据柱子的建筑自重按照与其相连的梁刚度分配所得。2）靠近梁、墙的第一排锚杆：其从属宽度 b_0 应是梁、墙传递建筑自重影响区域的宽度 b，即 $b_0=b$，由于每根锚杆的抵抗面积有限，当上部自重较大时，为充分利用该部分自重，可以考虑加密靠近地梁第一排锚杆的间距。3）纯底板抵抗区域的计算方法应是抗浮锚杆设计承载力除以每平方米水浮力，得到抗浮锚杆的受力面积，即 A 单根锚杆＝c_2＝q 水/F 单根锚杆，其中 c 为纯底板抵抗区域中间排锚杆的间距。例如，水浮力设计值为每平方米 50kN，单根抗浮锚杆的设计承载力为 250kN，它能承受的抗浮力的受力面积为 5m²，若采用点式布置，锚杆的间距为 2.25m×2.25m。4) 第一排锚杆与第二排锚杆的间距 $a=b/2+c/2$。

7.55 地下室防水底板的荷载及构造有哪些？

答：包括恒载、活载及水浮力。恒载主要包括防水板自重、防水板上部的填土重量、建筑地面重量、地下室地面的固定设备重量等。

活荷载主要包括：地下室地面的活荷载、地下室地面的非固定设备重量等；

水浮力：防水板的水浮力看按抗浮设计水位确定。

有的资料介绍：当防水板位于地下水位以下时，防水板承受的向上的反力可按上部建筑自重的 10％加水浮力计算，另一些资料则认为：防水板承受的向上的反力可取水浮力和上部建筑荷载的 20％两者中较大值计算。

防水板通常按无梁楼板设计，此时柱基础可视为柱帽；防水板应双层双向配筋，且要满足最小配筋率的要求，防水板的厚度不应小于 250mm，混凝土强度等级不应低于 C25，宜采用 HRB400 级钢筋，钢筋直径不宜小于 12mm，间距宜采用 150～200mm。

板

7.56 板尺寸怎么初步估算？

答：（1）板

单向板：两端简支时，$h=(L/35\sim L/25)$，单向连续板更有利，$h=(L/40\sim L/35)$，设计时，可以取 $h=L/30$。

双向板：$h=(L/45\sim L/40)$，L 为板块短跨尺寸，设计时，可以取 $h=L/40$。并满足《混凝土结构设计规范》GB 50010—2010 第 9.1.2 条。

（2）挑板

$h=L(1/12\sim1/10)$，一般可取 $L/12$。需要注意的是，悬挑板长度一般≤1.5m。在实际工程中，挑 1500mm 的 130 厚，挑 1900mm 的 150 厚。

（3）梯段板

一般可按取 $h=L/28$，并≥100mm。

7.57 不等跨相邻板支座负筋长度取值？

答：中间支座两侧板的支座负筋长度应设计为等长，其两侧长度宜按大跨板短边的 1/4 取。道理很简单，因为中间支座处的弯矩包络图（或材料包络图）实际不是突变而是渐变的，只有按大跨板短边的 1/4 取才能完全包络住小跨板的弯矩包络图。

7.58 挑板下铁怎么设置？

答：可把 0.2％与 8@200 设为下限，下限为上铁的 1/3 配筋，间距 150mm（间距稍密些，为了混凝土板抗裂）。

7.59 板上设备基础下附加钢筋该如何设置？

答：当设备基础尺寸不是很大时（比如宽度 200mm 左右），每个小设备基础下可附加 2φ14 或 2φ16。长度贯通整个设备基础的长度方向并以梁或墙为支座。

7.60 板按弹性还是塑性计算？

答：根据北京市的《建筑设计技术细则－结构专业》第 5.1.2 条第 1 款：楼板和有防水层的屋面板现浇单向和双向板，内力计算时均可考虑塑性内力重分布。但直接受动力荷载作用以及要求不出现裂缝的构件除外。

对于住宅建筑来说，即使按弹性方法计算，大多数房间的楼板都是构造配筋，只有客厅等跨度较大的房间需要按计算配筋。如果采用塑性方法计算，只能降低大跨度板的配筋。对于厨房，卫生间，露台板，应采取构造措施，双层双向配置钢筋。

7.61 屋面板板厚该取值？

答：除了满足计算外，屋面板对于温度影响较敏感，一般不宜少于 120mm，便于施工振捣，容易保证质量。高层建筑结构的屋顶板厚度不宜小于 120mm，加强结构顶层的"箍"的作用，有利于抵抗水平作用。但有些设计院认为，如果不是出于计算要求，屋面板板厚可以做到 100mm，因为其他不利影响已经通过保温层、防水层、屋面构造钢筋等解决。

7.62 刚性楼板、弹性楼板 3、6 及弹性膜的概念是什么？

答：理论上讲，任何刚度的结构和构件，受力后都会有变形，结构中没有绝对刚性楼板，所谓刚性楼板只是工程中的一种简化和假定，当楼板的面内刚度足够大，其变形小到从工程角度可以忽略不计的程度时，也就是说本层楼盖范围内各构件的水平变形符合同一规律（平动时一起平动，扭转时共同扭转），就可以认为此时满足刚性要求，可以采用刚性楼板假定。

弹性楼板 6：程序真实考虑楼板平面内、外刚度对结构的影响，采用壳单元，原则上适用于所有结构。但采用弹性楼板 6 计算时，由于是弹性楼板，楼板的平面外刚度与梁的平面内刚度都是竖向，板与梁会共同分配水平风荷载或地震作用产生的弯矩，这样计算出来的梁的内力和配筋会较刚性板假设时算出的要少，且与真实情况不相符合（楼板是不参与抗震的），梁会变得不安全，因此该模型仅适用板柱结构。弹性楼板 3：程序设定楼板平面内刚度为无限大，真实考虑平面外刚度，采用壳单元，因此该模型仅适用厚板结构。弹性膜：程序真实考虑楼板平面内刚度，而假定平面外刚度为零。采用膜剪切单元，因此该模型适用钢楼板结构。

7.63 哪些情况宜用弹性膜楼板模型（结果供强度设计用）？

答：楼板开大洞或回形、凹形、弧形、长条形平面和楼板平面不规则—刚性楼板假定不成立、转换层、裙房屋面层、嵌固层楼板（竖向刚度突变层）、两结构单元间只有薄弱的水平构件联结时（水平刚度突变部位）、连体结构的联结体及联结体两端上下各两层、错层结构咬合部位两侧的楼板。

7.64　楼板大开洞后，宜采取哪些构造措施予以加强？

答：加厚洞口附近楼板，提高楼板配筋率，采用双层双向配筋或加配斜向钢筋；洞口边缘设置边梁、暗梁；在楼板洞口角部配置斜向钢筋。

楼板大开洞后，原本由一块大板传力，现在由一块小板传力，应力会集中，变形会加大，且力的分布规律不易确定；加厚洞口附近楼板，提高楼板配筋率，采用双层双向配筋或加配斜向钢筋，属于抗；开洞位置，角部应力集中，变形较大，设置边梁可以约束一部分变形，设置暗梁；在楼板洞口角部配置斜向钢筋是因为角度应力集中，变形较大，也属于抗。

墙

7.65　剪力墙布置原则有哪些？

答：（1）外围、均匀。剪力墙布置在外围，在水平力作用下，$F_1 \cdot H = F_2 \cdot D$，抗倾覆力臂 D 越大，F_2 越小，于是竖向相对位移差越小，反之，如果竖向相对位移差越大，则可能会导致剪力墙或连梁超筋。剪力墙布置在外围，整个结构抗扭刚度很大，反之，如果不布置在外围，则可能会导致位移比、周期比等不满足规范。

（2）拐角处，楼梯、电梯处要布墙。拐角处布墙是因为拐角处扭转变形大，楼梯、电梯处布墙是因为此位置无楼板，传力中断，一般都会有应力集中现象，布墙是让墙去承担大部分力。

（3）多布置 L 形、T 形剪力墙，尽量不用短肢剪力墙、一字形剪力墙、Z 形剪力墙。短肢剪力墙，一字形剪力墙受力不好且配筋大，而 Z 形剪力墙边缘构件多，不经济。

（4）6 度、7 度区剪力墙间距一般为 6～8m；8 度区剪力墙间距一般为 4～6m。当剪力墙长度大于 5m 时，若刚度有富余，可设置结构洞口。设防烈度越高，地震作用越大，所需要的刚度越大，于是剪力墙间距越小。剪力墙的间距大小也可以由梁高反推，假设梁高 500mm，则梁的跨度取值 $L = (10～15) \times 500\text{mm} = 5.0～7.5\text{m}$。

（5）当抗震设防烈度为 8 度或者更大时，由于地震作用很大，一般要布置长墙，即用"强兵强将"去消耗地震作用效应。

（6）剪力墙边缘构件的配筋率显著大于墙身，故从经济性角度，应尽量采用片数少、长度大、拐角少的墙肢；减少边缘构件数量和大小，降低用钢量。

（7）电梯井筒一般有如下三种布置方法（图 7-3 中从左至右），由于电梯的重要性很大，从概念上一般按第一种方法布置，当电梯井筒位于结构中间位置且地震作用不是很大时，可参考第二种或第三种方法布置。当为了减小位移比及增加平动周期系数时，可以改

图 7-3　电梯井筒布置

变电梯井的布置（减少刚度大一侧的电梯井的墙体），参考第二种或第三种方法布置，不用在整个电梯井上布置墙，而采用双 L 形墙。在实际工程中，电梯井筒的布置应在以上三个图基础上修改，与周围的竖向构件用梁拉结起来，尽管墙的形状可能有些怪异也浪费钢筋，但结构布置合理了才能考虑经济上的问题，否则是因小失大。

（8）剪力墙布置时，可以类比桌子的四个脚，结构布置应以"稳"为主。墙拐角与拐角之间若没有开洞，且其长度不大，如小于 4m，有时可拉成一片长墙。如图 7-4 所示。

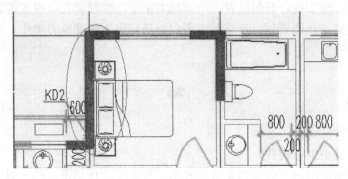

图 7-4　剪力墙布置

（9）剪力墙的布置原则是：外围、均匀、双向、适度、集中、数量尽可能少。一般根据建筑形状大致确定什么位置或方向该多布置墙，比如横向（短向）的外围应多布置墙，品字型的部位应多布置墙。"均匀"与"双向"应同步控制，这样 X 或 Y 方向两侧的刚度趋近于一致，位移比更容易满足，周期的平动系数更高。剪力墙的总刚度的大小是否合适可以查看"弹性层间位移角"，剪力墙外围墙体应集中布置（长墙等），一般振型参与系数会提高，更容易控制剪重比，扭转刚度增加，对周期比、位移比的调整都有利。

7.66　剪力墙墙身配筋分布钢筋配置原则？

答：1. 直径最小可用 8mm，不应大于 $b_w/10$；

2. 配筋率 $\rho \geqslant 0.25\%$；需要注意：（1）抗震设计部分框架-剪力墙结构的底部加强部位 $\rho \geqslant 0.30\%$；（2）错层结构错层处平面外受力的剪力墙，抗震 $\rho \geqslant 0.50\%$，非抗震 $\rho \geqslant 0.30\%$；

7.67　剪力墙的构造分布钢筋该如何配置？

答：如表 7-4 所示。

剪力墙的构造分布钢筋配置　　　　　　　　　　　　　　表 7-4

墙　厚	剪力墙构造分布钢筋								
	配筋率 $\rho \geqslant 0.25\%$			配筋率 $\rho \geqslant 0.30\%$			配筋率 $\rho \geqslant 0.50\%$		
	配筋	A_s	ρ（%）	配筋	A_s	ρ（%）	配筋	A_s	ρ（%）
160	$2 \times \phi 8@200$	503	0.314	$2 \times \phi 8@200$	503	0.314	$2 \times \phi 10@175$	898	0.561
180	$2 \times \phi 8@200$	503	0.279	$2 \times \phi 8@175$	574	0.319	$2 \times \phi 10@150$	1047	0.582
200	$2 \times \phi 8@200$	503	0.251	$2 \times \phi 8@150$	670	0.335	$2 \times \phi 12@200$	1131	0.565
240	$2 \times \phi 8@150$	670	0.279	$2 \times \phi 10@200$	785	0.327	$2 \times \phi 12@175$	1293	0.539
250	$2 \times \phi 8@150$	670	0.268	$2 \times \phi 10@200$	785	0.314	$2 \times \phi 12@175$	1293	0.517

剪力墙构造分布钢筋

墙厚	配筋率 $\rho \geqslant 0.25\%$			配筋率 $\rho \geqslant 0.30\%$			配筋率 $\rho \geqslant 0.50\%$		
	配筋	A_s	ρ（%）	配筋	A_s	ρ（%）	配筋	A_s	ρ（%）
300	$2 \times \phi10@200$	785	0.262	$2 \times \phi10@150$	1047	0.349	$2 \times \phi14@200$	1539	0.513
350	$2 \times \phi10@175$	898	0.256	$2 \times \phi12@200$	1131	0.323	$2 \times \phi14@175$	1759	0.503
400	$2 \times \phi12@200$	1131	0.283	$2 \times \phi12@175$	1293	0.323	$2 \times \phi14@150$	2053	0.513

7.68 剪力墙边缘构件钢筋配置原则有哪些？

答：1. 一个暗柱可采用两种直径的纵筋；

2. 纵筋间距不大于 300mm；

3. 一个暗柱可采用两种直径的箍筋，但箍筋间距应相同；

4. 当为端柱且承受集中荷载时，纵筋间距、箍筋直径和间距应满足柱的相应要求。

约束边缘构件的箍筋，每个方向拉筋的肢数不应多于该方向总肢数的 1/3；构造边缘构件除外箍采用封闭箍外，其他箍筋肢采用拉筋。

7.69 剪力墙结构中梁钢筋锚固长度不够时的处理方法？

答：剪力墙结构的楼屋盖布置上，有时为了减少板跨，会布置一些楼面梁，梁跨在 4.0～8.0m 左右，这些楼面梁往往与剪力墙垂直相交支撑在剪力墙上，这时，即使按铰接考虑，楼面梁的纵筋支座内的水平锚固长度很难满足规范要求，但实际上，剪力墙结构的侧移刚度和延性主要来源于剪力墙自身的水平内刚度，此类楼面梁的抗弯刚度对结构的侧向刚度贡献不大，因此可以在梁的纵筋总锚固长度满足的前提下，适当放松水平段的锚固长度要求，可减至 10d，也可以通过钢筋直径减小，在纵筋弯折点附加横筋，纵筋下弯呈 45°外斜等措施改善锚固性能。

7.70 墙截面如何初步估算？

答："高规" 7.2.1 条：一、二级剪力墙：底部加强部位不应小于 200mm，其他部位不应小于 160mm；一字形独立剪力墙底部加强部位不应小于 220mm，其他部位不应小于 180mm。

三、四级剪力墙：不应小于 160mm，一字形独立剪力墙的底部加强部位尚不应小于 180mm。

非抗震设计时不应小于 160mm。剪力墙井筒中，分隔电梯井或管道井的墙肢截面厚度可适当减小，但不宜小于 160mm。

"抗规" 6.4.1 条：抗震墙的厚度，一、二级不应小于 160m 且不宜小于层高或无支长度的 1/20，三、四级不应小于 140mm 且不宜小于层高或无支长度的 1/25；无端柱或翼墙时，一、二级不宜小于层高或无支长度的 1/16，三、四级不宜小于层高或无支长度的 1/20。

底部加强部位的墙厚，一、二级不应小于 200mm 且不宜小于层高或无支长度的 1/16，三、四级不应小于 160mm 且不宜小于层高或无支长度的 1/20；无端柱或翼墙时，一、二级不宜小于层高或无支长度的 1/12，三、四级不宜小于层高或无支长度的 1/16。

注：应该取层高与无支长度的较小值。

对于大多数工程的标准层，剪力墙墙厚一般可取 200mm。

7.71 剪力墙的有效翼墙与无效翼墙是如何规定的？

答：如图 7-5、图 7-6 所示。

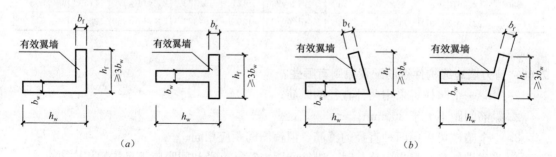

图 7-5　剪力墙的有效翼墙

(a) 正交墙肢；(b) 斜交墙肢

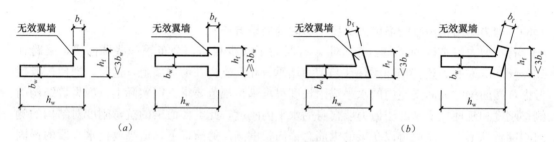

图 7-6　剪力墙的无效翼墙

(a) 正交墙肢；(b) 斜交墙肢

7.72 约束边缘构件设置范围是什么？

答："高规" 7.2.14 剪力墙两端和洞口两侧应设置边缘构件，并应符合下列规定：

　　1　一、二、三级剪力墙底层墙肢底截面的轴压比大于表 7-5 的规定值时，以及部分框支剪力墙结构的剪力墙，应在底部加强部位及相邻的上一层设置约束边缘构件，约束边缘构件应符合本规程第 7.2.15 条的规定；

　　2　除本条第 1 款所列部位外，剪力墙应按本规程第 7.2.16 条设置构造边缘构件；

　　3　B 级高度高层建筑的剪力墙，宜在约束边缘构件层与构造边缘构件层之间设置 1～2 层过渡层，过渡层边缘构件的箍筋配置要求可低于约束边缘构件的要求，但应高于构造边缘构件的要求。

剪力墙可不设约束边缘构件的最大轴压比　　　　　　表 7-5

等级或烈度	一级（9 度）	一级（6、7、8 度）	二、三级
轴压比	0.1	0.2	0.3

7.73 剪力墙底部加强区高度是如何确定？

答：剪力墙底部加强区高度的确定，见表7-6。

剪力墙底部加强区高度　　　　　　　　　　　　表 7-6

结构类型	加强区高度取值
一般结构	$1/10H$，底部两层高度，较大值
带转换层的高层建筑	$1/10H$，框支层加框支层上面2层，较大值
与裙房连成一体的高层建筑	$1/10H$，裙房层加裙房层上面一层，较大值

注：底部加强部位高度均从地下室顶板算起，当结构计算嵌固端位于地下一层的底板或以下时，底部加强部位宜向下延伸到计算嵌固端；当房屋高度≤24m时，底部加强部位可取地下一层。

7.74 约束边缘构件纵筋、箍筋、拉筋有哪些构造规定？

答："高规"7.2.15-1：

> 剪力墙的约束边缘构件可为暗柱、端柱和翼墙，并应符合下列规定：
>
> 约束边缘构件沿墙肢的长度 l_c 和箍筋配箍特征值 λ_v 应符合表7-7的要求，其体积配箍率 ρ_v 应按下式计算：
>
> $$\rho_v \geq \lambda_v f_c / f_{yv} \tag{7-1}$$
>
> 式中：ρ_v——箍筋体积配箍率。可计入箍筋、拉筋以及符合构造要求的水平分布钢筋，计入的水平分布钢筋的体积配箍率不应大于总体积配箍率的30%；
>
> λ_v——约束边缘构件配箍特征值；
>
> f_c——混凝土轴心抗压强度设计值；混凝土强度等级低于C35时，应取C35的混凝土轴心抗压强度设计值；
>
> f_{yv}——箍筋、拉筋或水平分布钢筋的抗拉强度设计值。
>
> 注：1. 混凝土强度等级C30（小于C35时用C35的轴心抗压强度设计值16.7N/mm²，C30为14.3N/mm²），箍筋、拉筋抗拉强度设计值为360，配箍特征值为0.12时，0.12×16.7/360＝0.557%。配箍特征值为0.20时，0.2×16.7/360＝0.928%。
>
> 2. 在计算剪力墙约束边缘构件体积配箍率时，规范没明确是否扣除重叠的箍筋面积，在实际设计时可不扣除重叠的箍筋面积，也可以扣除，但"混规"11.4.17条在计算柱体积配箍率的时候，要扣除重叠部分箍筋面积。

约束边缘构件沿墙肢的长度 l_c 及其配箍特征值 λ_v　　　　　表 7-7

项　目	一级（9度）		一级（6、7、8度）		二、三级	
	$\mu_N \leq 0.2$	$\mu_N > 0.2$	$\mu_N \leq 0.3$	$\mu_N > 0.3$	$\mu_N \leq 0.4$	$\mu_N > 0.4$
l_c（暗柱）	$0.20h_w$	$0.25h_w$	$0.15h_w$	$0.20h_w$	$0.15h_w$	$0.20h_w$
l_c（翼墙或端柱）	$0.15h_w$	$0.20h_w$	$0.10h_w$	$0.15h_w$	$0.10h_w$	$0.15h_w$
λ_v	0.12	0.20	0.12	0.20	0.12	0.20

注：1. μ_N 为墙肢在重力荷载代表值作用下的轴压比，h_w 为墙肢的长度；

2. 剪力墙的翼墙长度小于翼墙厚度的3倍或端柱截面边长小于2倍墙厚时，按无翼墙、无端柱查表；

3. l_c 为约束边缘构件沿墙肢的长度（图7.2.15）。对暗柱不应小于墙厚和400mm的较大值；有翼墙或端柱时，不应小于翼墙厚度或端柱沿墙肢方向截面高度加300mm。

"高规"7.2.15-3：

> 约束边缘构件内箍筋或拉筋沿竖向的间距，一级不宜大于100mm，二、三级不宜大于150mm；箍筋、拉筋沿水平方向的肢距不宜大于300mm，不应大于竖向钢筋间距的2倍。

规范规定

"高规"7.2.15-2：

> 剪力墙约束边缘构件阴影部分的竖向钢筋除应满足正截面受压（受拉）承载力计算要求外，其配筋率一、二、三级时分别不应小于1.2%、1.0%和1.0%，并分别不应少于8ϕ16、6ϕ16和6ϕ14的钢筋（ϕ表示钢筋直径）。

7.75 构造边缘构件纵筋、箍筋、拉筋的有哪些构造规定？

"高规"7.2.16：

> 剪力墙构造边缘构件的范围宜按图7-7中阴影部分采用，其最小配筋应满足表7-8的规定，并应符合下列规定：
>
> 当端柱承受集中荷载时，其竖向钢筋、箍筋直径和间距应满足框架柱的相应要求；箍筋、拉筋沿水平方向的肢距不宜大于300mm，不应大于竖向钢筋间距的2倍；

剪力墙构造边缘构件的最小配筋要求 表7-8

抗震等级	底部加强部位		
	竖向钢筋最小量（取较大值）	箍筋	
		最小直径（mm）	沿竖向最大间距（mm）
一	0.010A_c，6ϕ16	8	100
二	0.008A_c，6ϕ14	8	150
三	0.006A_c，6ϕ12	6	150
四	0.005A_c，4ϕ12	6	200
抗震等级	其他部位		
	竖向钢筋最小量（取较大值）	拉筋	
		最小直径（mm）	沿竖向最大间距（mm）
一	0.008A_c，6ϕ14	8	150
二	0.006A_c，6ϕ12	8	200
三	0.005A_c，4ϕ12	6	200
四	0.004A_c，4ϕ12	6	250

注：1. A_c为构造边缘构件的截面面积，即图7.2.16剪力墙截面的阴影部分；
　　2. 符号ϕ表示钢筋直径。

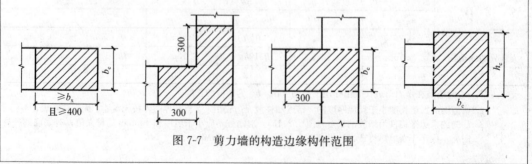

图7-7 剪力墙的构造边缘构件范围

"高规" 7.2.16-1：

> 竖向配筋应满足正截面受压（受拉）承载力的要求。

"高规" 7.2.16-4：

> 抗震设计时，对于连体结构、错层结构以及 B 级高度高层建筑结构中的剪力墙（筒体），其构造边缘构件的最小配筋应符合下列要求：
> 1）竖向钢筋最小量应比表 7-8 中的数值提高 $0.001A_c$ 采用；
> 2）箍筋的配筋范围宜取图 7-7 中阴影部分，其配箍特征值 $λ_v$ 不宜小于 0.1。

"高规" 7.2.16-5：

> 非抗震设计的剪力墙，墙肢端部应配置不少于 4φ12 的纵向钢筋，箍筋直径不应小于 6mm、间距不宜大于 250mm。

7.76 对暗柱、扶壁柱的认识及设计？

答："高规" 7.1.6：当剪力墙或核心筒墙肢与其平面外相交的楼面梁刚接时，可沿楼面梁轴线方向设置与梁相连的剪力墙、扶壁柱或在墙内设置暗柱，并应符合下列规定：

1 设置沿楼面梁轴线方向与梁相连的剪力墙时，墙的厚度不宜小于梁的截面宽度；

2 设置扶壁柱时，其截面宽度不应小于梁宽，其截面高度可计入墙厚；

3 墙内设置暗柱时，暗柱的截面高度可取墙的厚度，暗柱的截面宽度可取梁宽加 2 倍墙厚；

4 应通过计算确定暗柱或扶壁柱的纵向钢筋（或型钢），纵向钢筋的总配筋率不宜小于表 7-9 的规定。

暗柱、扶壁柱纵向钢筋的构造配筋率　　　　　　　　　　表 7-9

设计状况	抗震设计				非抗震设计
	一级	二级	三级	四级	
配筋率（%）	0.9	0.7	0.6	0.5	0.5

注：采用 400MPa、335MPa 级钢筋时，表中数值宜分别增加 0.05 和 0.10。

5 楼面梁的水平钢筋应伸入剪力墙或扶壁柱，伸入长度应符合钢筋锚固要求。钢筋锚固段的水平投影长度，非抗震设计时不宜小于 $0.4l_{ab}$，抗震设计时不宜小于 $0.4l_{abE}$；当锚固段的水平投影长度不满足要求时，可将楼面梁伸出墙面形成梁头，梁的纵筋伸入梁头后弯折锚固 15d，也可采取其他可靠的锚固措施。

6 暗柱或扶壁柱应设置箍筋，箍筋直径，一、二、三级时不应小于 8mm，四级及非抗震时不应小于 6mm，且均不应小于纵向钢筋直径的 1/4；箍筋间距，一、二、三级时不应大于 150mm，四级及非抗震时不应大于 200mm。

7.77 墙身水平分布筋与竖向分布筋该如何设置？

答："高规" 7.2.17：剪力墙竖向和水平分布钢筋的配筋率，一、二、三级时均不应小于 0.25％，四级和非抗震设计时均不应小于 0.20％。

7.2.18 剪力墙的竖向和水平分布钢筋的间距均不宜大于300mm，直径不应小于8mm。剪力墙的竖向和水平分布钢筋的直径不宜大于墙厚的1/10。

7.2.19 房屋顶层剪力墙、长矩形平面房屋的楼梯间和电梯间剪力墙、端开间纵向剪力墙以及端山墙的水平和竖向分布钢筋的配筋率均不应小于0.25%，间距均不应大于200mm。

"抗规"6.4.3：抗震墙竖向、横向分布钢筋的配筋，应符合下列要求：

1 一、二、三级抗震墙的竖向和横向分布钢筋最小配筋率均不应小于0.25%，四级抗震墙分布钢筋最小配筋率不应小于0.20%。

注：高度小于24m且剪压比很小的四级抗震墙，其竖向分布钢筋的最小配筋率应允许按0.15%采用。

2 部分框支抗震墙结构的落地抗震墙底部加强部位，竖向和横向分布钢筋配筋率均不应小于0.3%。

6.4.4 抗震墙竖向和横向分布钢筋的配置，尚应符合下列规定：

1 抗震墙的竖向和横向分布钢筋的间距不宜大于300mm，部分框支抗震墙结构的落地抗震墙底部加强部位，竖向和横向分布钢筋的间距不宜大于200mm。

2 抗震墙厚度大于140mm时，其竖向和横向分布钢筋应双排布置，双排分布钢筋间拉筋的间距不宜大于600mm，直径不应小于6mm。

3 抗震墙竖向和横向分布钢筋的直径，均不宜大于墙厚的1/10且不应小于8mm，竖向钢筋直径不宜小于10mm。

7.78 剪力墙结构中设置转角窗一般怎么处理？

答：在转角窗、转角阳台的上下楼层应设置梁或暗梁，加强楼板的连接作用，及提高转角窗、转角阳台两侧的墙体稳定性。

转角窗所在的楼层，有条件时应设置边梁（边梁截面宽度不宜过小，宽度不小于墙宽及200mm，截面高度不小于400mm）。楼板应适当加厚，板厚一般可取150mm，并宜双层双向通长配筋。楼板内应设置暗梁或钢筋加强带，加强两转角墙的连接，暗梁截面宽一般取500mm，上下各设4φ16加强筋。

转角窗、转角阳台两侧的墙体宜采用整肢墙，避免墙肢开洞，不应采用短肢剪力墙。墙肢宜加厚，并应适当加大墙肢的平面外配筋（建议钢筋直径比计算值提高一个等级，或同比增加钢筋的截面面积）。

提高角窗两侧墙肢的抗震等级，并按提高后的抗震等级满足轴压比限值的要求。角窗两侧的墙肢应沿全高设置约束边缘构件。

7.79 墙体剪压比超限调整方法有哪些？

答：可以加墙厚，开洞（对剪力墙开洞降低刚度）、加强周边墙体刚度（双向）。

7.80 关于剪力墙构造边缘构件尺寸？

答：关于剪力墙构造边缘构件尺寸，三本规范（"抗规"、"高规"、"混规"）的规定各不相同，高层建筑应以"高规"为准、其他可以"抗规"为准。在设计中如果以后遇到类似问题，高层建筑应以"高规"为准。抗震的多层建筑应以"抗规"为准。

7.81 墙水平筋放在内侧还是外侧？

答：剪力墙与地下室外墙虽然都叫"墙"，但它们有本质的区别。常规做法：内墙水平筋外置，外墙水平筋内置。剪力墙是平面内抗剪和平面内抗弯，剪力墙水平筋主要抗剪，剪力墙或内墙，水平筋放在内侧外侧均可，没有特别的要求，一般都放在外侧。地下室外墙，情况较复杂，墙水平筋有的放在内侧有的放在外侧，视情况不同而定，没有统一规定，放在内侧较常见。因为，地下室外墙通常是作为挡土墙，下端固定，上端铰接，从受力角度分析，地下室外墙竖向钢筋配筋率大于水平钢筋配筋率，竖向钢筋是受力钢筋，竖向钢筋在外面可以增加墙体平面外抗弯曲的能力。

从裂缝控制角度，水平钢筋宜在外侧。根据以往地下室外墙裂缝统计资料，地下室外墙裂缝基本上都是垂直裂缝，外墙水平筋布置在竖向筋的外侧可控制垂直裂缝，水平筋设计时宜细而密，即小直径小间距。

7.82 剪力墙边缘构件中暗柱必须满足 $1.5b_w \sim 2.0b_w$ 吗？

答：剪力墙端部暗柱长度取 $1.5b_w \sim 2.0b_w$。b_w 为剪力墙厚度。如墙厚 200mm，暗柱长度 300～400mm。如果说墙厚很大，如 400mm、600mm，那么暗柱的长度是否取 $1.5b_w \sim 2.0b_w$？显然是不合理的，造成无谓的浪费。1985 年智利大地震时，发现 300 多栋钢筋混凝土剪力墙结构破坏较轻，但它们的混凝土边缘并无较好的约束。研究表明，由于这些房屋的结构体系刚度较大，使其受到侧力时变形较小，因而破坏较轻。边缘构件的设置范围及构造要求取决于轴力大小、剪跨比等，同时也取决于地震作用下的位移及端部的压应变。如果剪力墙的总截面面积与楼层面积之比值较大时，墙端部的约束构件（即暗柱）可能只需在底部几层设置。T 形截面墙，在翼缘中配置过多钢筋，对抗震能力反而有害，对于软件计算结果翼缘配筋过多，应调整。

7.83 在剪力墙中，除在端部和转角等处设置了边缘构件外，还在墙内设有扶壁柱或暗柱，这样的柱有何作用？在构造上如何处理？

答：在实际工程中，剪力墙的端部和转角等部位设置了边缘构件，根据研究表明，由于边缘构件有箍筋的约束，可以改善混凝土受压性能，增大延性。但在剪力墙中有时也设有扶壁柱和暗柱，此类柱为剪力墙的非边缘构件。剪力墙的特点是平面内刚度和承载力较大，而平面外刚度和承载力相对较小，当剪力墙平面外方向与梁相连时会产生墙肢平面外弯矩。当梁高大于 2 倍墙厚时，剪力墙承受平面外弯矩。因此，墙与梁交接处宜设置扶壁柱。若不设置扶壁柱时，应设置暗柱。在非正交剪力墙中和十字交叉剪力墙中，除在端部设置边缘构件外，在非正交墙的转角处及十字交叉处也设有暗柱。扶壁柱及暗柱的尺寸和配筋时根据计算确定的。在施工图未注明具体的构造要求时，扶壁柱按框架柱，暗柱应按构造边缘构件的构造措施。

梁

7.84　梁截面尺寸如何初步估算？

框架主梁 $h=L(1/8\sim1/12)$，一般可取 $L/12$，梁高的取值还要看荷载大小和跨度，有的地方，荷载不是很大，主梁高度可以取 $L/15$。

框架次梁 $h=L(1/12\sim1/20)$，一般可取 $L/15$。当跨度较小，受荷较小时，可取 $L/18$。

简支梁 $h=L(1/12\sim1/15)$，一般可取 $L/15$。楼梯中平台梁，电梯吊钩梁，可按简支梁取。

悬挑梁：当荷载比较大时，$h=L(1/5\sim1/6)$；当荷载不大时，$h=L(1/7\sim1/8)$。

单向密肋梁：$h=L(1/18\sim1/22)$，一般取 $L/20$。

井字梁：$h=L(1/15\sim1/20)$。跨度 $\leqslant2m$ 时，可取 $L/18$，$\leqslant3m$ 时，可取 $L/17$。

转换梁：抗震时 $h=L/6$；非抗震时 $h=L/7$。

框架扁梁：$h=L(1/16\sim1/22)$。

一般梁高是梁宽的 $2\sim3$ 倍，但不宜超过 4 倍。当梁宽比较大，比如 400mm、500mm 时，可以把梁高做成 $1\sim2$ 倍梁宽。

主梁 $b\geqslant200mm$，一般 $\geqslant250mm$，次梁 $b\geqslant150mm$。

7.85　连梁腰筋该如何设置？

答："高规" 7.2.27-4 连梁高度范围内的墙肢水平分布钢筋应在连梁内拉通作为连梁的腰筋。连梁截面高度大于 700mm 时，其两侧面腰筋的直径不应小于 8mm，间距不应大于 200mm；跨高比不大于 2.5 的连梁，其两侧腰筋的总面积配筋率不应小于 0.3%。

7.86　连梁纵筋该如何设置？

答："高规" 7.2.24：跨高比（l/h_b）不大于 1.5 的连梁，非抗震设计时，其纵向钢筋的最小配筋率可取为 0.2%；抗震设计时，其纵向钢筋的最小配筋率宜符合表 7-10 的要求；跨高比大于 1.5 的连梁，其纵向钢筋的最小配筋率可按框架梁的要求采用。

跨高比不大于 1.5 的连梁纵向钢筋的最小配筋率（%）　　　　　表 7-10

跨高比	最小配筋率（采用较大值）
$l/h_b\leqslant0.5$	0.20，$45f_t/f_y$
$0.5<l/h_b\leqslant1.5$	0.25，$55f_t/f_y$

"高规" 7.2.25：剪力墙结构连梁中，非抗震设计时，顶面及底面单侧纵向钢筋的最大配筋率不宜大于 2.5%；抗震设计时，顶面及底面单侧纵向钢筋的最大配筋率宜符合表 7-11 的要求。如不满足，则应按实配钢筋进行连梁强剪弱弯的验算。

跨高比	最大配筋率
$l/h_b \leqslant 1.0$	0.6
$1.0 < l/h_b \leqslant 2.0$	1.2
$2.0 < l/h_b \leqslant 2.5$	1.5

"高规" 7.2.27：梁的配筋构造（图 7-8）应符合下列规定：

> 1　连梁顶面、底面纵向水平钢筋伸入墙肢的长度，抗震设计时不应小于 l_{aE}，非抗震设计时不应小于 l_a，且均不应小于 600mm。

7.87　连梁箍筋该如何设置？

答："高规" 7.2.27-2 抗震设计时，沿连梁全长箍筋的构造应符合本规程第 6.3.2 条框架梁梁端箍筋加密区的箍筋构造要求；非抗震设计时，沿连梁全长的箍筋直径不应小于 6mm，间距不应大于 150mm。

"高规" 7.2.27-3 顶层连梁纵向水平钢筋伸入墙肢的长度范围内应配置箍筋，箍筋间距不宜大于 150mm，直径应与该连梁的箍筋直径相同。

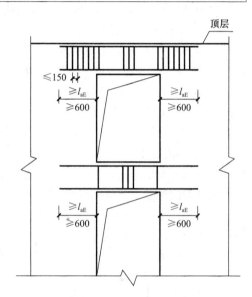

图 7-8　连梁配筋构造示意
注：非抗震设计时图中 l_{aE} 取 a_m

7.88　有关梁截面工程经验及布置技巧？

答：对于大柱距且有次梁搭接在框架主梁时，大脑中应有意识地把梁宽用到 $300 \sim 350$mm。写字楼、商场等 8m 左右跨度的梁，截面取 300mm×800mm 不好，应取 350mm×700mm，对于一些大跨度公共建筑，梁宽应适当加大，取 300mm 以上，最好取 350mm 或 400mm，因为梁宽度大，抗剪有利，易放钢筋。350mm 宽的梁，用四肢箍可以使箍筋直径减小，主梁加宽，有利于次梁钢筋的锚固。一般外圈的边框架梁都会与柱外皮齐，梁柱偏心不宜小于 1/4 柱边长，当不满足这条规定时，可以把梁宽加大，比如梁宽加大到 400mm 或者 450mm，同时减小梁高（7m 跨度取到 $450 \sim 500$mm），不一定要水平加腋。

当柱网为矩形时，短跨为主梁，长跨为次梁较合适。当柱网为正方形，楼面荷载较大时，可考虑十字形或井字形设置次梁。

主、次梁楼（屋）盖的柱网不宜设计成正方形，而应是矩形，以短跨为主梁，长跨为次梁，而且短跨与长跨的比例小于 0.75 相对比较经济，一般比较常用的主、次梁跨度比取 $0.65 \sim 0.7$ 比较适宜，这样设计计算出来的主、次梁截面高度能协调一致，做到梁底齐平，从而保证楼（屋）盖的结构高度最小，而且主次梁还可以底齐平，次梁的间距一般是 $2 \sim 3$m。

7.89 普通楼盖（单向梁，十字梁、井字梁）设计时应注意的一些问题？

答：（1）在地下车库和商业建筑大跨度空间楼（屋）盖布置时，比如 8.5m×8.5m 的柱网，大多数情况下，标准层采用十字梁比井字梁经济，但对于覆土厚度超过 700mm 的屋顶花园及地下室顶板或荷载较大时则采用井字梁比较经济，荷载越大，井字梁越便宜。

住宅、公寓、旅馆等建筑，居室、客厅多数不设吊顶，常采用现浇单向板、现浇双向板，不宜采用后张无粘结预应力现浇楼板，因为此类房屋竖向管道和管井在安装过程中及改造中位置经常有变化；办公楼、商业用房通常有吊顶、楼盖，可采用单向次梁或双向井字、双向十字次梁，有利于减小板厚和结构自重。

（2）井字梁楼盖设计时应注意的问题

① 在设计井字梁时，采用 SATWE 软件和查井字梁计算手册两种方法有时相差很大，这是因为 SATWE 软件考虑其端部支座竖向刚度对井字梁的影响，而采用《混凝土结构计算手册》，无论井字梁与端部支座是固结还是铰接，均不考虑其竖向刚度的影响，即认为井字梁端部支座处没有竖向位移。如果想考虑井字梁的内力而忽略其端部水平构件支座位移的影响，可以在"特殊构件定义"中修改四周的梁为"刚性梁"，此时井字梁的两种计算方法误差很小。当井字梁端部为剪力墙时，两种计算方法误差也很小。

② 钢筋混凝土井字梁是从钢筋混凝土双向板演变而来的一种结构形式。双向板是受弯构件，当其跨度增加时，相应板厚也随之加大。但板的下部受拉区的混凝土一般都不考虑它起作用，受拉主要靠下部钢筋承担。因此，在双向板的跨度较人时，为了减轻板的自重，我们可以把板的下部受拉区的混凝土挖掉一部分，让受拉钢筋适当集中在几条线上，使钢筋与混凝土更加经济、合理地共同工作。这样双向板就变成为在两个方向形成井字式的区格梁，这两个方向的梁通常是等高的，不分主次梁，一般称这种双向梁为井字梁（或网格梁）。

③ 井字梁和边梁或边墙的节点宜采用铰接节点。井字梁的支承：井字梁楼盖四周可以是墙体支承，也可以是主梁支承。当墙体支承时与《混凝土结构计算手册》上的计算假定相同，当只有主梁支承时，主梁应有一定的刚度，以保证其绝对不变形。

④ 井字梁楼盖长跨跨度 L_1 与短跨跨度 L_2 之比 L_1/L_2 应≤1.5，如果比值在 1.5～2.0 之间，宜在长向跨度中部设大梁，形成两个井字梁体系或采用斜向布置的井字梁，井字梁可按 45°对角线斜向布置。井字梁间距一般宜控制在 3m 以内。

⑤ 井字梁与柱子采取"避"的方式，调整井字梁间距以避开柱位，避免在井字梁与柱子相连处井字梁的支座配筋计算结果容易出现的超限情况，由于井字梁避开了柱位，靠近柱位的区格板需另作加强处理。

⑥ 井字梁：$h=L(1/15～1/20)$。跨度≤2m 时，可取 $L/18$；跨度≤3m 时，可取 $L/17$。井字梁跨度一般至少 2m。在设计时，井字梁截面尺寸一般按（200～250）×（500～550）试算，框架梁如果无内隔墙，其截面可以先按（300～350）×（600～700）进行试算，根据试算结果再作进一步调整，直到满意为止。8.4m×8.4m 的柱网一般纵横各设 2 道井字梁。

⑦ 井字梁最大扭矩的位置，一般情况下四角处梁端扭矩较大，其范围约为跨度的 1/4～1/5。建议在此范围内适当加强抗扭措施。

7.90 梁布置的一些方法技巧及应注意事项？

（1）无论次梁是横向布置还是纵向布置，都要满足建筑对梁高的限制，这个是主要矛盾。还应满足管道、设备的要求。一般填充墙下应布置梁，但有时候，填充墙下的小次梁可以不布置，墙下加板局部钢筋即可。布置梁时，不同楼层中的填充墙位置改变，有些房间可能露梁（如果不二次装修），少部分的某些房间内露梁是可以的。

（2）无论次梁是横向布置还是纵向布置，都对横向刚度与纵向刚度帮助不大（对支撑的主梁刚度还是有一点提高，但次梁与楼板基本是一块，对结构体系刚度帮助不大），刚度的增加，主要还由柱（墙）与主框梁构成的体系提供。当把次梁当主梁输入时，刚度的计算会有误差。

（3）在满足主要矛盾的前提下，应考虑设计的经济性。梁的布置要多连续，充分利用梁端的负弯矩来协同工作，并且次梁的传力途径要尽量短，既选择次梁跨度比较大又连续的布置方式（实际工程中能让次梁连续布置，但不一定能让次梁的计算跨度比较小）。

（4）次梁与次梁之间的间距一般 2～3m。当柱网长宽比小于 1.2 时，次梁应沿着跨数多的方向布置次梁，当柱网长宽比大于 1.5 时，宜采用加强边梁的单向次梁方案，单向次梁应沿着大方向布置落在跨度小的主梁上，大家一起合力跨大距离，而不是依附在别人身上跨越长距离。

（5）入口大堂顶部完整空间内不宜露梁，以保持大堂顶部空间完整。特殊情况设梁时，梁高应尽可能小。公共空间尽可能不露梁。户内梁布置时，梁不应穿越客餐一体厅、客厅、餐厅、住房，以保证各功能空间完整及美观；梁不宜穿越厨、厕、阳台，如确有必须穿越的梁，梁高应尽可能小。户内梁不露出梁角线的优先顺序：客厅＞餐厅＞主卧室＞次卧室＞内走道＞其他空间。

（6）户内卫生间做沉箱时，周边梁高仍按普通梁考虑，卫生间楼板按吊板的要求补充相应大样。当周边梁对房间内空间无影响时，梁高也可统一取 500mm，即周边次梁梁底平沉箱板底。户内走道上方梁高尽可能小，不应大于 600mm。阳台封口梁根据建筑立面确定，不宜大于 400mm。楼梯梯级处梁高注意不得影响建筑使用。梁不宜穿越门洞正上方（当甲方不对造价苛刻时，梁截面可按以上要求）。

（7）梁底标高

门窗洞口顶处梁底标高不得低于门窗洞口顶面标高；飘窗梁底标高、设排气孔的卫生间窗顶梁底标高、客厅出阳台门顶梁底标高必须等于门窗洞口顶标高；电梯门洞顶梁底标高必须等于电梯洞口顶标高。其余位置门窗洞口处梁，梁高按以下取用：结构计算梁高与门窗顶距离≤200mm，或无法做过梁，或门窗洞口较大时，结构梁直接做到门窗顶面。除上述情况外，结构梁高按计算确定，门窗顶用过梁处理。

7.91　悬臂梁的箍筋需要加密吗？

答：悬臂梁产生塑性铰之后结构就破坏了。至于配筋，按计算结果就行，不需要加密。加密是考虑框架梁塑性的应力重分布。但是悬臂梁是静定的，不能考虑重分布，也就是说悬臂梁不是框架梁。但现在审图机构要求箍筋加密。

7.92　梁纵向钢筋该如何设置？

答：《混凝土结构设计规范》GB 50010—2010 第 9.2.1 条（以下简称"混规"）：梁的纵向受力钢筋应符合下列规定：

1 入梁支座范围内的钢筋不应少于2根。

2 梁高不小于300mm时，钢筋直径不应小于10mm；梁高小于300mm时，钢筋直径不应小于8mm。

3 梁上部钢筋水平方向的净间距不应小于30mm和1.5d；梁下部钢筋水平方向的净间距不应小于25mm和d。当下部钢筋多于2层时，2层以上钢筋水平方向的中距应比下面2层的中距增大一倍；各层钢筋之间的净间距不应小于25mm和d，d为钢筋的最大直径。

4 在梁的配筋密集区域宜采用并筋的配筋形式。

"混规"9.2.6：梁的上部纵向构造钢筋应符合下列要求：

1 当梁端按简支计算但实际受到部分约束时，应在支座区上部设置纵向构造钢筋。其截面面积不应小于梁跨中下部纵向受力钢筋计算所需截面面积的1/4，且不应少于2根。该纵向构造钢筋自支座边缘向跨内伸出的长度不应小于$l_0/5$，l_0为梁的计算跨度。

2 对架立钢筋，当梁的跨度小于4m时，直径不宜小于8mm；当梁的跨度为4～6m时，直径不应小于10mm；当梁的跨度大于6m时，直径不宜小于12mm。

"高规"6.3.2：框架梁设计应符合下列要求：

1 抗震设计时，计入受压钢筋作用的梁端截面混凝土受压区高度与有效高度之比值，一级不应大于0.25，二、三级不应大于0.35。

2 纵向受拉钢筋的最小配筋百分率ρ_{min}（%），非抗震设计时，不应小于0.2和$45f_t/f_y$二者的较大值；抗震设计时，不应小于表7-12规定的数值。

梁纵向受拉钢筋最小配筋百分率ρ_{min}（%） 表7-12

抗震等级	位置	
	支座（取较大值）	跨中（取较大值）
一级	0.40和$80f_t/f_y$	0.30和$65f_t/f_y$
二级	0.30和$65f_t/f_y$	0.25和$55f_t/f_y$
三、四级	0.25和$55f_t/f_y$	0.20和$45f_t/f_y$

3 抗震设计时，梁端截面的底面和顶面纵向钢筋截面面积的比值，除按计算确定外，一级不应小于0.5，二、三级不应小于0.3。

"高规"6.3.3条梁的纵向钢筋配置，尚应符合下列规定：

1 抗震设计时，梁端纵向受拉钢筋的配筋率不宜大于2.5%，不应大于2.75%；当梁端受拉钢筋的配筋率大于2.5%时，受压钢筋的配筋率不应小于受拉钢筋的一半。

2 沿梁全长顶面和底面应至少各配置两根纵向配筋，一、二级抗震设计时钢筋直径不应小于14mm，且分别不应小于梁两端顶面和底面纵向配筋中较大截面面积的1/4；三、四级抗震设计和非抗震设计时钢筋直径不应小于12mm。

3 一、二、三级抗震等级的框架梁内贯通中柱的每根纵向钢筋的直径，对矩形截面柱，不宜大于柱在该方向截面尺寸的1/20；对圆形截面柱，不宜大于纵向钢筋所在位置柱截面弦长的1/20。

注：当一根梁受到竖向荷载的时候，在同一部位的梁一面受压，一面受拉，所以2.5%的配筋率不包括受压钢筋。

7.93 梁箍筋该如何设置?

答:"高规"6.3.2-4:抗震设计时,梁端箍筋的加密区长度、箍筋最大间距和最小直径应符合表 7-13 的要求;当梁端纵向钢筋配筋率大于 2%时,表中箍筋最小直径应增大 2mm。

梁端箍筋加密区的长度、箍筋最大间距和最小直径 表 7-13

抗震等级	加密区长度(取较大值)(mm)	箍筋最大间距(取最小值)(mm)	箍筋最小直径(mm)
一	$2.0h_b$, 500	$h_b/4$, $6d$, 100	10
二	$1.5h_b$, 500	$h_b/4$, $8d$, 100	8
三	$1.5h_b$, 500	$h_b/4$, $8d$, 150	8
四	$1.5h_b$, 500	$h_b/4$, $8d$, 150	6

注:1. d 为纵向钢筋直径,h_b 为梁截面高度;
 2. 一、二级抗震等级框架梁,当箍筋直径大于 12mm、肢数不少于 4 肢且肢距不大于 150mm 时,箍筋加密区最大间距应允许适当放松,但不应大于 150mm。

"高规"6.3.4:非抗震设计时,框架梁箍筋配筋构造应符合下列规定:

1 应沿梁全长设置箍筋,第一个箍筋应设置在距支座边缘 50mm 处。

2 截面高度大于 800mm 的梁,其箍筋直径不宜小于 8mm;其余截面高度的梁不应小于 6mm。在受力钢筋搭接长度范围内,箍筋直径不应小于搭接钢筋最大直径的 1/4。

3 箍筋间距不应大于表 7-14 的规定;在纵向受拉钢筋的搭接长度范围内,箍筋间距尚不应大于搭接钢筋较小直径的 5 倍,且不应大于 100mm;在纵向受压钢筋的搭接长度范围内,箍筋间距尚不应大于搭接钢筋较小直径的 10 倍,且不应大于 200mm。

非抗震设计梁箍筋最大间距(mm) 表 7-14

h_b (mm) ＼ V	$V>0.7f_tbh_0$	$V\leqslant0.7f_tbh_0$
$h_b\leqslant300$	150	200
$300<h_b\leqslant500$	200	300
$500<h_b\leqslant800$	250	350
$h_b>800$	300	400

"高规"6.3.5-2:在箍筋加密区范围内的箍筋肢距:一级不宜大于 200mm 和 20 倍箍筋直径的较大值,二、三级不宜大于 250mm 和 20 倍箍筋直径的较大值,四级不宜大于 300mm。

7.94 梁侧构造钢筋该如何设置?

答:"混规"9.2.13:梁的腹板高度 h_w 不小于 450mm 时,在梁的两个侧面应沿高度配置纵向构造钢筋。每侧纵向构造钢筋(不包括梁上、下部受力钢筋及架立钢筋)的间距不宜大于 200mm,截面面积不应小于腹板截面面积(bh_w)的 0.1%,但当梁宽较大时可以适当放松。此处,腹板高度 h_w 按本规范第 6.3.1 条的规定取用。

7.95 钢筋打架时怎么处理？

答：次让主的原则，比如次梁让主梁，主梁让柱。

7.96 为什么同一截面钢筋直径不能相差两级以上，但也不能低于 2mm？

答：同一截面钢筋直径不能相差两级以上，是为了使混凝土构件的应力尽量分布均匀，以达到最佳的受力状态。不能低于 2mm，是为了让工人在现场不用借助测量工具就能容易区分钢筋的直径，在布筋的时候不至于布错。直径级别不大于两级是旧规范的提法，新规范没有了。

7.97 框架梁截面取 200mm×300mm 时，梁箍筋该如何取值？

答：有些住宅工程，对于荷载较小的楼层，常常将框架梁截面取的很小，导致梁加密区箍筋最大间距偏大。"抗规"中规定：梁端箍筋加密区箍筋最大间距取 $h_b/4$，对于梁截面高度≥400mm 的框架梁，加密区箍筋最大间距一般取 100mm 满足要求，对 200mm×300mm 的框架梁，按 $h_b/4$ 取值应为 75mm。

7.98 连梁、框架梁、次梁和基础拉梁的区别有哪些？

答：1. 连梁和框架梁

连梁是指两端与剪力墙相连且跨高比小于 5 的梁（具体条文详见"高规"7.1.8 条）；框架梁是指两端与框架柱相连的梁，或者两端与剪力墙相连但跨高比不小于 5 的梁。

两者相同之处在于：一方面从概念设计的角度来说，在抗震时都希望首先在框架梁或连梁上出现塑性铰而不是在框架柱或剪力墙上，即所谓"强柱弱梁"或"强墙弱连梁"；另一方面从构造的角度来说，两者都必须满足抗震的构造要求，具体说来框架梁和连梁的纵向钢筋（包括梁底和梁顶的钢筋）在锚入支座时都必须满足抗震的锚固长度的要求，对应于相同的抗震等级框架梁和连梁箍筋的直径和加密区间距的要求是一样的。

两者不相同之处在于，在抗震设计时，允许连梁的刚度有大幅度的降低，在某些情况下甚至可以让其退出工作，但是框架梁的刚度只允许有限度的降低，且不允许其退出工作，所以规范规定次梁是不宜搭在连梁上的，但是次梁是可以搭在框架梁上的。

一般说来连梁的跨高比较小（小于5），以传递剪力为主，所以规范对连梁在构造上作了一些与框架梁不同的规定，一是要求连梁的箍筋是全长加密而框架梁可以分为加密区和非加密区，二是对连梁的腰筋作了明确的规定即"墙体水平分布钢筋应作为连梁的腰筋在连梁范围内拉通连续配置；当连梁截面高度大于 700mm 时，其两侧面沿梁高范围设置的纵向构造钢筋（腰筋）的直径不应小于 10mm，间距不应大于 200mm；对跨高比不大于 2.5 的连梁，梁两侧的纵向构造钢筋（腰筋）的面积配筋率不应小于 0.3%"，且将其纳入了强条的规定。而框架梁的腰筋只要满足"当梁的腹板高度 h_w≥450mm 时，在梁的两个侧面应沿高度配置纵向构造钢筋，每侧纵向构造钢筋（不包括梁上、下部受力钢筋及架立钢筋）的截面面积不应小于腹板截面面积 bh_w 的 0.1%，且其间距不宜大于 200mm"。且不是强条的规定。

在施工图审查的过程中发现设计人常犯的错误有：一是把两端与剪力墙相连且跨高比

小于 5 的梁编成了框架梁，而且箍筋有加密区和非加密区，或把跨高比不小于 5 的梁编成了连梁；二是在连梁的配筋表中不区分连梁的高度和跨高比而笼统的在说明中交代一句"连梁腰筋同剪力墙的水平钢筋"，这时如果连梁中有梁高大于 700mm 或跨高比不大于 2.5，而剪力墙墙身配筋率小于 0.3% 或水平分布筋的直径不大于 8mm 时，容易违反"高规"7.2.26 条的规定，而且该条还是强条，这应引起设计人员的注意。

2. 框架梁和次梁

一般情况下，次梁是指两端搭在框架梁上的梁。这类梁是没有抗震要求的，因此在构造上它与框架梁有以下不同，现以国标图集"11G101-1"为例加以说明：

（1）次梁梁顶钢筋在支座的锚固长度为受拉锚固长度 l_a，而框架梁的梁顶钢筋在支座的锚固长度为抗震锚固长度 l_{aE}。

（2）次梁梁底钢筋在支座的锚固长度一般情况下为 12d，而框架梁的梁底钢筋在支座的锚固长度为抗震锚固长度 l_{aE}。

（3）次梁的箍筋没有最小直径的要求，没有加密区和非加密区的要求，只需满足计算要求即可。而框架梁根据不同的抗震等级对箍筋的直径和间距有不同的要求，不但要满足计算要求，还要满足构造要求。

（4）在平面表示法中，框架梁的编号为 KL，次梁的编号为 L。

在实际的施工图中，设计人员容易犯的错误主要有以下两类：一是在次梁的平法表示中，对箍筋按加密区和非加密区来表示，如 $\phi 8@100/200$ 等。二是当次梁为单跨简支梁时，支座的负筋数量往往不满足"混规"10.2.6 条的规定（10.2.6 当梁端实际受到部分约束但按简支计算时，应在支座区上部设置纵向构造钢筋，其截面面积不应小于梁跨中下部纵向受力钢筋计算所需截面面积的四分之一，且不应少于 2 根）。

3. 基础拉梁与次梁

基础拉梁是指两端与承台或独立柱基相连的梁，与次梁相同之处在于基础拉梁也是没有抗震要求的，基础拉梁的梁顶钢筋在支座的锚固长度也为受拉锚固长度 l_a，基础拉梁的箍筋也没有加密区和非加密区的要求。与次梁不同之处在于基础拉梁的梁底钢筋也必须满足受拉锚固长度 l_a 的要求，基础拉梁的宽度不应小于 250mm，基础拉梁除按计算要求确定外梁内上下纵向钢筋直径不应小于 12mm 且不应少于 2 根（详见"地基规范"8.5.20 条）、箍筋不少于 $\phi 6@200$（详见《全国民用建筑工程设计技术措施》3.12.1-9 条）。

在实际的施工图中，设计人员容易犯的错误主要是将基础拉梁简单套用框架梁的平法表示，编号为 JKL，对箍筋按加密区和非加密区来表示，如 $\phi 8@100/200$ 等。而现有的国标平法图集中并没有专门针对基础拉梁的构造，如果设计人员想借用平法图集的话，将基础拉梁编号为 JL 较为合适，同时应在说明中注明 JL 的配筋构造应按"03G101-1"中次梁（非框架梁）的配筋构造执行，同时梁底钢筋锚入支座的长度必须满足受拉锚固长度 l_a 的要求。

综上所述，连梁、框架梁、非框架梁、地基拉梁的区别可用表 7-15 来表示。

连梁、框架梁、非框架梁、地基拉梁的区别　　　　　　　　　　　　　　　　表 7-15

	连梁	框架梁	次梁（非框架梁）	地基拉梁
是否有抗震要求	有	有	无	无
梁顶钢筋的锚固要求	抗震锚固长度 l_{aE}	抗震锚固长度 l_{aE}	受拉锚固长度 l_a	受拉锚固长度 l_a

	连梁	框架梁	次梁（非框架梁）	地基拉梁
梁底钢筋的锚固要求	抗震锚固长度 l_{aE}	抗震锚固长度 l_{aE}	$12d$	受拉锚固长度 l_a
箍筋的要求	除满足计算要求外，箍筋沿梁全长加密，直径和间距应满足规范的要求	除满足计算要求外，箍筋加密区和非加密区的直径和间距应满足规范的要求	按计算要求配置，没有加密区和非加密区的要求	按计算要求配置，且箍筋不少于 $\phi6@200$，没有加密区和非加密区的要求
梁的编号	LL	KL	L	JL

7.99 墙暗梁和板暗梁怎么设计？

答：1. 暗梁分类

暗梁构件有两种，一种是剪力墙内的暗梁，称为墙暗梁；另一种是板和基础筏板内的暗梁，称为板暗梁。暗梁应该分成构造暗梁和结构暗梁。判断它是构造暗梁还是结构暗梁应该从变形协调和刚度原理进行分析。

2. 墙暗梁

墙暗梁虽然形状如梁，也称作梁，但它并不是梁，梁定义为受弯构件，暗梁是剪力墙薄弱部位的水平线性"加强带"。暗梁仍然是墙的一部分，它不可能独立于墙身而存在，所以，当墙顶有暗梁时，墙竖向钢筋仍然应弯折伸入板中与板搭接。"抗规"和"高规"中对框-剪结构均要求设带边框的剪力墙，对于像电（楼）梯间为封闭剪力墙的框-剪结构也应按"高规"设置暗梁，并按"混规"设置腰筋，墙体水平分布钢筋应作为暗梁的腰筋在暗梁范围内拉通连续配置。暗梁在框剪结构体系的开大洞的周边宜设置，来加强平面对墙的约束。框架剪力墙结构必须加暗梁，是考虑到剪力墙作为第一道防线被突破后的储备，另外边框暗梁可提高墙的变形能力与暗柱或端柱形成隐性框架。而纯剪力墙，只有一道防线，是不应该也不能被突破的，那么加暗梁是不经济的，也是多此一举。但有许多设计非常保守，在纯剪力墙加设暗梁。墙暗梁设置的部位：地下室挡土墙到正负零封顶处；楼梯每层剪力墙顶部；电梯井每层剪力墙顶部；剪力墙结构封顶部位。墙顶与各层地下室楼板标高处可不设暗梁，一般情况下墙底亦可不设暗梁。

3. 板暗梁

板中设暗梁的习惯做法：

1）楼梯上夹层，夹层板配筋时留洞，洞边设暗梁（500mm 宽，同板厚）；

2）客厅与餐厅有时成 L 形，为美观，短向设暗梁；

3）某些应美观或高度问题，需设暗梁；

4）无梁楼盖在柱带范围由于抗剪抗冲切设置暗梁；

5）对传力体系复杂的结构，如不规则的楼盖结构，通常设置暗梁来认为划分成规矩的区格。

板暗梁是一个朦胧的概念，它构造上的含义更浓一些，比如取 500mm 宽，那为什么是 500mm 而不是 400mm 呢？有没有理论依据？板暗梁主要作构造加强考虑，暗梁的主要作用是对应力集中处的加强，增加结构的整体受力性能与延性，解决板上墙下的局部受压问题。所以暗梁应不至改变板的传力与分配，仅作为一种加强和结构进入塑性后的安全储备。设置暗梁的条件：最好板厚大于 130。如果少于 130 厚暗梁箍筋难做，而没有箍筋就不成其为梁，变成板内附加钢筋。

板暗梁是从构造上对板加强的措施，暗梁按构造习惯配筋，局部荷载引起的配筋应从整块板的角度综合考虑，考虑板中弯矩的分布规律，判定配筋的主次方向，适当加强即可。

板暗梁是在一种局部加强的构件，且隐藏在其他构件中。按照刚度分配的原则，板中设置暗梁，必然造成暗梁的受力大于其他部分的情况，如暗梁配筋量较大，可以视为具有竖向挠度的板的铰支端。这样做是因为，暗梁对板的约束不如肋梁楼盖中次梁对板的约束强，但是仍然具有一定的竖向约束。

7.100 次梁始末两端是否点铰接?

答：1. 设计意图也必须以设计概念、正确的概念为基础。次梁的弯矩，便成了框架主梁上的扭矩。次梁的锚固长度大小，直锚或直＋弯，规范或图集都是取的最不利锚固值，即锚固长度按此要求能包络柱很多最不利的情况。在实际工程中，即使锚固长度不满足此要求，但"固结"效果是真实存在的，即次梁的弯矩也许并不会丢失或丢失太多，而是真实存在，但不满足规范与图集要求，但可能符合真实受力情况。

"混凝土结构设计原理"课本中有以下文字：在满足一定可靠度的前提下，将结构开裂扭矩值乘以一个折减系数。换个角度，此句话的意思在保证结构可靠度的前提下，已经对扭转刚度进行了折减。抗扭承载能力的计算公式中也考虑了该系数，考虑了抗扭刚度的折减（切记，该公式保证了结构的可靠度）。

人为点铰接，是以开裂为代价，释放了次梁端弯矩与框架主梁上扭矩。但在实际中，是根据刚度进行内力分配的，次梁端部的弯矩与扭矩是真实存在的，无论是否点铰，次梁端部也配有一定的面筋，也能承受一定量的弯矩。当次梁端部弯矩不大时，裂缝并不会加大，只是底筋留有余量，偏于更安全。

当次梁支撑在刚度大的主梁上时，弯矩可能比较大，如果两端楼板及主梁自身能约束或能承受次梁传给框架主梁的扭矩时，点铰，构造的面筋可能承受不了次梁端的弯矩，通过调幅，让次梁底部承受更多弯矩，此时付出"开裂"的代价。此时点铰可能是没有必要的。

2. 安全性比裂缝更重要。

当次梁的弯矩变化为主梁上的扭矩时，我们应该充分并真实地考虑楼板对扭矩的"约束"。对于两端都有楼板约束时，其对扭矩的"约束"作用比较大的，一般先不点铰接，让楼板真实地约束一部分扭矩。如果楼板＋框架主梁承受不了扭矩，则应该点铰接，因为安全性比裂缝更重要。

当同一方向的次梁错开支撑在主梁时，扭矩对框架主梁的影响很大，可能引起超筋。如果考虑了楼板的约束作用，且不宜加大主梁截面或"小量"地加大截面效果不大时，不如点铰，此时安全性比裂缝更重要。但应采用相应的构造措施。

对于边跨的次梁，当计算扭矩很大时，也应该点铰，安全性比裂缝更重要。

3. 由于主梁出现裂缝时，此时抗扭刚度减小很快，如果次梁弯矩较大，由于主梁扭转刚度的丢失，则次梁端部弯矩传给框架主梁的扭矩"丢失很多"，次梁在"恒＋活"作用下的梁端弯矩会调幅到次梁底。尽管规范中抗扭承载力计算公式考虑了扭转刚度折减，当次梁弯矩比较大，且没有点铰时，底筋留有一定的余量也是有必要的。

综上所述：

（1）点铰的结果，无非是两种，第一种是底筋留有一定的安全余量，第二种是为了保证框架主梁的安全性（次梁端部的弯矩转化为主梁上的扭矩时对结构也许很不利），以开裂为代价，次梁始末梁端部点铰，这种牺牲结构"裂缝"一般是有必要的。

（2）在真实地考虑楼板的约束作用及构件自身的抗扭承载能力时，如果不出现超筋，一般不点铰。如果次梁两端弯矩大，考虑各种有利因素后，出现超筋，则应点铰，是不得已而为之，因为安全性比裂缝更重要。

（3）在初步设计时，一般不应点铰，应真实地考虑构件与构件之间的变形协调关系及楼板的有利约束作用。在画施工图时，当次梁端部弯矩较大，且没有点铰时，可适当放大次梁的底筋，作为规范中对抗扭承载力计算公式的一个余量，这种考虑或许是有必要的，因为主梁开裂后，抗扭刚度降低很多。

7.101　宽扁梁一定要做很宽吗？

答：现在，由于建筑方面的要求，梁的高度常须做得较小，不少工程中出现了扁梁，其特点是梁宽比梁高大得多，如截面 1000mm×600mm，此种截面，导致梁的自重很大，楼板的混凝土折合厚度增加，结构自重也明显增加，而且还会带来梁柱节点区的构造问题。实际上在大多数情况下，梁的宽度无需如此之大。有些设计担心梁设计减小后，刚度将不够，因而以加大宽度来弥补。实际上现浇 T 形梁的刚度，主要依靠翼缘、梁腹的宽度，梁宽对刚度影响不大。对于一般高层建筑，钢筋混凝土现浇 T 形梁的高度，如取跨度的 1/15～1/18，刚度不至于有问题。在荷载和跨度不太大的情况下，宽度取 400～600mm 已足够，一般不会超过柱截面宽度。梁的截面满足规范，则不必人为地将梁的宽度过分加大。

7.102　当梁下部有悬臂板时，对于这种梁下部均布荷载的情况，是否要设置附加抗剪横向钢筋？如何设置？

答：当梁下部有悬挑跨度比较大的悬挑板时，梁中的箍筋不作用横向附加抗剪钢筋考虑，而应设置单独的附加竖向钢筋来承担剪力。通常在施工图的设计文件中都会有明确的要求。梁中的箍筋仅考虑承担扭矩和剪力，而不包括承担梁下部均布荷载作用下产生的剪力。根据现行国家标准《混凝土结构设计规范》GB 50010—2010，在梁下部作用有均布荷载时，用附加悬吊钢筋来承担梁下部的均布荷载产生的剪力。其做法与深梁下边缘作用有均布荷载时设置附加筋相同。当悬挑板的跨度比较小时，通常不设置吊筋；而当悬挑板跨度比较大时，必须设置附加竖向吊筋，一般当悬挑长度大于 1200mm 时应附加吊筋。

（1）当梁下部有跨度比较大的悬挑板时，应按施工图设计文件要求沿梁跨度方向通长设置吊筋，吊筋应伸入梁和板中锚固（图 7-9）。

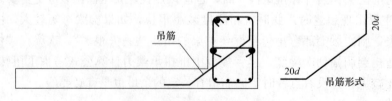

图 7-9　梁下部悬挑板配置吊筋

（2）吊筋伸入梁和板内后的锚固长度，不应小于 $20d$，d 为吊筋直径。

柱

7.103 柱截面尺寸如何初步估算？

答：柱网不是很大时，一般每 10 层柱截面按 $0.3\sim0.4m^2$ 取。并满足《建筑抗震设计规范》GB 50011—2010 第 6.3.5 条：柱的截面尺寸，宜符合下列各项要求：截面的宽度和高度，四级或不超过 2 层时不宜小于 300mm，一、二、三级且超过 2 层时不宜小于400mm；圆柱的直径，四级或不超过 2 层时不宜小于 350mm，一、二、三级且超过 2 层时不宜小于 450mm。

7.104 柱纵筋该如何设置？

答："高规" 6.4.4-2：截面尺寸大于 400mm 的柱，一、二、三级抗震设计时其纵向钢筋间距不宜大于 200mm；抗震等级为四级和非抗震设计时，柱纵向钢筋间距不宜大于300mm；柱纵向钢筋净距均不应小于 50mm。

"抗规" 6.3.7-1：柱的钢筋配置，应符合下列各项要求：

1 柱纵向受力钢筋的最小总配筋率应按表 7-16 采用，同时每一侧配筋率不应小于0.2%；对建造于Ⅳ类场地且较高的高层建筑，最小总配筋率应增加 0.1%。

柱截面纵向钢筋的最小总配筋率（百分率）　　表 7-16

类　　别	抗震等级			
	一	二	三	四
中柱和边柱	0.9 (1.0)	0.7 (0.8)	0.6 (0.7)	0.5 (0.6)
角柱、框支柱	1.1	0.9	0.8	0.7

注：1. 表中括号内数值用于框架结构的柱；
2. 钢筋强度标准值小于 400MPa 时，表中数值应增加 0.1，钢筋强度标准值为 400MPa 时，表中数值应增加0.05；
3. 混凝土强度等级高于 C60 时，上述数值应相应增加 0.1。

"抗规" 6.3.8：

3 柱总配筋率不应大于 5%；剪跨比不大于 2 的一级框架的柱，每侧纵向钢筋配筋率不宜大于 1.2%。

4 边柱、角柱及抗震墙端柱在小偏心受拉时，柱内纵筋总截面面积应比计算值增加25%。

7.105 柱箍筋如何设置？

答："抗规" 6.3.7-2：柱箍筋在规定的范围内应加密，加密区的箍筋间距和直径，应符合下列要求：

1 一般情况下，箍筋的最大间距和最小直径，应按表 7-17 采用。

抗震等级	箍筋最大间距（采用较小值，mm）	箍筋最小直径（mm）
一	6d，100	10
二	8d，100	8
三	8d，150（柱根100）	8
四	8d，150（柱根100）	6（柱根8）

注：1. d 为柱纵筋最小直径。
   2. 柱根指底层柱下端箍筋加密区。

2 一级框架柱的箍筋直径大于 12mm 且箍筋肢距不大于 150mm 及二级框架柱的箍筋直径不小于 10mm 且箍筋肢距不大于 200mm 时，除底层柱下端外，最大间距应允许采用 150mm；三级框架柱的截面尺寸不大于 400mm 时，箍筋最小直径应允许采用 6mm；四级框架柱剪跨比不大于 2 时，箍筋直径不应小于 8mm。

3 框支柱和剪跨比不大于 2 的框架柱，箍筋间距不应大于 100mm。

"抗规" 6.3.9-1：柱的箍筋加密范围，应按下列规定采用：

1 柱端，取截面高度（圆柱直径）、柱净高的 1/6 和 500mm 三者的最大值；

2 底层柱的下端不小于柱净高的 1/3；

3 刚性地面上下各 500mm；

4 剪跨比不大于 2 的柱，因设置填充墙等形成的柱净高与柱截面高度之比不大于 4 的柱、框支柱、一级和二级框架的角柱，取全高。

"抗规" 6.3.9-2：柱箍筋加密区的箍筋肢距，一级不宜大于 200mm，二、三级不宜大于 250mm，四级不宜大于 300mm。至少每隔一根纵向钢筋宜在两个方向有箍筋或拉筋约束；采用拉筋复合箍时，拉筋宜紧靠纵向钢筋并钩住箍筋。

"抗规" 6.3.9-4：柱箍筋非加密区的箍筋配置，应符合下列要求：

1）柱箍筋非加密区的体积配箍率不宜小于加密的 50%。

2）箍筋间距，一、二级框架柱不应大于 10 倍纵向钢筋直径，三、四级框架柱不应大于 15 倍纵向钢筋直径。

"抗规" 6.3.9-3：柱箍筋加密区的体积配箍率，应按下列规定采用：

1）柱箍筋加密区的体积配箍率应符合下式要求：

$$\rho_v \geqslant \lambda_v f_c / f_{yv} \tag{7-2}$$

式中 ρ_v——柱箍筋加密区的体积配箍率，一级不应小于 0.8%，二级不应小于 0.6%，三、四级不应小于 0.4%；计算复合螺旋箍的体积配箍率时，其非螺旋箍的箍筋体积应乘以折减系数 0.8；

f_c——混凝土轴心抗压强度设计值，强度等级低于 C35 时，应按 C35 计算；

f_{yv}——箍筋或拉筋抗拉强度设计值；

λ_v——最小配箍特征值。

2）框支柱宜采用复合螺旋箍或井字复合箍，其最小配箍特征值应比表 6.3.9 内数值增加 0.02，且体积配箍率不应小于 1.5%。

3）剪跨比不大于 2 的柱宜采用复合螺旋箍或井字复合箍，其体积配箍率不应小于 1.2%，9 度一级时不应小于 1.5%。

7.106　有关梁上柱、墙上柱与框支柱？

答：梁上柱 LZ（一般为非转换层的框架柱）是指支承在楼层梁上的柱，它非生根于"基础"。生根于基础梁上的柱不能称梁上柱，因为基础梁是基础而非楼层梁。由于建筑功能的需要，楼层某些部位下层无柱，而在上一层又需设柱，柱只能从下层的梁上生根。支承梁上柱的梁（框架梁或非框架梁），俗称"托柱梁"，现在无此叫法，梁代号仍然为 KL 或 L。由于梁上起柱产生集中荷载，故在梁上柱位置布置吊筋。梁上柱是因局部建筑功能的变化调整而设置的柱，与下层柱是不贯通的。构造柱也生根于梁，但它不属于梁上柱，不管是否与下层贯通。梁上柱按框架柱设计，其构造按框架柱。托柱梁应具有较大刚度，使梁上柱柱端受到较强的弹性固定约束。

墙上柱 QZ（一般为非转换层的框架柱）是指嵌固在墙上的柱。由于建筑功能的需要，下层有墙无柱，而上层无墙设柱，从墙上起柱，这种柱为墙上柱。墙上柱的构造有两种，一种是与墙重叠一层，即柱插筋伸入下层墙底。第二种是柱纵筋锚固在墙顶。柱截面通常大于墙宽，前者通过柱箍约束，其中剪力墙相当于芯柱之芯；第二种通过设置垂直于墙的平面梁提供固定约束。墙上柱按框架柱设计，其构造按框架柱。

梁上柱和柱纵筋锚固在墙顶的墙上柱，梁和墙体平面外方向应设梁，以平衡柱脚在该方向的弯矩。当柱宽度大于梁宽，梁设水平加腋。

墙上起约束边缘构件（暗柱），是指下层为墙，上层为边缘构件。边缘构件锚入剪力墙内。如地下室外墙为剪力墙，一层开始无外墙或有局部外墙，但有边缘构件，此时，边缘构件锚入地下室外墙。由于地下室墙有足够的承载力，所以，边缘构件不插入基础。其他楼层位置也可设置墙上柱，不限于地下室外墙起柱。

框支柱 KZZ 是指因建筑功能要求，下面为大空间，上部为住宅。上部部分竖向构件（一般为墙或边缘构件）不能与下层竖向构件直接连续贯通，而是通过水平转换结构把荷载传递给下部竖向构件。当布置的转换梁支承上部的剪力墙的时候，转换梁叫框支梁，支撑框支梁的柱子就叫作框支柱。墙上柱向下重叠一层，框支柱则与墙重合部分向上伸出一层。如果说梁上柱是局部的（不构成带转换层的建筑结构），那么，框支柱往往是整层的，当然，也有局部设置框支柱的情况，不可一概而论。

其他结构类型

7.107　大底盘多塔结构的特点及设计时应注意的问题？

（1）多塔结构有三个主要特征：①裙房上部有多栋塔楼，如只有一栋塔楼是单塔结构，不是多塔结构；②地上应有裙房。如多个塔楼仅通过地下室连为一体，没有裙房，不是严格意义上的多塔结构，但可以参考多塔结构的计算分析方法；③裙房应较大，可以将各塔楼连为一体，如仅有局部小裙房但不连为一体，也不是多塔结构。

（2）多塔结构在底盘上一层的平面布置有剧烈变化，上部结构突然改进，属于竖向不规则结构；塔楼与底盘的结合部位结构竖向刚度和承载力发生突变，容易形成薄弱部位；多个塔楼相互作用，使结构振型复杂，如结构布置不当，扭转振动反应及高阶振型影响会加剧。大量震害实例说明，塔楼与大底盘结合部位及其上、下一层的构件在地震中破坏严重。

（3）多塔结构振型复杂，且高阶振型对结构内力的影响较大，当各塔楼质量和刚度分布不均匀时，结构扭转振动反应较大，因此各塔楼的楼层数、平面布局、竖向刚度及结构类型宜接近。

（4）多塔对底盘宜对称布置，塔楼群体质心宜接近大底盘的质心，塔楼与底盘质心的距离不宜大于底盘相应边长的20%，以减少塔楼偏置对底盘的扭转效应。

（5）抗震设计时，转换层宜设置在底盘楼层范围内，不宜设置在底盘以上的塔楼内，以避免高位转换形成的结构薄弱部位。

（6）为保证大底盘与塔楼的整体性，底盘顶板应加厚，不宜小于150mm，板面负弯矩钢筋宜贯通并应加强配筋构造措施；通常底盘屋面上、下一层的楼板也应加强构造措施。

（7）抗震设计时，与主楼相连的裙房抗震等级除符合自身设计要求外，相关范围不应低于主楼的抗震等级。抗震等级的确定具体可见朱炳寅编著的《建筑结构设计问答及分析》（第二版）。裙房为纯框架、主楼为剪力墙结构且连为整体时，主楼按剪力墙结构确定抗震等级，裙楼框架的抗震等级除按自身条件外，尚不应低于主楼剪力墙的抗震等级。当主楼为部分框支剪力墙结构时，框支框架按部分框支剪力墙结构确定抗震等级，裙楼可按框架-剪力墙结构确定抗震等级，若低于主楼框支框架的框支等级，则与框支框架直接相连的非框支框架应适当加强抗震构造措施。

（8）抗震设计时，多塔楼之间裙房连接体的屋面梁应予加强，各塔楼中与裙房连接部位的外围柱、剪力墙，从固定端至裙房屋面上一层的高度范围内应特别加强，既柱纵向钢筋的最小配筋率宜适当提高，柱箍筋在裙楼屋面上、下层范围内全高加密，剪力墙宜按规范的有关规定设置约束边缘构件。

（9）多塔结构的基础设计，可通过计算确定是否需要设置沉降缝和后浇带，或采取变刚度调平技术，使主楼与裙房的地基基础有不同的竖向承载力，减少差异沉降及其影响。

（10）对于多塔小底盘结构，45°线有可能交于底盘范围之外，就不必再切分，保留原有底盘即可。对于裙房层数较多的多塔结构，不宜再进行高位切分，仅去掉其他塔即可。采用切分多塔结构的离散模型，是不得已而为之的方法，但并不是最理想的分析方式，因其忽略了多塔通过底盘的相互影响。在各塔楼体系不一致，或塔楼层数、质量刚度相差很大，或塔楼布置不规则不对称，塔楼间的相互影响不能忽略时，应考虑采用其他补充计算分析方法，如弹性动力时程分析、弹塑性分析等。

《上海规程》第6.1.19条中条文说明：如遇到较大面积地下室而上部塔楼面积较小的情况，在计算地下室相对刚度时，只能考虑塔楼及其周围的抗侧力构件的贡献，塔楼周围的范围可以在两个水平方向分别取地下室层高的2倍左右。在各塔楼周边引45°线一直伸到地下室底板，45°线范围内的竖向构件作为与上部结构共同作用的构件。45°线剖分法，嵌固于基础顶面（如筏板处），截取单塔计算周期比、塔楼位移比及塔楼配筋。

（11）用PKPM进行大底盘多塔结构设计时，点击【SATWE/接PM生成SATWE数据/多塔结构补充定义/多塔平面/多塔定义】，用围区方式依次指定各个塔楼的范围，输入各塔楼的起始层号、终止层号和塔号，应注意将最高的塔命名为一号塔，次高的塔命名为二号塔，以此类推。对于一个复杂工程，多塔结构的立面变化较大，可多次进行【多塔定义】，直到完成整个结构的多塔定义。

带缝多塔结构，缝隙通常很窄，缝隙面不是迎风面，缝隙两边墙的风荷载很小，对该类结构还应执行【遮挡定义】，根据程序提示输入起始层号、终止层号和遮挡边总数，并用围区方式将缝两边的墙选中，使该墙成为风荷载遮挡边，其风荷载体型系数执行【设缝多塔背风面体型系数】中设定的值。

多塔定义时，围区线必须准确从塔之间的空隙通过，不允许将一个构件定义在两个塔内，或某个构件不属于任何塔，或塔内不包含任何构件，否则采用总刚分析时容易出错，可以执行【多塔检查】。

多塔参数设置时，结构体系应定义为"复杂高层结构"。多塔结构的各个塔楼可以有不同的楼层层高，不同的构件抗震等级、不同的混凝土等级和钢构件钢号，可在【特殊构件补充定义】中分别设定。

7.108 连体结构设计时应注意的一些问题？

答：由于连体部分的存在，使与其连接的两个塔不能独立自由振动，每个塔的振动都要受另一个塔的约束。两个塔可以同向平动，也可相向振动。而对于连体结构，相向振动是最不利的。连体结构由于要协调两个塔的内力和变形，因此受力复杂，连体部分跨度都比较大，除要承受水平地震作用所产生的较大内力外，竖向地震作用的影响也较明显。

1. 规范规定

"高规"5.1.13：抗震设计时，B级高度的高层建筑结构、混合结构和本规程第10章规定的复杂高层建筑结构，尚应符合下列规定：（1）宜考虑平扭耦联计算结构的扭转效应，振型数不应小于15，对多塔楼结构的振型数不应小于塔楼数的9倍，且计算振型数应使各振型参与质量之和不小于总质量的90%；（2）应采用弹性时程分析法进行补充计算；（3）宜采用弹塑性静力或弹塑性动力分析方法补充计算。

"高规"10.5：

> 10.5.1 连体结构各独立部分宜有相同或相近的体型、平面布置和刚度；宜采用双轴对称的平面形式。7度、8度抗震设计时，层数和刚度相差悬殊的建筑不宜采用连体结构。
>
> 10.5.2 7度（0.15g）和8度抗震设计时，连体结构的连接体应考虑竖向地震的影响。
>
> 10.5.3 6度和7度（0.10g）抗震设计时，高位连体结构的连接体宜考虑竖向地震的影响。
>
> 10.5.4 连接体结构与主体结构宜采用刚性连接。刚性连接时，连接体结构的主要结构构件应至少伸入主体结构一跨并可靠连接；必要时可延伸至主体部分的内筒，并与内筒可靠连接。当连接体结构与主体结构采用滑动连接时，支座滑移量应能满足两个方向在罕遇地震作用下的位移要求，并应采取防坠落、撞击措施。罕遇地震作用下的位移要求，应采用时程分析方法进行计算复核。

10.5.5 刚性连接的连接体结构可设置钢梁、钢桁架、型钢混凝土梁，型钢应伸入主体结构至少一跨并可靠锚固。连接体结构的边梁截面宜加大；楼板厚度不宜小于150mm，宜采用双层双向钢筋网，每层每方向钢筋网的配筋率不宜小于0.25％。

当连接体结构包含多个楼层时，应特别加强其最下面一个楼层及顶层的构造设计。

10.5.6 抗震设计时，连接体及与连接体相连的结构构件应符合下列要求：（1）连接体及与连接体相连的结构构件在连接体高度范围及其上、下层，抗震等级应提高一级采用，一级提高至特一级，但抗震等级已经为特一级时应允许不再提高；（2）与连接体相连的框架柱在连接体高度范围及其上、下层，箍筋应全柱段加密配置，轴压比限值应按其他楼层框架柱的数值减小0.05采用；（3）与连接体相连的剪力墙在连接体高度范围及其上、下层应设置约束边缘构件。

10.5.7 连体结构的计算应符合下列规定：（1）刚性连接的连接体楼板应按本规程第10.2.24条进行受剪截面和承载力验算；（2）刚性连接的连接体楼板较薄弱时，宜补充分塔楼模型计算分析。

2. 连体结构连接方式

（1）强连接

当连接体有足够的刚度，足以协调两塔之间的内力和变形时，可设计成强连接形式。强连接又可分为刚接或铰接，但无论采用哪种形式，对于连体而言，由于它要负担起结构整体内力和变形协调的功能，因此它的受力非常复杂。在大震下连接体与各塔楼连接处的混凝土剪力墙往往容易开裂，在设计时应加强。当采用强连接时，连体结构的扭转效应更明显一些，这是因为连体部分的存在，使与其相连的两个塔不能独立自由振动，每一个塔的振动都要受另一个塔的约束。两个塔可以同向平动，也可以相向振动。

（2）弱连接

当连接体刚度比较弱，不足以协调两塔之间的内力和变形时，可设计成弱连接。弱连接可以做成一端与结构铰接，另一端为滑动支座，或两端均为滑动支座。对于这种结构形式，由于两塔可以相对独立运动，不需要通过连体部分进行内力和变形协调，因此连接体受力较小，结构整体计算时可不考虑连接体的作用而按多塔计算。弱连接形式的设计重点在于滑动支座的做法，还要计算滑动支座的滑移量以避免两塔体相对运动较大时连接体塌落或相向运动时连接体与塔楼主体发生碰撞。

3. 连体结构连接方式的要求

（1）强连接形式的计算要求

应采用至少两个不同力学模型的三维空间分析软件进行整体内力、位移计算；抗震计算时应考虑偶然偏心和双向地震作用，程序自动取最不利计算，阵型数要取得足够多，以保证有效参与系数不小于90％；应采用弹性动力时程分析、弹塑性静力或动力分析法验算薄弱层塑性变形，并找出结构构件的薄弱部位，做到大震下结构不倒塌；由于连体结构的跨度大，相对于结构的其他部分而言，其连体部分的刚度比较弱，应注意控制连体部分各点的竖向位移，以满足舒适度的要求；8度抗震设计时，连体结构的连接体应考虑竖向地震的影响；连体结构属于竖向不规则结构，应把连体结构所在层指定为薄弱层；连体结构中连接部分楼板狭长，在外力作用下易产生平面内变形，应将连接处的楼板设为为"弹性膜"；"高规"10.5.6条规定：连接体及与连接体相连的结构构件在连接体高度范围及其上、下层，抗震等级应提高一级采用，一级提高至特一级，但抗震等级已经为特一级时应允许不再提高；可以在"特殊构件补充定义"中人为指定；连体结构中的连接部分宜进行中震弹性或中震不屈服验算；连体结构内侧和外侧墙体在罕遇地震作用下受拉破坏严重，出现多条受拉裂缝，宜适当提高剪力墙竖向分布筋的配筋率和端部约束边缘构件的配筋面积，以增强剪力墙抗拉承载力。

（2）弱连接形式的计算要求

弱连接形式的计算要求除了强连接的那些要求外，连体与支座应有十分可靠的连接，要保证连接部位在大震作用下的锚固螺栓不松动、变形以致拔出，在设计时应用大震作用下的内力作为拔拉力。

7.109 倾覆力矩比对房屋高度的影响？

答：地震倾覆力矩比（M_f/M_o，其中 M_f 为在规定的水平力作用下，结构底层框架部分承受地震倾覆力矩，M_o 为结构底部总地震倾覆力矩）对房屋高度的影响见表7-18。

倾覆力矩比对房屋高度的影响　　表 7-18

地震倾覆力矩比	最大使用高度	备　注
$M_f/M_o \leqslant 10\%$	按抗震墙结构确定	属于少量框架的抗震墙结构
$10\% < M_f/M_o \leqslant 50\%$	按框架-抗震墙结构确定	属于框架-抗震墙结构
$50\% < M_f/M_o \leqslant 80\%$	比框架结构适当增加，倾覆力矩比在框架结构和框架-抗震墙结构两者的最大适用高度之间内插确定	属于少量抗震墙的框架结构
$M_f/M_o > 80\%$	按框架结构确定	属于抗震墙很少的框架结构

7.110 少量框架柱的剪力墙结构该如何设计？

1. 结构体系没有变化，仍是剪力墙结构。

2. 剪力墙的抗震等级按纯剪力墙结构确定；框架柱的抗震等级可不低于剪力墙，或按框架-剪力墙结构确定（柱数量少，加强的量有限）。

3. 结构分析分两步（剪力墙及框架的抗震等级按上述2确定）。（1）对框架柱按特殊构件处理，不考虑框架柱的抗侧作用（EI 充小数或直接将框架柱两端点成铰接），框架柱只承担竖向荷载（EA 取实际值）；（2）按框架-剪力墙结构计算。按上述两步计算的大值包络设计，即墙的配筋主要参考（1），框架柱的配筋主要参考（2）。框架柱不可能形成两道防线，但可以对框架柱按 $0.2Q_o$ 调整设计。

7.111 有少量剪力墙的框架结构该如何设计？

答：（1）当框架部分承受的地震倾覆力矩大于结构总地震倾覆力矩的80％时，可以认为属于"少量剪力墙的框架结构"，设置少量剪力墙的根本目的一般在于满足在多遇地震作用下规范对框架结构的弹性层间位移限值（1/550）要求。用的只是剪力墙的弹性刚度（即只与 EI 有关，而与结构开裂以后的弹塑性刚度没有关系，所以，可不关注剪力墙及连梁的超筋问题），少量的剪力墙（由于墙的数量太少）并没有像框架-剪力墙结构中的剪力墙那样，起到一道防线的作用，所以对少量剪力墙中的剪力墙设计应有别于框架-剪力墙结构中的剪力墙。

（2）对少量剪力墙的框架的设计时，应与施工图审查单位多沟通，以利于施工图的审查和通过。

（3）与小短墙重合的那跨框架梁，有时候 PKPM 里怎么调都是超筋，可再按纯框架进行计算，确认该跨梁不超筋后，对该跨梁按超筋连梁的强剪弱弯要求的设计。小短墙的那跨的框架梁可以跟其他跨的梁的截面都一样。

（4）在实际设计中，为了满足结构设计的需要，需要在部分电梯和楼梯部位加少量的剪力墙，主要是满足结构的动力特性，扭转和位移限值等要求。事实上由于新抗震规范对于楼梯抗震设计的要求，应将梯井做成筒以提高其安全性。

（5）结构计算

① 按框架-剪力墙结构计算；

② 按纯框架结构（取消剪力墙）计算；

③ 按纯框架结构（取消剪力墙）验算框架结构在罕遇地震下的弹塑性位移并满足规范的要求；

（6）结构的位移及结构的规则性判断按上述计算①确定；

（7）框架设计

① 框架部分的抗震等级和轴压比限值应按框架结构的规定采用；

② 按上述（1）、（2）进行框架的包络设计；

（8）剪力墙设计

① 剪力墙的抗震等级可取四级；

② 剪力墙可构造配筋；

③ 对剪力墙基础应按上述计算（1）、（2）进行包络设计

剪力墙的抗震等级可取四级；剪力墙可构造配筋；对剪力墙基础应按上述计算①按框架-剪力墙结构计算、②按纯框架结构（取消剪力墙）计算进行包络设计。

7.112　少量剪力墙的框架结构中剪力墙抗震等级怎么确定？

答：若框架部分承受的地震倾覆力矩大于结构总倾覆力矩的50%，框架部分应按框架结构确定抗震等级，剪力墙不宜按框-剪结构确定抗震墙的抗震等级。比如高度≤30m 的框架-剪力墙结构，框架部分承受的地震倾覆力矩大于结构总地震倾覆力矩的50%，8度设防，按框架结构框架为二级，而按框-剪结构，剪力墙抗震等级为一级，则承担地震倾覆力矩较少的剪力墙抗震等级反而定位一级，高于框架的抗震等级，显然不合适。在实际工程中，剪力墙的抗震等级可以确定为三级或四级。

7.113　部分框支剪力墙结构中剪力墙加强部位以上的一般部位抗震墙的抗震等级怎么确定？

答：部分框支剪力墙结构中剪力墙加强部位以上的一般部位，应按剪力墙结构中的剪力墙确定其抗震等级。

7.114　仅在地下室结构连成一大片，地上有若干栋建筑，要不要按大底盘多塔计算？

答：现在各地常用地上多栋建筑设置防震缝或伸缩缝分开，各栋地下室有一层或多层

与无地上建筑的地下车库不设永久缝连成整体，有的宽度或长度达 200m 以上，此类仅地下相连而地上分开的工程，不作为大底盘多塔楼考虑，按地上单栋建筑结构进行有关设计计算，地下室按从属范围（地上建筑范围，由于地下一层顶作为上部结构嵌固部位在地下室上部建筑范围以外在一定范围内不再有剪力墙）作为该建筑结构的地下部分，无地上建筑的地下室结构可另行独立计算。

当地面以上有裙房与单栋或多栋连成一体，不设置防震缝或伸缩缝分开，无论裙房层数是单层还是多层，应按大底盘进行设计计算。

轻型门式刚架

7.115 "门式刚架轻型房屋钢结构"其适用范围？

答："门式刚架轻型房屋钢结构"其适用范围见《门式刚架轻型房屋钢结构技术规范》CECS 102：2012 第 1.0.2 条：本规程适用于主要承重结构为单跨或多跨实腹门式刚架、具有轻型屋盖和轻型外墙、无桥式吊车或有起重量不大于 20t 的 A1～A5 工作级别桥式吊车或 3t 悬挂式起重机的单层房屋钢结构的设计、制作和安装。门式刚架轻型房屋的外墙亦可采用砌体，此时应符合本规程第 4.4.3 条的规定。本规程不适用于强侵蚀介质环境中的房屋。

吊车的工作制分轻、中、重级与特重级，主要考虑吊车的使用频率，一般重级工作制是指只要车间工作就必须频繁用吊车，要进行疲劳验算。轻级为很少使用，只有在检修或偶尔使用。中级为界于两者之间。所以一般情况下，中级工作制较多，主要看工艺情况，工作级别与起重量没关系，即起重量很小的吊车的工作级别可能会很大。A1～A3 一般为轻级，如安装，维修用的电动梁式吊车，手动梁式吊车。A4、A5 为中级，如机械加工车间用的软钩桥式吊车。A6、A7 为重级，如繁重工作车间软钩桥式吊车。A8 为特重级，如冶金用桥式吊车、连续工作的电磁、抓斗桥式吊。

7.116 当门式刚架吊车吨位超过 20t 时应注意哪些问题？

答：当门式刚架吊车吨位超过 20t 时，应注意以下几点：第一，对于吊车吨位超过 20t 的单层钢结构厂房，已经超出了"门规"的适用范围，应该按照"钢规"来进行设计与控制，如：长细比、局部稳定、挠度、柱顶位移等控制指标，其中长细比、挠度、柱顶位移控制指标在参数输入中的设计控制参数中可以按照"钢规"进行人为指定，局部稳定程序会根据指定的构件验算规范按对应规范自动进行控制。第二，屋面斜梁建议采用"门规"验算。第三，结构类型应选择"单层钢结构厂房"。第四，对于柱的计算长度系数，程序默认按照总参数中选定的验算规范进行确定，对于吊车作用柱，如果上下柱段采用相同截面（非阶形柱），且梁柱连接采用刚接，建议柱计算长度按"门规"确定；如果上下柱段采用变截面的阶形柱，计算长度系数的确定，建议按"钢规"确定。采用哪种规范，背后还是主次之分，当门式刚架吊车吨位超过 20t 时，主要指标应采用"钢规"，次要指标按"门规"。受力很大的构件用"钢规"，受力较小且变化不大的用"门规"。

7.117 钢材分类有哪些?

答：1. 碳素结构钢

碳素结构钢分为三个牌号，即 Q195、Q235 和 Q275，Q 代表钢材屈服强度的字母，其后数值表示屈服强度大小。Q235 和 Q275 两个牌号依次又分为 A、B、C、D 四种不同质量等级，A 级最差，D 级最好。

A、B 级按脱氧方法可分为沸腾钢（F），半镇静钢（B）或镇静钢（Z），C 级钢为镇静钢，D 级钢为特殊镇静钢（TZ），Z 和 TZ 在牌号中省略不写。工程设计中，普通工程的隔撑、系杆（圆钢或圆管）、撑杆（圆钢，电焊管组合）、屋面水平支撑、柱间支撑常用 Q235B，拉条（直拉条、斜拉条）常用 HPB300（钢筋）。Q235B 钢比 Q345B 钢塑性性能好，如果不是强度控制，一般优先用 Q235B 钢。

注：HPB300 表示钢筋的强度等级，一级热轧光圆钢筋，屈服强度标准值为 $300N/mm^2$，是用 Q235 碳素结构钢轧制而成的光圆钢筋；Q235B 是钢材的牌号，B 为质量等级，屈服强度标准值为 $235N/mm^2$，可制成钢板、圆钢等。

2. 低合金高强度结构钢

这是一类可焊接的低碳工程结构用钢。其含碳量通常小于 0.25%，比普通碳素结构钢有较高的屈服点或屈服强度和屈强比，较好的冷热加工成型性，良好的焊接性，较低的冷脆倾向、缺口和时效敏感性，以及有较好的抗大气、海水等腐蚀能力。可明显提高钢材强度，使钢结构强度、刚度、稳定性三个控制指标均能充分而满足，尤其在跨度或重荷结构中优点更为突出，一般比普通碳素钢节省钢材 20% 左右，价格要贵。

低合金钢牌号有 Q295、Q345、Q345GJ、Q390、Q420、Q460 六种，其中 Q390 和 Q420 各有 A、B、C、D、E 五个质量等级，Q295 只有 A、B 两个质量等级。工程设计中，普通工程的檩条、钢柱、钢梁、连接板等优先用 Q345B 钢（一般强度控制）。

7.118 选用钢材有哪几种?

答：1. H 型钢

（1）轧制 H 型钢优点

翼缘宽度大，提高弱轴方向的承载力。采用普通螺栓或高强螺栓连接时，一般不用做特殊构造处理（工字钢应设置附加斜垫圈），上下平行翼缘的板便于连接构造；轧制 H 型钢由于没有焊接与焊接变形过程，质量会高于同钢号的 H 型钢且价格便宜。

（2）H 型钢分类

轧制 H 型钢按钢号分类，有低碳结构钢 Q235 钢、低合金钢 Q345 钢和 Q390 钢，轧制 H 型钢及其特点如表 7-19 所示。

H 型钢其特点 表 7-19

型　号	特　点
宽翼缘（HW）	1. 翼缘较宽，截面宽高比为 1：1； 2. 弱轴回转半径相对较大； 3. 规格 100mm×100mm～400mm×400mm
中翼缘（HM）	1. 截面宽高比：1：1.3～1：2； 2. 规格 150mm×100mm～600mm×300mm

型号	特点
窄翼缘（HN）	1. 截面宽高比：1∶2～1∶3； 2. 截面高 100～900mm

注：1. 工字型钢不论是普通型还是轻型的，由于截面尺寸均相对较高、较窄，故对截面两个主袖的惯性矩相差较大，因此，一般仅能直接用于在其腹板平面内受弯的构件或将其组成格式式受力构件。对轴心受压构件或在垂直于腹板平面还有弯曲的构件均不宜采用，这就使其在应用范围上有着很大的局限。

2. H 型钢属于高效经济截面型材（其他还有冷弯薄壁型钢、压型钢板等），由于截面形状合理，它们能使钢材更高地发挥效能，提高承载能力。不同于普通工字型钢的是 H 型钢的翼缘进行了加宽，且内、外表面通常是平行的，这样可便于用高强度螺栓和其他构件连接。其尺寸构成合理，系列型号齐全，便于设计选用。

3. H 型钢的翼缘都是等厚度的，有轧制截面，也有由 3 块板焊接组成的组合截面。工字钢都是轧制截面，由于生产工艺差，翼缘内边有 1∶10 坡度。H 型钢的轧制不同于普通工字钢仅用一套水平轧辊，由于其翼缘较宽且无斜度（或斜度很小），故须增设一组立式轧辊同时进行辊轧，因此，其轧制工艺和设备都比普通轧机复杂。国内可生产的最大轧制 H 型钢高度为 800mm，超过了只能是焊接组合截面。

4. 轧制 H 型钢适于批量生产，且材质性质比较均匀；焊接 H 型钢，截面较为灵活，但焊接质量存在波动。

2. 角钢

角钢可以分为等边角钢和不等边角钢，可以单独受力也可以作为受力连接构件。等肢角钢以肢宽和肢厚表示，如∟ 90×6 表示肢宽 90mm，肢厚 6mm 的等边角钢。不等边角钢是以两肢的宽度和肢厚表示，如∟ 80×50×7 表示长肢宽 80mm，短肢宽 50mm，肢厚 7mm 的不等边角钢。我国目前生产的最大等边角钢的肢宽度为 200mm，最大不等边角钢两个肢宽分别为 200mm 和 125mm。角钢的长度一般为 4～19m。

目前国产角钢规格为 2～20 号，以边长的厘米数为号数，同一号角钢常有 2～7 种不同的边厚。进口角钢标明两边的实际尺寸及边厚并注明相关标准。一般边长 12.5cm 以上的为大型角钢，12.5～5cm 之间的为中型角钢，边长 5cm 以下的为小型角钢。

在钢结构的受力构件及其连接中，不宜采用：截面小于∟ 45×4 或∟ 56×36×4 的角钢（对焊接结构），或截面小于∟ 50×5 的角钢（对螺栓连接或铆钉连接结构）。对于轻型门式钢架，隔撑最小可以取∟ 50×4、∟ 50×5。有吊车时，屋面支撑有时用双角钢，比如 2∟ 63×5，柱间支撑一般可用双角钢（柱距较大），如 2∟ 90×6，柱距较小时，可用单角钢，如∟ 90×8，∟ 100×63×6 等，在设计时，均应满足计算与构造要求。

角钢的尺寸有：∟ 50×5、∟ 50×6、∟ 56×5、∟ 56×6、∟ 56×8、∟ 63×40×4、∟ 63×5、∟ 63×6、∟ 70×5、∟ 70×6、∟ 75×5、∟ 75×6、∟ 75×8、∟ 80×5、∟ 80×6、∟ 80×7、∟ 90×6、∟ 90×8、∟ 90×10、∟ 90×56×6、∟ 100×7、∟ 100×10、∟ 100×16、∟ 110×8、∟ 125×10 等。

3. 工字钢

主要用于其腹板平面内受弯的构件，但由于工字钢两个主轴方向的惯性矩和回转半径相差较大，不宜单独用作轴心受压构件或承受斜弯曲和双向弯曲的构件。

普通工字钢用号数表示，号数即为其截面高度的厘米数，20 号以上的工字钢，同一号数有三种腹板厚度，分别为 a、b、c 三类，a 类腹板最薄、翼缘最窄，b 类较厚较宽，c 类最厚最宽。普通工字钢的最大号数为 I63。轻型工字钢的通常长度为 5～9m。

4. 槽钢

槽钢分普通槽钢和轻型槽钢。槽钢是截面为凹槽形的长条钢材。其规格以腰高（h）×

腿宽（b）×腰厚（d）的毫米数表示，如 120×53×5，表示腰高为 120mm，腿宽为 53mm，腰厚为 5mm 的槽钢，或称 12 号槽钢。腰高相同的槽钢，如有几种不同的腿宽和腰厚也需在型号右边加 a、b、c 予以区别，如 25a 号、25b 号、25c 号等。

热轧普通槽钢的规格为 5～40 号，即相应的高度为 5～40cm。在相同的高度下，轻型槽钢比普通槽钢的腿窄、腰薄、重量轻。18～40 号为大型槽钢，5～16 号槽钢为中型槽钢（槽钢的号数可以类比钢筋的直径大小）。槽钢可以用作屋檩，如 20 号；可以用作立柱，如 2[20a（两槽钢对口焊）；可以用作门柱，如 2[16a（两槽钢对口焊）；可以用作柱间支撑，如 2[10，2[12.6。槽钢长度一般为 5～19m。

5. 钢板

在钢结构的受力构件及其连接中，一般不宜采用厚度小于 4mm 的钢板。"门规" 3.5.1-1：用于檩条和墙梁的冷弯薄壁型钢，其壁厚不宜小于 1.5mm。用于焊接主刚架构件腹板的钢板，其厚度不宜小于 4mm 当有根据时可不小于 3mm。

薄板，板厚 0.35～4mm，宽度 500～1800mm，长度为 4～6m。厚钢板，厚度 4.5～60mm（亦有将 4.5～20mm 称为中厚板，>20mm 称为厚板），宽度 700～3000mm，长度 4～12m。

在轻钢结构厂房中，一般普通连接板最小板厚 6mm，以 8mm 居多。加劲肋最小板厚 6mm 同时必须满足构造要求。梁柱端板最小板厚 16mm，同时也满足计算与构造要求。

节点设计过程中，应尽量采用与母材强度等级相同的钢板作为连接板。梁柱或梁梁拼接时，设计院里一般至少用 12mm 厚的连接板，但钢构厂一般用 16mm，防焊缝变形。同一项目中，一般不采用不同材料的连接板。连接板上的螺栓：可采用摩擦型高强螺栓、承压型高强螺栓，当受力比较小时，也可采用普通螺栓。

6. 圆钢管

按生产方法可分为无缝圆钢管和焊接圆钢管。在钢结构的受力构件及其连接中不宜采用壁厚小于 3mm 的钢管。在厂房设计中，一般常用焊接圆钢管，可以用做屋面支撑，比如 φ83×3.5（Q235B）、φ133×3.5（Q235B）；可以用做刚性系杆，如 φ121×3.0（Q235B）、φ127×3.0（Q235B）；可以与 φ12 的钢筋组成撑杆，如 φ12 和 φ32×2.0 电焊管组合（Q235B）。

常用焊接圆钢管直径如下：60、63.5、70、76、83、89、95、102、108、114、121、127、133、140、152（mm）等。

7.119 选用钢材时应注意哪些事项？

答：（1）选用工字钢、槽钢及角钢时，一般不宜选用最大型号规格，以防市场断货。

（2）轻型屋面、墙面的檩条一般应选用冷弯薄壁型钢、C 型钢，屋面坡度较大的檩条可用冷弯薄壁 Z 型钢，应避免选用热轧工字钢、槽钢。当檩条荷载比较大或跨度比较大时，可以选择斜卷边 Z 型钢。

注：斜卷边冷弯 Z 型薄壁钢檩条与传统的直角卷边 C 型檩条和直角卷边 Z 型钢檩条相比可以叠起来堆放，不占工厂和工地现场的空间、运输时体积小。最重要的是，斜卷边冷弯 Z 型薄壁钢檩条通过在上下翼缘采用不同宽度的方法，实现了檩条和檩条之间通过嵌套搭接达到多跨檩条连续的目的，从而大大地减小了檩条的下挠变形，使得檩条可以跨越更大的跨度，承担更大的荷重。

（3）在同一工程或同一构件中，同类型钢或钢板的规则种类不宜过多，一般不超过5～6种；不同型号的钢板或型钢应避免选用同一厚度或同一规格，以免混淆。

7.120　有关螺栓的分类、概念及其他基本知识点？

答：（1）连接螺栓可分为普通螺栓和高强度螺栓两大类。高强度螺栓一般作为受力螺栓使用（梁柱节点连接常用10.9级摩擦型高强螺栓；柱间支撑、屋面支撑之间的拼接连接一般采用10.9级承压型高强螺栓，直径一般在M16～M20之间，也可以采用普通螺栓＋焊接，但采用高强螺栓是趋势，质量稳定，价格趋降，避免现场焊接，减少同一项目中所采用的螺栓种类）。

普通螺栓仅作为临时安装之用（当为简支檩条时，檩条或墙梁常以材质为Q235，M12镀锌C级，性能等级为4.8级的普通螺栓将檩条或墙梁固定于檩托板上。隔撑与檩条及托板之间的螺栓一般材质也为Q235，M12镀锌C级，性能等级为4.8级的普通螺栓）

高强螺栓孔径比杆径大1.5～2.0mm，普通螺栓孔径比杆径大1.0～1.5mm。普通螺栓可分为A、B、C级，A、B级称为精致螺栓，C级称为粗制螺栓，C级一般由普通碳素钢Q235-B.F钢制成，建筑钢结构普通螺栓一般选用C级。C级普通螺栓的材料等级有4.6级、4.8级两种；A、B级普通螺栓的材料性能等级仅有8.8级一种。普通螺栓主要承受轴向拉力，用于不直接承受动力荷载和临时构件的安装连接。普通螺栓不施加预拉力。除了安装螺栓（一般是普通螺栓）外，其他螺栓（如高强螺栓）一般都是永久性螺栓。

（2）高强度螺栓分为摩擦型高强度螺栓与承压型高强度螺栓，摩擦型高强度螺栓以摩擦力刚被克服作为连接承载力的极限状态，而承压型高强度螺栓是当剪力大于摩擦阻力后，以锚栓被剪断或连接板被挤坏为承载力极限状态，其计算方法与普通螺栓一致，所以承压型高强度螺栓承载力极限值大于摩擦型高强度螺栓承载力极限值。高强度螺栓摩擦型能承受动力荷载，但连接面需要做摩擦面处理，比如喷砂后涂无机富锌漆。高强度螺栓承压型连接的连接面一般只需做防锈处理。

高强度螺栓杆件连接端及连接板表面经特殊处理后（如喷砂后涂无机富锌漆），形成粗糙面，再对高强度螺栓施加预拉力，将使紧固部件产生很大的摩擦阻力。高强度螺栓从外形上可分为大六角头高强度螺栓和扭剪型高强度螺栓，目前我国使用的大六角头高强度螺栓有8.8级和10.9级两种，高强度扭剪型螺栓只有10.9级一种。强度性能等级中整数部分的"8"或"10"表示螺栓热处理后的最低抗拉强度 f_u 为800N/mm²（实际为830N/mm²）或1000N/mm²（实际为1040N/mm²）；小数点后面的数字"0.8"或"0.9"表示螺栓经热处理后的屈强比 f_y/f_u（高强度螺栓无明显屈服点，一般 f_y 取相当于残余应变0.2％的条件屈服强度），所以，8.8级的高强度螺栓最低屈服强度 f_y 为0.8×830＝660N/mm²，10.9级的高强度螺栓最低屈服强度 f_y 为0.91×1040＝940N/mm²。

（3）扭剪型高强螺栓和大六角型高强螺栓的区别

扭剪型高强螺栓头部有一梅花头，而大六角型高强螺栓没有；扭剪型高强螺栓的尾部是圆形的，而大六角型高强螺栓是六角形；施工时，扭剪型高强螺栓使用电动工具，而大六角型高强螺栓使用扭矩扳手；确认螺栓是否已经达到预应力的方法不同，在施工时，对于扭剪型高强螺栓。只要梅花头掉落，即可认为合格，而大六角型高强螺栓则需要调节扭矩扳手的扭矩来确认。

注：在外观上，大六角型高强螺栓和普通螺栓一样，但这种螺栓现在因为施工不便一般很少用，而且容易发生漏紧。

7.121 轻型门式刚架梁高如何选取？

答：一般可取 L（$1/60\sim1/30$）。大跨度门式刚架多采用变截面 H 型钢，根据门式钢架弯矩图一般分成三段，梁柱节点和屋脊节点处梁高取 L（$1/40\sim1/30$），跨中梁高取 L（$1/60\sim1/50$）。

梁高 H 一般 $\geqslant350$mm（变截面时中间段梁高最小可取 300mm），"门规" 7.2.10 中要求门式刚架斜梁与柱相交的节点域，应验算剪应力。截面做大点，节点域面积更大一些，验算时更容易通过。

门式钢架结构中，常用的截面高度规格为（mm）：300、400、450、500、550、600、650、700、750、800、850、900、950。模数为 50mm。

7.122 轻型门式刚架钢梁翼缘宽度如何选取？

答：翼缘宽度一般 $\geqslant180$mm，原因是常用的翼缘板校正机校正最小宽度为 180mm。设计时翼缘最小宽度一般取 200mm。门式钢架中，常用的翼缘规格为（mm）：180×8、180×10、200×8、200×10、220×10、220×12、240×10、240×12、250×10、250×12、260×12、260×14、270×12、280×12、300×12、320×14、350×16 等。

7.123 轻型门式刚架钢梁翼缘厚度如何选取？

答：（1）规范规定

"门规" 6.1.1-1：工字形截面构件受压翼缘板自由外伸宽度 b 与其厚度 t 之比，不应大于 $15\sqrt{235/f_y}$，此处，f_y 为钢材屈服强度。

《钢结构设计规范》GB 50017—2003 4.3.8 条：梁受压翼缘自由外伸宽度 b 与其厚度 t 之比，应符合下式：$b/t\leqslant13\sqrt{235/f_y}$，当计算梁抗弯强度时取 $\gamma_x=1.0$ 时，b/t 可放宽至 $15\sqrt{235/f_y}$。

注：γ_x 为对主轴 X 的截面塑性发展系数。

（2）经验

对于 Q235 钢，当 $t\leqslant16$mm 时，钢材屈服强度为 235N/mm^2，外伸宽度为 1/2 翼缘宽－1/2 梁腹板厚度，按照 "门规" 6.1.1-1 条，翼缘宽厚比极限值为 15。对于 Q345 钢，当 $t\leqslant16$mm 时，钢材屈服强度为 345N/mm^2，按照 "门规" 6.1.1-1，翼缘宽厚比极限值为 13.38，当受压翼缘宽180mm 时，翼缘厚度最小值近似为 6.50mm，翼缘宽 200mm 时，翼缘厚度最小值近似为 7.25mm，翼缘宽 220m 时，翼缘厚度最小值近似为 8mm，翼缘宽240m 时，翼缘厚度最小值近似为 9mm，翼缘宽 250m 时，翼缘厚度最小值近似为 9.12mm。

对于 Q235 钢，当 $t\leqslant16$mm 时，钢材屈服强度为 235N/mm^2，外伸宽度为 1/2 翼缘宽－1/2 梁腹板厚度，按照《钢结构设计规范》GB 50017—2003 4.3.8 条，翼缘宽厚比极限值为 13。对于 Q345 钢，当 $t\leqslant16$mm 时，钢材屈服强度为 345N/mm^2，按照 "钢规" 4.3.8 条，翼缘宽厚比极限值为 10.73，当受压翼缘宽 180mm 时，翼缘厚度最小值近似为

8.10mm，翼缘宽 200mm 时，翼缘厚度最小值近似为 9.04mm，翼缘宽 220m 时，翼缘厚度最小值近似为 9.97mm，翼缘宽 240m 时，翼缘厚度最小值近似为 10.9mm，翼缘宽 250m 时，翼缘厚度最小值近似为 11.46mm。

翼缘厚度的模数一般为 2mm，宽厚比的规定和应力有一定的关系，应力比一般控制在 0.90~0.95 之间，翼缘宽厚比应满足规范要求。X 的截面塑性发展系数 γ_x 取 1.0 时（即不考虑塑性发展），普通门式钢架厂房宽厚比可放宽至 $15\sqrt{235/f_y}$。

7.124 轻型门式刚架钢梁腹板厚度如何选取？

答：（1）梁腹板厚度除了满足规范要求，一般以 6mm 居多，有时也会取到 8mm。

（2）规范

"门规" 6.1.1-1：工字形截面梁、柱构件腹板的计算高度 h_w 与其厚度 t_w 之比，不应大于 $250\sqrt{235/f_y}$，此处，f_y 为钢材屈服强度。

《钢结构设计规范》GB 50017—2003 第 4.3.2 条。

（3）经验

对于 Q235 钢，当 $t \leqslant 16mm$ 时，钢材屈服强度为 235N/mm²，腹板计算高度 h_w 为梁高-上翼缘厚度-下翼缘厚度，腹板高厚比极限值为 250。对于 Q345 钢，当 $t \leqslant 16mm$ 时，钢材屈服强度为 345N/mm²，按照 "门规" 6.1.1-1，腹板高厚比极限值为 206.25，梁高 400mm 时，腹板厚度最小值近似为 1.86mm，梁高 800mm 时，腹板厚度最小值近似为 3.80mm。在设计时，腹板厚度最小值一般取 6mm。

腹板厚度的模数一般为 2mm。对 6mm 的其高度范围一般为 300~750mm，最大可到 900mm；对 8mm 厚的腹板高度范围一般为 300~900mm，最大可到 1200mm。腹板高厚比超限，一般调厚度，也可以设置横向加劲肋（设横向加劲肋的作用提高板件的周边约束条件抵抗因剪切应力引起的腹板局部失稳，于是提高了腹板高厚比允许值，加劲肋的设置应满足《钢结构设计规范》4.3.2 条的规定），当工字形截面腹板高度变化不超过 60mm/m 时，可以考虑屈曲后强度。

7.125 钢梁如何拼接？

答：当某跨钢架为单坡时，两端一般为变截面，中间段一般为等截面。当某跨钢架为双坡时，一般三跨均为变截面。拼接时尽量在弯矩较小的部位（如跨度的 1/4~1/3）拼接。一般的型材长度 12m 左右，设定拼接长度时，也要考虑生产、运输情况，也应尽量让腹板高度变化不超过 60mm/m。当钢梁跨度比较小时（如 15m），钢梁拼接段数可以为 3 段或 2 段。

7.126 轻型门式刚架柱高如何选取？

答：门式刚架设计时，柱截面尺寸不在清楚内力的情况下，一般是参照相关图集以及类似的工程初定柱截面大小，再进行验算。一般多采用变截面构件，当有吊车时，柱多采用等截面（在牛腿处变截面）。本工程钢柱采用 H 型钢柱与双 H 型钢柱。

钢柱高度一般 ≥350mm，"门规" 7.2.10 中要求门式刚架斜梁与柱相交的节点域，应验算剪应力。截面做大点，节点域面积更大一些，验算更容易通过。

柱截面高度取柱高的 1/10～1/20。截面高度与宽度之比 h/b 可取 2～5，刚架柱为压弯构件，其 h/b 可取较小值，但有的梁端为了与柱连接（竖板连接），梁端可取 $h/b \leqslant 6.5$。截面的高度 h 与宽度 b 通常以 10mm 为模数。

门式钢架结构中，常用的截面高度规格为（mm）：300、400、450、500、550、600、650、700、750、800、850、900、950。门式刚架 H 型钢柱高一般在 500～750mm 之间。

7.127 轻型门式刚架钢柱翼缘宽度及厚度，腹板厚度如何选取？

答：参考轻型门式刚架钢梁。

7.128 为何柱间支撑当无吊车时宜取 30～45m，有吊车时间距不宜大于 60m？

答：本质不是有无吊车的问题，而是采用柔性支撑还是刚性支撑的问题。柔性支撑刚度较小，支撑构件本身变形较大，吸收温度变形的能力较小，更谈不上利用螺栓连接间隙吸收温度变形的问题；而刚性支撑刚度较大，支撑构件本身基本上没什么变形，在纵向水平力作用下其螺栓连接间隙和构件变形吸收温度变形的能力较大，因此支撑间距亦可以大一些。

7.129 柱间支撑设置时应注意的一些问题？

答：（1）当无吊车时，若厂房纵向长度不大于 45m 且设防烈度不超过 7 度，一般可以不设置柱间支撑；当厂房纵向长度大于 45m 时，可以在柱列的中部设置一道柱间支撑。其他情况由柱间支撑的间距宜取 30～45m，根据厂房纵向长度在厂房两端第一开间或第二开间布置柱间支撑或三分点处布置柱间支撑，同时将柱顶水平系杆设计成刚性系杆，以便将屋面水平支撑承受的荷载传递到柱间支撑上。

（2）当有吊车时，下段柱的柱间支撑位置一般不设置在两端，由于下段柱的柱间支撑位置决定纵向结构温度变形和附加温度应力的大小，因此应尽可能设在温度区段的中部，以减小结构的温度变形，若温度区段不大时，可在温度区段中部设置一道下段柱柱间支撑，当温度区段大于 120m 时，可在温度区段内设置两道下段柱柱间支撑，其位置宜布置在温度区段中间三分之一范围内，两道支撑的中心距离不宜大于 60m，以减少由此产生的温度应力。上段柱的柱间支撑，一般除在有下段柱柱间支撑的柱距间布置外，为了传递端部山墙风力及地震作用和提高房屋结构上部的纵向刚度，应在温度区段两端设置上段柱柱间支撑。温度区段两端的上柱柱间支撑对温度应力的影响较小，可以忽略不计。

（3）当柱间支撑因建筑物使用要求不能设置在结构设计所要求的理想位置时，也可以偏离柱列中部设置。柱间支撑可设计成交叉形，也可以设计成八字形、门形，设置设计成刚架形式。在同一建筑物中最好使用同一类型的柱间支撑，不宜几种类型的柱间支撑混合使用。若因为功能要求如开大门、窗或有其他因素影响时，可采用刚架支撑或桁架支撑。当必须混合使用支撑系统时，应尽可能使其刚度一致，如不能满足刚度一致要求时，则应具体分析各支撑所承担的纵向水平力，确保结构稳定、安全，同时还应注意支撑设置的对称性。

（4）如建筑物由于使用要求，不允许各列中柱间放任何构件，此时厂房设计需采取特殊处理。处理方案可采用增加多道屋盖横向水平支撑保证屋盖整体刚性，同时增加两侧柱列的柱间支撑，以保证厂房纵向的刚度。如果纵向不许设置柱间支撑，需要柱子本身来确保纵向刚度，通常是将采用柱脚刚接，采用箱形柱等方法。

（5）有吊车时，柱间支撑应在牛腿上下分别设置上柱支撑和下柱支撑。当抗震设防烈度为8度或有桥式吊车时，厂房单元两端内宜设置上柱支撑。厂房各列柱的柱顶，应设置通长的水平系杆。十字形支撑的设计，一般仅按受拉杆件进行设计，不考虑压杆的工作。在布置时，其倾角一般按35°～55°考虑。

（6）若厂房一跨有吊车，一跨无吊车，有吊车的一侧应用刚性支撑，没吊车的一侧可用柔性支撑，有吊车的一侧，上下支撑应分开，无吊车的一侧可不分开；若水平力可以通过其他途径传递到基础，如通过屋面水平支撑传递到两侧去，则中柱不必设X支撑。柱间支撑可以错位。抗风柱与抗风柱之间一般没必要设置柱间支撑，因为对整榀刚架的抗侧刚度帮助不是很大。

（7）柱间支撑的本质是通过改变力流的传递途径，引导力流传至基础顶，减小在水平力作用时的力臂（$M = F \cdot D$）。

其 他

7.130 关于计算振型数？

答：计算振型个数的多少与结构的复杂程度、结构层数及结构形式等有关，多高层建筑振型数以保证振型参与质量不小于总质量的90%为前提。一般情况下，多高层建筑地震作用振型数非耦联时应≥9个，耦联时应≥15个。对于多塔结构振型数应≥数量×9。振型数一般不得超过3×结构层数。

当采用弹性楼板假定时，由于结构的计算质点数量急剧增加，第一振型所代表质量有可能很小，就是所谓的局部振动，这种情况往往需要更多的振型数。

7.131 房屋的高度、宽度的概念是什么？

答：房屋的高度是指室外地面至主要屋面的高度，不包括局部突出屋面的电梯机房、水箱、构架等高度；对带阁楼的坡屋面应算到山尖墙的1/2高度处。房屋的宽度B，一般取所考虑方向的最小投影宽度，但不考虑突出建筑物平面很小的局部结构（如电梯间、楼梯间）。

注：对于局部突出的屋顶部分的面积或带坡顶的阁楼的使用部位（高度≥1.8m）的面积超过标准层面积的2/5时，应按一层计算。

7.132 框-剪结构中剪力墙布置时要注意什么？

答：为减少温度、徐变和收缩产生的内力对结构受力的不利影响，当建筑物较长时，框-剪结构中刚度较大的剪力墙不宜布置在建筑物纵向两端。

7.133 弹性层间位移角考虑双层地震作用，偶然偏心吗？

答：弹性层间位移角是按弹性方法计算的楼层层间最大位移与层高之比，对"层间位移角"的限制是宏观的。"层间位移角"计算时只需考虑结构自身的扭转耦联，无需考虑偶然偏心及双向地震。

7.134 计算位移比时需要考虑偶然偏心与双向地震作用吗？

答："楼层位移比"指：楼层的最大弹性水平位移（或层间位移）与楼层两端弹性水平位移（或层间位移）平均值的比值；双向地震作用计算，本质是对抗侧力构件承载力的一种放大，属于承载能力计算范畴，不涉及对结构扭转控制的判别和对结构抗侧刚度大小的判断。所以计算时考虑偶然偏心（注意：不考虑双向地震）。

7.135 扭转为第一周期怎么办？

答：一般尽量调成平扭，但需要注意的是，扭转周期出现在第一周期并不可怕，注意要看这个扭转周期是否是主周期。通过查看周期是否是主周期，查看各周期下的基底剪力大小来判断。

7.136 室外露天混凝土构件环境类别怎么取值？

答：对于日照地区（寒冷地区）应为"二 b 类"，卫生间构件应为"二 a 类"，不应该与上部混凝土构件一起错误划分为"一类"。

7.137 幼儿园、小学、中学的教学楼及学生宿舍和食堂抗震设防烈度怎么取值？

答：新的《建筑工程抗震设防分类标准》GB 50223—2008 特别加强对未成年人的保护，对所有幼儿园、小学和中学（包括普通中小学和有未成年人的各类初级、中级学校）的教学用房（包括教师、实验室、图书室、微机室、语音室、体育馆、礼堂）的设防类别均予以提高。鉴于学生的宿舍和学生食堂的人员比较密集，也考虑提高其抗震设防类别。

正确的做法是抗震设防烈度不变，抗震措施一般按提高一度考虑，抗震措施的提高对混凝土结构来说主要体现在抗震等级的提高。

7.138 如何理解"8、9度抗震设计的框架房屋，防震缝两侧结构层高相差较大时，防震缝两侧框架柱的箍筋应沿房屋全高加密"？

答：这里的房屋全高可理解为房屋沿防震缝全高，可不包括防震缝以上的房屋高度。

7.139 对于抗倾覆和滑移有利的永久荷载，其分项系数该如何取值？

答：当活荷载的存在对结构有利时（例如在抗倾覆验算中，抵抗方面的活荷载），此类活荷载的分项系数应取 0，即不考虑该活荷载的存在。

7.140 有关混凝土强度等级规范及相关计算措施规定？

答：《高层建筑混凝土结构技术规程》JGJ 3—2010（以下简称"高规"）13.8.9 条：结构柱、墙混凝土设计强度等级高于梁、板混凝土设计强度等级时，应在交界区域采取分隔措施。分隔位置应在低强度等级的构件中，且与高强度等级构件边缘的距离不宜小于500mm。应先浇筑高强度等级混凝土，后浇低强度等级混凝土。其条文说明：提出对柱、墙与梁、板混凝土强度不同时的混凝土浇筑要求。施工中，当强度相差不超过两个等级时，已有采用较低强度等级的梁板混凝土浇筑核心区（直接浇筑或采取必要加强措施）的实践，但必须经设计和有关单位协商认可。

注：2010版"高规"对节点区施工已作了非常明确的要求，对于强度相差不超过两个等级的，是否可以直接与楼面梁板混凝土一同浇筑，应由设计及相关单位通过验算复核来给予书面认可，并明确是否要采取加强措施以及何种加强措施。而对于强度相差超过两个等级的，规范直接规定必须采取分离措施，不可通过采取加强措施后与楼面一同浇筑。另外，新规范还对分离位置以及高低强度混凝土的浇筑顺序作了规定。

《北京市建筑设计研究院·建筑结构专业技术措施》：当柱混凝土强度等级为C60而楼板不低于C30，或柱为C50而楼板不低于C25时，梁柱节点核心区的混凝土可随楼板同时浇捣。设计时应对节点核心区的承载力包括抗剪及抗压皆应按折算的混凝土验算，满足承载力的要求。

7.141　有关混凝土强度等级理论分析与经验？

答：混凝土强度等级越高，水泥用量越大，现在多采用商品混凝土，混凝土的水灰比和坍落度大，在现浇梁、板和墙构件中会产生裂缝。柱子的混凝土强度等级取高，可减小抗震设计中柱轴压比；由于剪压比与混凝土的轴心受压强度设计值成反比，提高混凝土强度等级可减小梁、柱、墙的剪压比。提高混凝土强度等级可提高框架或墙的抗侧刚度，提高受剪承载力，但混凝土强度等级越高，这种影响越小。

为了控制裂缝，楼盖的板、梁混凝土强度等级宜低不宜高。地下室外墙的混凝土强度等级宜采用C30，不宜大于C35。

正常情况下，混凝土强度等级的高低对梁的受弯承载力影响较小，对梁的截面及配筋影响不大，所以梁不宜采用高强度等级混凝土，无论是从强度还是耐久性角度考虑，C25～C30是比较合适的。混凝土强度等级对板的承载力也几乎没有影响，增大板混凝土强度等级可能会提高板的构造配筋率，同时还会增加板开裂的可能性，对现浇板来说，无论是从强度还是耐久性角度考虑，C25～C30是比较合适的。普通的结构梁板混凝土强度等级一般控制在C25～C30，转换层梁板宜采用高强度等级，如当地施工质量有保证时，可采用C50及以上强度等级。

高层建筑，下部力大，所以墙柱往往用高强等级混凝土，有时候是为了保持刚度不变。梁板没有必要太高强度等级，除非耐久性有特别要求，或者是非常重要的构件，一般C30就足够了，所以一般梁板在加强区以上就开始取为一个值。除非有特别要求，否则梁板不应该比柱子还高。柱子尽量渐变，梁板则没有此要求，但一般渐变是比较合理的。节点墙柱与梁板混凝土强度等级尽量不要超过两个级别，否则施工麻烦。实验研究表明，当梁柱节点混凝土强度比柱低30％～40％时，由于与节点相交梁的扩散作用，一般也能满足柱轴压比。

多层建筑一般取C35～C30，高层建筑要分段设置柱的混凝土强度等级，比如一栋30层的房屋，柱子的混凝土强度等级C45～C25，竖向每隔7层变一次，竖向与水平混凝土强度等级应合理匹配，柱子混凝土强度等级与柱截面不同时变。

7.142 混凝土强度等级该如何取值?

答:抗震设计时,一级抗震等级框架梁、柱及其节点的混凝土强度等级不应低于C30;筒体结构的混凝土强度等级不宜低于C30;作为上部结构嵌固部位的地下室楼盖的混凝土强度等级不宜低于C30;转换层楼板、转换梁、转换柱、箱形转换结构以及转换厚板的混凝土强度等级均不应低于C30;预应力混凝土结构的混凝土强度等级不宜低于C40,不应低于C30;型钢混凝土梁、柱的混凝土强度等级不宜低于C30;现浇非预应力混凝土楼盖的混凝土强度等级不宜高于C40;抗震设计时,框架柱的混凝土强度等级,9度时不宜高于C60,8度时不宜高于C70;剪力墙的混凝土强度等级不宜高于C60。

《高层建筑混凝土结构技术规程应用与分析》JGJ 3—2010 中建议:抗震设计时,框架梁、柱及其节点的混凝土强度等级对结构抗震性能的影响较大,根据现阶段混凝土的供应及施工情况,建议对抗震等级为一、二、三、四级的所有各类框架的梁、柱及其节点的混凝土强度等级不应低于C30。现浇楼(屋)面结构的混凝土强度等级,宜根据工程具体情况综合确定。一般非预应力楼(屋)盖不宜低于C30,预应力(或局部预应力)混凝土楼(屋)盖不宜低于C35,但楼(屋)盖混凝土等级也不宜过高(以适当减小混凝土的收缩应力),一般不宜超过C40。

7.143 梁柱强度比、刚度比分别指的是什么?

答:强柱弱梁,指的是设计中的安全富余,简而言之就是配筋量,而不是截面大小;目的是让塑性铰先出现在梁端。梁柱刚度比,则是通过调整构件刚度,调节节点受力中的弯矩分配,使得柱中能够出现反弯点,符合水平荷载下框架结构理想的受力状态。两个概念,还是有相通之处的,目的都是让框架中的梁比较多地参与水平力下的框架应力和变形,从而提高结构的延性。

7.144 塑性铰、中和轴、形心轴的概念是什么?

答:塑性铰是由于截面材料屈服,产生转角形成的铰。它与普通的铰的区别是,普通的铰不承受弯矩,塑性铰承受弯矩。而且在施加反向弯矩后,塑性铰可以恢复。中和轴是截面受压和受拉的分界面。形心轴和中和轴是完全不相同的概念。形心轴是通过形心与x,y轴平行的轴。

7.145 关于箍筋配筋率?

答:1. 概念

(1)面积配箍率ρ(sv)(括号内为角标,下同):是指沿构件长度,在箍筋的一个间距s范围内,箍筋中发挥抗剪作用的各肢的全部截面面积与混凝土截面面积$b \cdot s$的比值(b为构件宽,其与剪力方向垂直,s为箍筋间距)。配箍率是影响混凝土构件抗剪承载力的主要因素。

计算公式: $$\rho(sv) = A(sv)/bs = nA(sv1)/bs$$

式中: n——发挥抗剪作用的箍筋肢数;

A(sv1)——箍筋单肢截面面积,直接按圆形计算。

（2）体积配箍率 ρ（v）：指单位体积混凝土内箍筋所占的含量，即箍筋体积（箍筋总长乘单肢面积）与相应箍筋的一个间距 s 范围内混凝土体积的比率。复合箍筋应扣除重叠部分的体积。体积配箍率 ρ（v）主要用于保证框架结构梁端部和柱节点区的抗剪能力，并提高构件在地震等反复荷载下的变形能力。

计算公式： $$\rho(sv)=\sum n_i A(sv) l_i / A_{cor} s$$

式中： n_i——一个方向箍筋的肢数；

l_i——相对 n_i 方向的箍筋的肢长；

A_{cor}——箍筋核心区的面积；

s——箍筋间距。

2. 作用

（1）面积配箍率 ρ（sv）：体现抗剪要求，要求 $\rho(sv) \geqslant \rho(sv,min)$。

（2）体积配箍率 ρ（v）：体现柱端加密区箍筋对混凝土的约束作用。

$$\rho(v) \geqslant \rho(v,min) = \lambda(v) f(c) / f(yv)$$

式中： λ（v）——最小配箍特征值；

f（c）——混凝土的轴心抗压强度；

f（yv）——箍筋的屈服强度设计值。

3. 配箍率与配筋率的区别

（1）配箍率是影响混凝土构件抗剪承载力的主要因素。控制配箍率可以控制结构构件斜截面的破坏形态，使构件不发生斜拉破坏和斜压破坏。

（2）配筋率是钢筋混凝土构件中纵向受力（拉或压分别计算）钢筋的面积与构件的有效面积之比（轴心受压构件为全截面的面积）。配筋率是影响构件受力特征的一个参数，控制配筋率可以控制结构构件正截面的破坏形态，不发生超筋破坏和少筋破坏，配筋率又是反映经济效果的主要指标。控制最小配筋率是防止构件发生少筋破坏，少筋破坏是脆性破坏，设计时应当避免。

最小配筋率是指，当梁的配筋率 ρ 很小，梁拉区开裂后，钢筋应力趋近于屈服强度，这时的配筋率称为最小配筋率 ρ_{min}。是根据 $M_u = M_{cy}$ 时确定最小配筋率。控制最小配筋率是防止构件发生少筋破坏，少筋破坏是脆性破坏，设计时应当避免。

在混凝土结构中，配箍率是用来体现箍筋相对于混凝土的含量，分体积配箍率和面积配箍率。在梁的箍筋配置表示方法中多用面积配筋率，而在柱子中多用体积配箍率。

7.146 后浇带可以代替伸缩缝吗？

答：了解减少温度变化对结构的影响，我们要求超长建筑物布置伸缩缝，但这常与建筑的立面处理、防水等发生矛盾，因此不设或少设伸缩缝，有时用后浇带代替伸缩缝，这种做法是不妥的。后浇带的作用是减少混凝土的干缩裂缝和不均匀沉降，后浇带混凝土凝固完成后，后浇带失去其全部功能应视为不复存在了，对温度变化的影响，后浇带不再起任何作用了。如果由于特殊情况和特殊原因，伸缩缝间距过长，可加强屋面保温隔热措施，适当布置温度筋或在混凝土板内设置预应力筋，对防止温度收缩裂缝是有效的。

7.147 哪些构件可以按非抗震设计？

答：在抗震设计中，往往设计多道抗震防线，而有些构件是不参与抗震的，如次梁、板构件可按非抗震的要求，次梁箍筋不需要按抗震要求加密，次梁下部纵筋伸入支座长度无需 l_{aE}，而仅需 $12d$。再如筏板基础中的基础梁。这种基础梁因荷载较大，所以截面通常很大，它的刚度远比承托的柱子大，基础梁是柱的支座，因此在强震时，塑性铰可能产生在柱根部而不会发生在梁内。所以，这种基础梁无需按延性要求进行构造配筋，也即可按非抗震设计，梁端部无需加密，满足强度即可，梁的纵筋的锚固和搭接都可按非抗震设计。由于基础梁的配筋多，所以放宽要求能节约很多钢筋。

7.148 筒中筒结构内筒尺寸应受限制吗？

答：有一些资料上，要求内筒平面尺寸不宜小于结构总外包尺寸的 1/3，或要求内筒的边长宜为总高度的 1/8～1/10。筒中筒结构所受的侧力，由内筒与外筒共同承担，其分配比例，视内外筒之刚度比而不同。极而言之，如果没有内筒，则全部侧力皆由外筒承担，也是可行的。国外许多高层钢框筒结构和钢骨钢筋混凝土框筒结构，都不设内筒，而且内柱只考虑承受垂直荷载，不参与抵抗侧力。既然不设内筒都可以，为什么有了内筒倒要对其尺度有各种要求呢？所以只要结构工程师与建筑师配合默契，因地制宜，可以突破一些条条框框的限制，灵活处理，不能死教条死啃规范。以框筒结构为例，如果布置了内筒，不影响建筑使用，又能节约造价，当然以设置内筒为宜，设置内筒可以降低外柱的剪压比，多一道抗震防线，但其尺度要按建筑物具体情况不必强求其平面尺寸应当如何。

7.149 结构自振动周期、基本周期与设计特征周期，场地卓越周期之间有何关系？

答：自振周期：结构按某一振型完成一次自由振动所需的时间。基本周期：结构按基本振型（第一振型）完成一次自由振动所需的时间，通常需要考虑两个主轴方向和扭转方向的基本周期。设计特征周期：抗震设计用的地震影响系数曲线的下降段起始点所对应的周期值，与地震震级、震中距和场地类别有关。场地卓越周期：根据场地覆盖层厚度 H 和土层平均剪切波速 V，按公式 $T=4H/V$ 计算的周期，标示场地土最主要的振动特性。

结构在地震作用下的反应与建筑物的动力特性密切相关，建筑物的自振周期是主要的动力特性，与结构的质量和刚度有关。当自振周期，特别是基本周期小于或等于设计特征周期时，地震影响系数取值最大，按规范计算的地震作用最大。

国内外的震害经验表明，当建筑物的自振周期与场地的卓越周期相等或接近时，地震时可能发生共振，建筑物的震害比较严重，事实上，多自由度结构体系具有多个自振周期，不可能完全避开场地卓越周期。

7.150 多高层主楼与裙房或地下车库基本为整体时，施工期间要不要设沉降后浇带？

答：沉降后浇带的作用有两个：第一，消除施工期间主楼与裙房或地下车库基层之间的差异沉降对结构构件的内力影响；第二，同施工后浇带一样，释放混凝土硬化过程中产生的收缩应力，减少和控制相关构件的裂缝。要不要设沉降后浇带，应根据工程情况给区别对待。

（1）多高层主楼及裙房或地下车库均采用桩基，桩的直径、长度和数量各自按需要确定，最终沉降值较小，而且在施工期间和投入使用后相互间差异沉降在规范允许范围，此类工程可以不设置沉降后浇带，可根据基础平面长宽度确定设不设施工后浇带。一般情况，由于主楼与裙房或地下车库基础形式、上部结构类型不完全相同，宜在主楼与裙房或地下车库相邻部位设置施工后浇带。

（2）多高层主楼采用桩基或复合地基，控制最终沉降值减小，裙房或地下车库为天然地基，并采用独立柱基或条形基础加防水板，使裙房或地下车库基础与主楼基础的最终沉降量接近，差异沉降量在规范允许范围时，可在裙房或地下车库一侧设置沉降后浇带。

（3）多高层主楼及裙房或地下车库，均为落在同类土层及相近标高天然地基满堂筏基时，由于主楼基底反力与裙房或地下车库基底反力悬殊，主楼基底附加压力很大，而裙房或地下车库基底附加压力很小，甚至不足原来土体的压力，势必相互间产生较大的差异沉降量。此类工程在施工期间设置沉降后浇带是解决不了差异沉降的，而必须采取其他有效的措施。

7.151　混凝土合理方案可归纳为哪些？

答：四要：方正规矩、传力直接、冗余约束、备用途径；四忌：头重脚轻、奇形怪状、间接传力、材料脆性；四强：脚强腰弱、强柱弱梁、强墙轻板、强化边角；四宜：连接可靠、空心楼盖、围箍约束、以柔克刚。

方正规矩：方形的结构比非方形的结构变形要小，且容易变形协调，而变形过大，会使得位移比，周期比，层间位移角通不过，出现超筋等情况。

传力直接：传力途径直接即传力路径短，一般都最经济。冗余约束、备用途径：也即多道设防，当某个构件传力失效或者耗能失效后，还有其他传力或者耗能的构件，整个体系不至于失效。

头重脚轻：刚度上的头重脚轻，比如底框结构，最底层刚度小，一旦地震力过大，变形过大，底层破坏会引起很严重的后果，就像女生穿高跟鞋一个道理；配筋上的头重脚轻：柱子顶层有时候由于大偏心，会出现顶层柱配筋比下面几层柱配筋大的情况，一旦力过大，柱子变形过大，会使得底层柱先失效而造成严重的后果。

奇形怪状：变形过大，使得难以协调变形，于是位移比，周期比，层间位移角通不过，出现超筋等情况。间接传力：多传力途径，不经济；材料脆性：破坏时没有预兆，一旦出现破坏，有可能造成很严重的后果。

脚强腰弱：与避免头重脚轻一个道理；强柱弱梁：柱子破坏后，会使得整个结构体系可能失效，于是要让梁先于柱子屈服、破坏。强墙轻板：跟强柱弱梁一个道理；强化边角：边角一般变形大，应加强，否则会出现位移比，周期比，层间位移角通不过，出现超筋等情况，或者构件失效。

空心楼盖：楼板太厚时，厚度范围内中间的那部分楼板由于受力小，根本没有发挥材料的作用，造成浪费，生活中很多这样的例子，比如钢管、回字型钢等。如果不用空心楼板，板的自重过大，整个结构体系的重量增加很大，会造成地震力作用增大。

围箍约束：用箍筋去约束构件（比如混凝土），能增加箍筋的包裹作用，能增强构件的延性。

以柔克刚：既然是柔，则像打太极一样，构件会产生变形，变形的过程中消耗了能量；柔，则刚度比"刚"要小，且自重要小，地震作用也要小。剪力墙中的连梁折减，框架结构中的梁调幅，也可以认为是一种以柔克刚，但前提是要掌握好度，并且连梁、框架梁在结构体系中都属于次要构件；从整个结构来看，地震时，刚性房屋从下到上地震力传递较快，水平变位多以剪切变形为主，振型也比较单一，表现为房屋各部（层）同方向移动，内部能量容易聚散，破坏时多为脆性破坏；柔性房屋则从下到上地震力传递较慢，弯曲变形较大，振型相对复杂，房屋各部（层）反应迟钝，互相牵制、步调不一，对于一般的房屋，房屋要做成柔，以柔来变形（前提是满足各个指标）消耗能量，但砖混结构只能做刚，不能做柔。

7.152 柱底不等高嵌固结构怎么建模与分析？

答：局部带地下室结构，其首层柱底嵌固位置不在同一标高，同一相同截面尺寸的柱由于长度不一样，剪切刚度也不同（短柱剪切刚度更大），结构平面的刚心便会向短柱方向移动，产生偏心和扭转，一般短柱剪切刚度大，相应承担的地震力也比较大。如图 7-10 所示。

（1）首先把第二层平面布置好，再点击【楼层定义/柱布置】，改变局部柱的柱底标高，与实际相符。如图 7-11 所示。

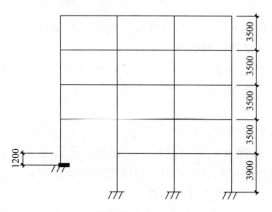

图 7-10　柱底不等高嵌固结构模型

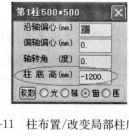

图 7-11　柱布置/改变局部柱底标高

（2）在 PMCAD 主菜单中点击【设计信息】，如图 7-12 所示。在对话框中将"地下室层数"填写为 1，"与基础相连最大构件的最大底标高"填写为 2.7m（底层层高－1.2m），程序会把低于此数值的构件节点设为嵌固，这样就能兼顾不同基础埋深的情况。需要注意的是楼层组装时，第一层柱底标高填 0.00"与基础相连最大构件的最大底标高"填 2.7m 才正确，若楼层组装时，第一层柱底标高填－3.900，则"与基础相连最大构件的最大底标高"填写－1.2 才正确。

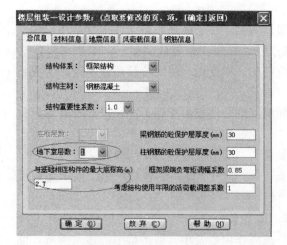

图 7-12　设计信息/总信息

注：应根据实际覆土情况，进行包络设计。也可以采取一些措施，嵌固层直接设在首层正负零。

7.153 关于裂缝？

（1）一般情况下，经过抗震设计的嵌固层以上的结构（7 度以上），其框架梁多属于强度控制，裂缝大都可以满足设计要求，因为地震作用比较大，地震组合需要的强度配筋一般已经比正常使用状态下的配筋大。

（2）裂缝产生过程：荷载作用在结构或构件上产生裂缝，由设计院设计和施工单位施工，所以出现了裂缝应该从以下几个关键词中找原因："荷载或其他作用"、"设计过程"、"施工过程"，并且出现裂缝时，应在过程中把以上原因串起来。

荷载或其他作用包括：施工时的使用荷载、不均匀沉降、温度荷载、收缩、徐变等；设计过程：从抗的角度，钢筋的配置量是否足够？位置是否合适？从调的角度：如是板的裂缝，则是否可以设置小梁把板块划分规则，减小应力集中？如果是地下室外墙裂缝，则后浇带、添加剂等措施是否正确？如是砖混结构，则构造柱、圈梁布置和砖墙中配筋是否正确？施工过程：是否如实按照设计要求去施工？是否和根据施工经验和设计方有过沟通？是否偷工减料？

（3）在正常使用条件下，混凝土裂缝主要是由混凝土自身收缩和环境温度变化引起的收缩，这两部分导致在超长混凝土结构设计时，最有效的方法是通过在混凝土构件上施加预应力来抵消这两部分的拉应力，确保构件不出现有害的裂缝。因此，需要通过对混凝土进行自身收缩和温度应力的定量分析，具体计算方法可参考相关文献，求出温差后，即可用 MIDAS 或 PKPM 软件算出温度应力。

温度应力是由混凝土自身收缩、徐变和环境温度变化长期作用后产生的，混凝土自身要收缩、徐变，支座要约束混凝土构件的变形，当约束作用较大时，容易产生裂缝。

7.154 抗震有哪几种分析方法？

我国的抗震分析方法是在小震计算基础上，通过采取抗震措施与抗震构造措施，去包络中震、大震对结构的作用效应与破坏。

（1）底部剪力法

高度不超过 40m、以剪切变形为主且质量和刚度沿高度分布比较均匀的高层建筑结构，结构的地震反应将以第一振型为准，且结构的第一振型接近直线，可采用底部剪力法。

（2）反应谱方法

高层建筑结构宜采用振型分解反应谱法。对质量和刚度不对称、不均匀的结构以及高度超过 100m 的高层建筑结构应采用考虑扭转耦联振动影响的振型分解反应谱法。反应谱的振型分解组合法常用的有两种：SRSS 和 CQC。一般而言，对于那些对结构反应起重要作用的振型所对应频率稀疏的结构，并且地震此时长，阻尼不太小（工程上一般都可以满足）时，SRSS 是精确的，频率稀疏表面上的反应就是结构的振型周期拉的比较开；而对于那些结构反应起重要作用的振型所对应的频率密集的结果（高振型的影响较大，或者考虑扭转振型的条件下），CQC 是精确的；光滑反应谱进行分析而言，其峰值估计与相应的时程分析的平均值相比误差很小，一般只有百分之几，因此可以很好地满足工程精度的要求。

（3）时程分析

理论上时程分析是最准确的结构地震响应分析方法，但是由于其分析的复杂性，且地震波的随机性，因此一般只是把它作为反应谱的验证方法而不是直接的设计方法使用。不仅与场地的情况有关，也与结构的动力特性有关，这样才能选出适合的地震波。地震分析的时候主次向应该采用不同的地震波。调整地震波的峰值以满足规范的要求，但是不能调整太大，那样可能导致地震波与抗震设防水平和场地不适合。所谓"在统计意义上相符"指的是，其平均地震影响系数曲线与振型分解反应谱法所用的地震影响系数曲线相比，在各个周期点上相差不大于20%。

7.155 缝分类有哪几种？

1. 沉降缝

为防止建筑物各部分由于地基不均匀沉降引起房屋破坏所设置的垂直缝称为沉降缝；

沉降缝与伸缩缝不同之处是除屋顶、楼板、墙身都要断开外，基础部分也要断开，使相邻部分也可以自由沉降、互不牵制。沉降缝宽度要根据房屋的层数定，五层以上时不应小于120mm。

2. 抗震缝

为避免建筑物破坏，按抗震要求设置的垂直的构造缝叫作抗震缝。该缝一般设置在结构变形的敏感部位，沿着房屋基础顶面全面设置，使得建筑分成若干刚度均匀的单元独立变形。

《建筑抗震设计规范》GB 50011—2010 7.1.7条多层砌体结构缝宽可采用50～100mm

《建筑抗震设计规范》GB 50011—2010 6.1.4条框架结构缝宽最小为100mm。

抗震缝可在地下室顶板处不断开（地下室顶板作为嵌固）。地下室一般不设缝或尽量不设缝，可以采取沉降后浇带措施来解决不均匀的沉降问题，沉降后浇带内混凝土浇筑时间应在两侧主体结构封顶30d后浇捣。如果在沉降后浇带两侧底板厚度相差很多，建议设置板厚过渡区，且其配筋应适当加强。

3. 伸缩缝

通长挑檐板、通长遮阳板，外挑通廊板，宜每隔15m左右设置伸缩缝，宜在柱子处设缝，缝宽10～20m。缝内填堵防水嵌缝膏，卷材防水可连续，在伸缩缝处不另处理，刚性面层应在伸缩缝设分隔缝。

以上挑板，当挑出长度大于等于1.5m时，应配置平行于上部纵向钢筋的下部筋，其直径不应小于8mm。

钢筋混凝土女儿墙属外露结构，温度影响易产生裂缝，宜每隔15m左右设置伸缩缝，缝内堵防水嵌缝膏。

7.156 悬挂荷载按恒载还是活载考虑？如何考虑不利布置？

答：是否考虑活荷载不利组合，这要看荷载不利组合出现的可能性的大小，换言之，有些荷载被定义为活荷载，其实它不十分活，如上面提到的吊挂荷载，一旦其安装结束，其荷载基本不变，或者说它的自重不变，所变化的可能就是其运行需要的那部分重量，如给水排水管道里的水的重量等，这部分随运行而有可能变化的重量，才真正称为活荷载，对吊挂荷载中大量的无活动可能的荷载应加以区分，主要看真正活的部分所占的比例，若比例很小，则可不考虑活荷载的不利组合，同时工程经验应重视，多听听专业人员的意见，多了解工艺流程对结构设计大有好处。

7.157 关于荷载折减系数？

答："荷规"4.1.2条1中3）次梁的折减系数是0.8，主梁的折减系数是0.6，主梁的折减系数比次梁小，折减系数与从属面积有关，即：承担的面积越大，其活荷载同时出现的概率就越小，一般说来次梁的从属面积较小而主梁的从属面积较大，且传力途径一般为板到次梁再到主梁。所以主梁的折减系数比次梁小。

7.158　关于检修吊车荷载与工作平台检修活载组合？

答：当为由可变荷载效应控制的组合时，第 2 个及以后的可变荷载才需要乘组合值系数，检修荷载要看是不是同一组，如果都是为吊车检修的荷载，可认为是同一组。而"吊车竖向与水平荷载组合"，如果只有这两个荷载，则不用乘组合值系数，如果还有其他活荷载则应根据活荷载效应的大小，确定乘组合值系数。

7.159　关于地下室顶面覆土？

答：地下室顶覆土，是按恒载考虑还是按活载考虑要看覆土变动是否频繁，一般情况下的覆土可按恒载考虑。

7.160　关于连梁的抗震等级？

答：完全将连梁的抗震等级取同框架梁是不合适的。建议跨高比不大于 2 的连梁的抗震等级同剪力墙，其他连梁的抗震等级可同框架梁。

7.161　关于 $0.2Q_0$ 调整？

答：PKPM 将最大调整系数默认为 2.0，有一定的合理性，对于符合结构抗震设计一般原则（均匀对称）的结构，一般情况下在抗震设计的关键部位不会出现大于 2 的情况；当出现大于 2 的情况（此时 V_f 不大于 $0.1V_0$ 时），首先应检查其结构体系是否有问题，框架柱是否过少？框架是否能真正起到二道防线的作用？而不能只套用规范公式。

地下部分一般有刚度很大的地下室外墙，故不宜调整，若地下室与首层相比刚度无明显改变（即没有新加的钢筋混凝土墙）时，应调整。

7.162　关于整体小开口墙？

答：整体小开口墙按整墙设计计算。

7.163　关于周期比？

答：周期比不同于位移比，没有一定采用刚性假定的要求。

7.164　关于暗梁设置问题？

答：不是所有的剪力墙都需要在楼层处设置边框梁（或暗梁），只有框架-剪力墙结构中的剪力墙才需要设置，其目的为使剪力墙与其周边的边框梁和边框柱一起成为带边框的剪力墙，提高剪力墙的抗震性能。暗梁的设置要求见"高规"第 8.2.2 条。

7.165　关于倾覆力矩比的验算问题？

答：对一般结构，底部满足即可，对特别复杂的结构，当上下无明确的变化规律时宜底部加强部位每层核算。

7.166　关于风荷载下结构的刚重比问题？

答：风荷载下控制结构的刚重比是必须的，尤其当风荷载起决定作用时更是如此。

7.167　关于托柱框支结构？

答：依据规范的规定，上部竖向构件（剪力墙或框架柱）不能直接连续贯通落地时，需设置结构转换层，在结构层内布置的相应构件就是转换构件。因此，托柱梁就是转换梁，与之对应的柱就是框支柱，执行规范相应的设计规定。但是在一般框架结构中，托柱梁可以定义为转换梁，与之相连的柱不是框支柱。

7.168　裙房对高层建筑地基承载力有什么影响？

答：应该明确采用折算土重的根本目的在于进行地基承载力的修正，采用的是荷载效应的标准组合，显然，其中包括活荷载。

对于两边埋深（或折算埋深）不同时，按平均埋深计算无根据，建议可按高规的规定，取小值计算；当高层建筑的平面体量较大时，可考虑按不同边缘分别计算。

7.169　高层建筑一字形平面长度很长，不可以分缝，采取什么措施较好？

答：可采取以下措施：

1. 采用无收缩混凝土或掺适量的微膨胀剂；

2. 适当增加板的通长钢筋；

3. 必要时加设预应力钢筋；

4. 建筑采取减小结构温差的措施，如采取必要的保温隔热措施，使结构的温差变化尽量小。

5. 必要时，在屋顶层设置音叉式温度缝。

7.170　风荷载计算中的建筑物宽高比取值？

答：风荷载体型系数与建筑物的体形、尺度及周围环境和地面粗糙度等诸多因素有关。对特殊形状的高柔建筑，建筑物的自振频率也是影响风荷载体型系数重要因素，因此不单是一个与建筑物迎风面体型尺寸有关的问题。建筑物高宽比中的"宽 B"，指建筑物的窄边宽度。

第8章 加固设计

8.1 加固设计方法有哪些？

答：一般有以下八种：增大截面加固法、置换混凝土加固法、外加预应力加固法、外粘型钢加固法、粘贴纤维复合材料加固法、粘贴钢板加固法、增设支点加固法、植筋技术。更多具体实例做法详见卜良桃、周靖编著的《混凝土结构加固设计规范算例》。

8.2 增大截面加固法的概念及特点是什么？

答：增大截面加固法，也称为外包混凝土加固法，它通过增大构件的截面和配筋，来提高构件的承载力、刚度、稳定性和抗裂性。根据构件受力特点和加固目的、构件几何尺寸、便于施工等要求可设计为单侧、双侧或三侧的加固和四面包套的加固。一般来说，梁常用上、下侧加固层加固，中心受压柱常用四面外包加固、偏心受压柱常用单侧或者双侧加厚层加固。

根据不同的加固要求，又可以分为加大断面为主的加固和加配钢筋为主的加固，或者两者兼备的加固。无论采用哪种方式，均要满足构造要求。

8.3 "增大截面加固法"正截面受弯承载力计算理论（梁下侧加固）是什么？

答：其计算过程如下：

$$M \leqslant \alpha_s f_y A_s \left(h_0 - \frac{x}{2} \right) + f_{yo} A_{so} \left(h_{01} - \frac{x}{2} \right) + f'_{yo} A'_{so} \left(\frac{x}{2} - a' \right) \tag{8-1}$$

$$\alpha_1 f_{co} b x = f_{yo} A_{so} + \alpha_s f_y A_s + f'_{yo} A'_{so} \tag{8-2}$$

$$2a' \leqslant x \leqslant \xi_b h_0 \tag{8-3}$$

式中　M——构件加固后弯矩设计值；

　　　α_s——新增钢筋强度利用系数，可取 0.9；

　　　A_s——新增受拉钢筋的截面面积；

　　　f_y——新增钢筋的抗拉强度设计值；

　h_0、h_{01}——构件加固后的加固钱的截面有效高度；

　f_{yo}、f'_{yo}——原钢筋的抗拉、抗压强度设计值；

　A_{so}、A'_{so}——原受拉钢筋和原受压钢筋的截面面积；

　　　a'——纵向受压钢筋合力点至混凝土受压区边缘的距离；

　　　α_1——受压区混凝土矩形应力图的应力值与混凝土轴心抗压强度设计值的比值；当混凝土强度等级不超过 C50 时，其值取 1.0；当混凝土强度等级为 C80 时，其值取 0.94；其间按线性内插法确定；

　　　f_{co}——原构件混凝土轴心抗压强度设计值；

b——矩形截面宽度；

ξ_b——构件增大截面加固后的相对界限受压区高度，按公式（8-4）计算。

$$\xi_b = \frac{\beta_1}{1 + \dfrac{\alpha_s f_y}{\varepsilon_{cu}} + \dfrac{\varepsilon_{s1}}{\varepsilon_{cu}}} \tag{8-4}$$

$$\varepsilon_{s1} = \left(1.6\,\frac{h_0}{h_{01}} - 0.6\right)\varepsilon_{so} \tag{8-5}$$

$$\varepsilon_{so} = \frac{M_{ok}}{0.87 h_{01} A_{s0} E_{so}} \tag{8-6}$$

式中　β_1——计算系数；当混凝土强度等级不超过 C50 时，其值可取 0.8；当混凝土强度等级为 C80 时，其值可取 0.84；其间按线性内插法确定；

　　　ε_{cu}——混凝土极限压应变，其值可取 0.0033；

　　　ε_{s1}——新增钢筋位置处，按平截面假定确定的初始应变值；当新增主筋与原主筋的连接采用短钢筋焊接时，可近似取 $h_{01} = h_0$，$\varepsilon_{s1} = \varepsilon_{s0}$；

　　　M_{ok}——加固前受弯构件验算截面上原作用的弯矩标准值；

　　　ε_{so}——加固前，在初始弯矩 M_{ok} 作用下原受拉钢筋的应变值。

当按公式（8-1）及公式（8-2）算得的加固后混凝土受压区高度 x 与原加固前原截面有效高度 h_{01} 之比大于原截面相对界限受压区高度 ξ_{bo} 时，应考虑原纵向受拉钢筋应力 σ_{so} 尚达不到 f_{yo} 的情况，此时，应将上述两公式中的 f_{yo} 改为 σ_{so}，并重新计算验算。验算时可按式（8-8）确定。

$$\sigma_{so} = \left(\frac{0.8 h_{01}}{x} - 1\right)\varepsilon_{cu} E_s \leqslant f_{yo} \tag{8-7}$$

若算得 $\sigma_{so} < f_{yo}$，则按此验算结果确定加固钢筋用量；若算得的结果 $\sigma_{so} \geqslant f_{yo}$，则表示原计算结果无需变动。

8.4 "增大截面加固法" 受弯构件斜截面加固设计计算理论是什么？

答：受弯构件加固后的斜截面应符合下列条件：

当 $h_w/b \leqslant 4$ 时，　　　　　　　$V \leqslant 0.25 \beta_c f_c b h_o$ (8-8)

当 $h_w/b \geqslant 6$ 时，　　　　　　　$V \geqslant 0.20 \beta_c f_c b h_o$ (8-9)

当 $4 < h_w/b < 6$ 时，按线性内插法确定。

式中　V——构件加固后的剪力设计值；

　　　β_c——混凝土强度影响系数，按现行国家标准《混凝土结构设计规范》GB 50010 的规定值采用；

　　　b——矩形截面的宽度或 T 形、I 形截面的腹板宽度；

　　　h_w——截面的腹板高度；对矩形截面，取有效高度；对 T 形截面，取有效高度减去翼缘高度；对 I 形截面，取腹板净高。

采用增大截面法加固受弯构件时，其斜截面受剪承载力可按如下公式确定：

当受拉区增设配筋混凝土层，并采用 U 形箍与原箍筋逐个焊接时：

$$V \leqslant 0.7 f_{to} b h_{01} + 0.7 \alpha_c f_t b (h_0 - h_{01}) + 1.25 f_{yvo}\frac{A_{svo}}{s_0} h_{01} \tag{8-10}$$

当增设钢筋混凝土三面围套，并采用加锚式或胶锚式箍筋时：

$$V \leqslant 0.7f_{to}bh_{o1} + 0.7\alpha_c f_t A_c + 1.25a_s f_{yv}\frac{A_{sv}}{s}h_0 + 1.25f_{yvo}\frac{A_{svo}}{s_0}h_{01} \qquad (8-11)$$

式中　α_c——新增混凝土强度利用系数，取 0.8；

　　f_t、f_{to}——新、旧混凝土轴心抗拉强度设计值；

　　　A_c——三面围套新增混凝土截面面积；

　　　a_s——新增箍筋强度利用系数，取 0.9；

f_{yv}、f_{yvo}——新箍筋和原箍筋的抗拉强度设计值；

A_{sv}、A_{svo}——同一截面内新箍筋各肢截面面积之和、原箍筋各肢截面面积之和；

　s、s_0——新增箍筋或原箍筋沿构件长度方向的间距。

8.5 "增大截面加固法"轴心受压构件正截面加固设计计算理论是什么？

答：采用加大截面加固钢筋混凝土轴心受压构件时，其正截面受压承载力应符合下列规定：

$$N \leqslant 0.9\varphi[f_{co}A_{co} + f'_{y0}A'_{so} + \alpha_{cs}(f_c A_c + f'_y A'_s)] \qquad (8-12)$$

式中　N——构件加固后的轴向压力设计值；

　　φ——构件稳定系数，根据加固后的截面尺寸，按现行国家标准《混凝土结构设计规范》GB 50010—2010 的规定值采用；

A_{co}、A_c——构件加固前混凝土截面面积和加固后新增部分混凝土截面面积；

　f'_y、f'_{y0}——新增纵向钢筋和原纵向钢筋的抗压强度设计值；

　　A'_s——新增纵向受压钢筋截面面积；

　　α_{cs}——综合考虑新增混凝土和钢筋强度利用程度的修正系数，取 0.8。

8.6 "增大截面加固法"构造有何规定？

答：新增混凝土强度等级宜比原构件设计的混凝土等级提高一级。新增混凝土的最小厚度，板不应小于 40mm，梁、柱采用人工浇筑时，不应小于 80mm；采用喷射混凝土施工时，不应小于 50mm。

加固用钢筋，应采用热轧钢筋。板的受力钢筋直径不应小于 8mm；梁的受力钢筋直径不应小于 12mm；柱的受力钢筋直径不应小于 14mm；加锚式箍筋不应小于 8mm；U 形箍筋直径应与原箍筋直径相同。

新增受力钢筋与原受力钢筋的连接采用短筋焊接时，短筋的直径不应小于 20mm，长度不应小于其 5 倍直径，各短筋的中距不应大于 500mm。

8.7 "置换混凝土加固法"概念及其特点是什么？

答：置换混凝土加固法适用于承重构件受压区混凝土强度偏低或有严重缺陷的局部加固，置换混凝土加固法能否在承重结构中得到应用，关键在于新旧混凝土结合面的处理效果是否达到可以采用协同工作假定的程度。国内外大量试验表明：当置换部位的结合面处理使得旧混凝土露出坚实的结构层，且具有粗糙而洁净的表面时，新浇混凝土的水泥胶体便能在微膨胀的预压力促进下渗入其中，并在水泥水化过程中粘合成一体。因此，当混凝土置换构件的置换部分界面处理及其施工质量符合加固规范的要求时，加固构件可按整体计算。

8.8 "置换混凝土加固法"轴心受压构件计算理论？

答：当采用置换加固钢筋混凝土轴心受压构件时，其正截面承载力应符合下列规定：

$$N \leqslant 0.9\varphi(f_{co}A_{co} + \alpha_c f_c A_c + f'_{yo}A'_{so}) \tag{8-13}$$

式中　N——构件加固后的轴向压力设计值；

　　　　φ——受压构件稳定系数，按现行国家标准《混凝土结构设计规范》GB 50010 的规定值采用；

　　　　α_c——置换部分新增混凝土的强度利用系数，当置换过程无支顶时，取 0.8；当置换过程采取有效的支顶措施时，取 1.0；

　　f_{co}、f_c——原构件混凝土和置换部分新混凝土的抗压强度设计值；

　　A_{co}、A_c——原构件截面扣去置换部分后的剩余面积和置换部分的截面面积；

　　　　f'_{yo}——原构件纵向受压钢筋抗压强度设计值；

　　　　A'_{so}——原构件纵向受压钢筋的截面面积。

8.9 "置换混凝土加固法"偏心受压构件计算理论是什么？

答：当采用置换法加固钢筋混凝土偏心受压构件时，其正截面承载力应按下列两种情况分别计算：

（1）压区混凝土置换深度 $h_n \geqslant x_n$，按新混凝土强度等级和现行国家标准《混凝土结构设计规范》GB 50010 的规定基尼新内阁正截面承载力计算。

（2）压区混凝土置换深度 $h_n < x_n$，其正截面承载力应符合下列规定：

$$N \leqslant \alpha_1 f_c b h_n + \alpha_1 f_{co} b(x_n - h_n) + f'_y A'_s - \sigma_s A_s \tag{8-14}$$

$$Ne \leqslant \alpha_1 f_c b h_n h_{on} + \alpha_1 f_{co} b(x_n - h_n) h_{oo} + f'_y A'_s(h_o - \alpha'_s) \tag{8-15}$$

式中　N——构件加固后的轴向压力设计值；

　　　　e——轴向压力作用点至受拉钢筋合力点的距离；

　　　　f_c——构件置换用混凝土抗压强度设计值；

　　　　f_{co}——原构件混凝土的抗压强度值；

　　　　x_n——加固后混凝土受压区高度；

　　　　h_n——受压区混凝土置换深度；

　　　　h_o——纵向受拉钢筋合力点至受压区边缘的距离；

　　　　h_{on}——纵向受拉钢筋合力点至置换混凝土形心的距离；

　　　　h_{oo}——纵向受拉钢筋合力点至原混凝土（$x_n - h_n$）部分形心的距离；

　　A_s、A'_s——受拉区、受压区纵向钢筋的截面面积；

　　　　b——矩形截面的宽度；

　　　　α'——纵向受压钢筋合力点至截面近边的距离；

　　　　f'——纵向受压钢筋的抗压强度设计值；

　　　　σ_s——纵向受拉钢筋的应力。

186

8.10 "置换混凝土加固法"受弯构件计算理论是什么？

答：当采用置换法加固钢筋混凝土受弯构件时，其正截面承载力应按下列两种情况分别计算：

（1）压区混凝土置换深度 $h_n \geq x_n$，按新混凝土强度等级和现行国家标准《混凝土结构设计规范》GB 50010 的规定进行正截面承载力计算。

（2）压区混凝土置换深度 $h_n < x_n$，其正截面承载力应按下列公式计算：

$$M \leq \alpha_1 f_c b h_n h_{on} + \alpha_1 f_{co} b (x_n - h_n) h_{oo} + f'_y A'_s (h_o - a'_s) \tag{8-16}$$

$$\alpha_1 f_c b h_n + \alpha_1 f_{co} b (x_n - h_n) = f_y A_s - f'_y A'_s \tag{8-17}$$

式中　M——构件加固后的弯矩设计值；其他参数同式（8-14）、式（8-15）。

8.11 "外加预应力加固法"概念及其特点是什么？

答：外加预应力加固法是指采用预应力筋对建筑物的梁、板、柱或桁架进行加固的方法。这种方法不仅具有施工简便的特点，而且可在基本不增加梁、板截面高度和不影响结构使用空间的条件下，提高梁、板的抗弯、抗剪承载力，改善其在使用阶段的性能。这主要是因为预应力所产生的负弯矩抵消了一部分荷载弯矩，致使梁（板）的弯矩减小。

8.12 "外粘型钢加固法"概念及其特点是什么？

答："外粘型钢加固法"是在钢筋混凝土梁、柱四周包型钢的一种加固方法。例如，在构件截面的四角沿构件通长或沿某一段设置角钢，横向用箍筋或螺栓套箍将角钢连接成整体，称为外包于构件的刚构架（角钢套箍）。外包刚构架可以完全替代或部分替代原构件工作，达到加固的目的。对于矩形构件大多在构件四角包角钢，横向用缀板连接；对于圆形柱、烟囱等圆形构件，多用扁钢加套箍的办法加固。

外粘型钢加固法优点是构件截面尺寸增加不多，而构件承载力可大幅度提高，并且经过加固后原构件混凝土受到外包钢的约束，原柱子的承载力和延性得到改善，同时，还具有施工简便，工期短等特点，目前广泛用于加固钢筋混凝土柱、梁、桁架、腹杆。

8.13 "外粘型钢加固法"轴心受压构件计算理论是什么？

答：采用外粘角钢或槽钢加固钢筋混凝土轴心受压构件时，其正截面承载力应按下式计算：

$$N \leq 0.9\varphi(f_{co} A_{co} + f'_{yo} A'_{so} + \alpha_a f'_a A'_a) \tag{8-18}$$

式中　N——构件加固后轴向压力设计值；

　　　φ——轴心受压构件的稳定系数，应根据加固后的截面尺寸，按现行国家标准《混凝土结构设计规范》GB 50010 采用；

　　　α_a——新增型钢强度利用系数，除抗震设计取 1.0 外，其他取 0.9；

　　　f'_a——外增型钢抗压强度设计值，应按现行国家标准《钢结构设计规范》GB 50018 采用；

　　　A'_a——全部受压肢型钢的截面面积。

8.14 "外粘型钢加固法"正截面受弯计算理论是什么?

答:采用外粘型钢加固钢筋混凝土梁时,应在梁截面的四隅粘贴角钢,若梁的受压区有翼缘或有楼板时,应将梁顶面两隅的角钢改为型钢。当梁的加固构造符合下列要求时,其正截面或截面承载力可按《混凝土结构加固设计规范》GB 50388—2008 第 10 章的要求进行计算,但应将对应的型钢截面面积改为角钢截面面积。

$$M \leqslant \alpha_1 f_{co}bx\left(h - \frac{x}{2}\right) + f'_{yo}A'_{so}(h - a') + f'_{sp}A'_{sp}h - f'_{yo}A_{so}(h - h_o) \tag{8-19}$$

$$\alpha_1 f_{co}bx = \psi_{sp}f_{sp}A_{sp} + f_{yo}A_{so} - f'_{yo}A_{so} - f'_{sp}A'_{sp} \tag{8-20}$$

$$\psi_{sp} = \frac{(0.8\varepsilon_{cu}h/x) - \varepsilon_{cu} - \varepsilon_{sp,0}}{f_{sp}/E_{sp}} \tag{8-21}$$

$$x \geqslant 2a' \tag{8-22}$$

式中 M——构件加固后弯矩设计值;

x——等效矩形应力图形的混凝土受压区高度,简称混凝土受压区高度;

b、h——矩形截面宽度和高度;

f_{sp}、f'_{sp}——加固钢板的抗拉、抗压强度设计值;

A_{sp}、A'_{sp}——受拉钢板和受压钢板的截面面积;

a'+纵向受压钢筋合力点至截面近边的距离;

h_o——构件加固前截面有效高度;

ψ_{sp}——考虑二次受力影响时,受拉钢板抗拉强度有可能达不到设计值而引用的折减系数。当其值大于 1.0 时,可取 1.0;

ε_{cu}——混凝土极限压应变,可取 0.0033;

$\varepsilon_{sp,0}$——考虑二次受力影响时,受拉钢板的滞后应变,应按《混凝土结构加固设计规范》第 10.2.8 条规定计算;若不考虑二次受力影响,可取 0。

若受压面没有粘贴钢板(即 $A'_{sp}=0$),可根据式(8-19)计算出混凝土受压区高度 x,按式(8-21)计算出强度折减系数 ψ_{sp},然后代入式(8-20),求出受拉面应粘贴的钢板加固量 A_{sp}。

8.15 "外粘型钢加固法"斜截面抗剪计算理论是什么?

答:受弯构件加固后的斜截面应符合下列条件:

当 $h_w/b \leqslant 4$ 时,满足式(8-8);当 $h_w/b \geqslant 6$ 时,满足式(8-9);当 $4 < h_w/b < 6$ 时,按线性内插法确定。

当采用加锚封闭箍或其他 U 形箍对钢筋混凝土梁进行抗剪加固时,其斜截面承载力应符合下列规定:

$$V \leqslant V_{bo} + V_{b,sp} \tag{8-23}$$

$$V_{b,sp} = \psi_{vb}f_{sp}A_{sp}h_{sp}/s_{sp} \tag{8-24}$$

式中 V_{bo}——加固前梁的斜截面承载力,按现行国家标准《混凝土结构设计规范》计算;

$V_{b,sp}$——粘贴钢板加固后,对梁斜截面承载力提高值;

ψ_{vb}——与钢板的粘贴方式及受力条件有关的抗剪强度折减系数,按表 8-1 采用;

A_{sp}——配置在同一截面处箍板的全部截面面积；$A_{sp}=2b_{sp}t_{sp}$，此处，b_{sp} 和 t_{sp} 分别为箍板宽度和箍板的厚度；

h_{sp}——梁侧面粘贴箍板的竖向高度；

s_{sp}——箍板的间距。

抗剪强度折减系数

表 8-1

	箍板构造	加锚封闭箍	胶锚或钢板锚 U 形箍	一般 U 形箍
受力条件	均布荷载或剪跨比 $\lambda \geqslant 3$	1.0	0.92	0.85
	剪跨比 $\lambda \leqslant 1.5$	0.68	0.63	0.58

注：当 λ 为中间值时，按线性内插法确定 ψ_{vb} 值。

8.16 "外粘型钢加固法"构造有何规定？

答：采用外粘型钢加固法时，应优先选用角钢。角钢的厚度不应小于 5mm。角钢的边长，对梁和桁架，不应小于 50mm。沿梁轴线方向应每隔一定距离用扁钢制作的箍板与角钢焊接。当有楼板时，U 形箍板应穿越楼板，与另外加的型钢焊接或铰锚，其间距不应大于 $20r$（r 为单根角钢截面的最小回转半径），且不应大于 500mm。

8.17 "粘贴纤维复合材料加固法"概念及其特点是什么？

答：粘贴纤维复合材料加固法是指采用高性能胶粘剂将纤维布粘贴在建筑结构构件表面，使两者共同工作，提高结构构件的（抗弯、抗剪）承载能力，由此而达到对建筑物进行加固。

碳纤维增强聚合物是由环氧树脂粘高抗拉强度的碳纤维束而成，使用碳纤维加固具有以下优点：（1）强度高（强度约为普通钢材的 10 倍），效果好；（2）加固后能大大提高结构的耐腐蚀性及耐久性；（3）自重轻，基本不增加结构自重及截面尺寸，柔性好，易于裁剪，适用范围广；（4）施工简便，施工工期短。

8.18 "植筋"技术有何特点？

答：近年来，混凝土新技术和新材料在工程改建和加固中普通开始使用，植筋技术是一种新型的钢筋混凝土结构加固改造技术。它是在需连接的旧混凝土构件上根据结构的受力特点，确定钢筋的数量、规格、位置，在旧构件上经过钻孔、清孔、注入植筋胶粘剂，再插入所需钢筋，使钢筋与混凝土通过结构胶粘结在一起，然后浇筑新混凝土，从而完成新旧钢筋混凝土的有效连接，达到共同作用，整体受力的目的。

由于在钢筋混凝土结构上植筋锚固已不必再进行大量的开凿挖洞，而只需在植筋部位钻孔后，利用化学锚固剂作为钢筋与混凝土的胶粘剂就能保证钢筋与混凝土的良好粘结，因此减轻对原有结构构件的损伤，也减少了加固改造工程的工作量。又因为值筋胶对钢筋的锚固作用不是靠锚筋与基材的膨压与摩擦力产生的力，而是利用其自身粘结材料的锚固力，使锚杆与基材有效的锚固在一起，产生的粘结强度与机械咬合力来承受受拉荷载，当值筋达到一定的锚固深度后，植入的钢筋就具有很强的抗拔力，从而保证了锚固强度。

8.19 单根值筋锚固的承载力计算理论是什么？

答：单根值筋锚固的承载力设计值按式（8-25）计算。

$$N_t^b = f_y A_s \tag{8-25}$$

式中 N_t^b——植筋钢材轴向受拉承载力设计值；

f_y——植筋用钢材的抗拉强度设计值；

A_s——钢筋截面面积。

8.20 植筋锚固深度设计值是怎么计算的？

答：植筋锚固深度设计值按式（8-28）计算。

$$l_d = \psi_N \psi_{ae} l_s \tag{8-26}$$

$$l_s = 0.2\alpha_{spt} d f_y / f_{bd} \tag{8-27}$$

$$\psi_N = \psi_{br} \psi_w \psi_T \tag{8-28}$$

式中 l_d——植筋锚固深度设计值；

l_s——植筋的基本锚固深度；

ψ_N——考虑各种因数对植筋受拉承载力影响而需加大锚固深度的修正系数；

ψ_{ae}——考虑植筋位移延性要求的修正系数；当混凝土强度等级低于 C30 时，对 8 度区及 8 度区的一、二类场地，取 1.1；对 8 度区三、四类场地及 8 度区，取 1.25；当混凝土强度等级高度 C30 时，区 1.0。

α_{spt}——为防止混凝土劈裂引用的计算系数，按《混凝土结构加固设计规范》GB 50388—2008 表 12.2.3 确定；

d——植筋公称直径；

f_{bd}——植筋用胶粘剂的粘结强度设计值，按《混凝土结构加固设计规范》GB 50388—2008 表 12.2.4 确定；

ψ_{br}——考虑结构构件受力状态对承载力影响的系数，当为悬挑结构构件时，其值区 1.5；当为非悬挑的重要构件接长时，取 1.15；当为其他构件时，取 1.0；

ψ_w——混凝土孔壁潮湿影响系数，对耐潮湿型胶粘剂，按产品说明书的规定植采用，但不得低于 1.1；

ψ_T——使用环境的温度影响系；当 $T \leqslant 80℃$ 时，其值可取 1.0；当 $80℃ < T \leqslant 80℃$ 时，应采用耐中温胶粘剂，并应按产品说明书规定的值采用；当 $T > 80℃$，应采用耐高温胶粘剂，并应采取有效的隔热措施。

参考文献

[1] 混凝土结构设计规范 GB 50010—2010. 北京：中国建筑工业出版社，2010.

[2] 建筑抗震设计规范 GB 50011—2010. 北京：中国建筑工业出版社，2010.

[3] 高层建筑混凝土结构技术规程 JGJ 3—2010. 北京：中国建筑工业出版社，2010.

[4] 建筑结构荷载规范 GB 50009—2012. 北京：中国建筑工业出版社，2002.

[5] 建筑桩基技术规范 JGJ 94—2008. 北京：中国建筑工业出版社，2008.

[6] 建筑地基基础设计规范 GB 50007—2011. 北京：中国建筑工业出版社，2002.

[7] 门式刚架轻型房屋钢结构技术规范 CECS 102：2012. 北京：中国建筑工业出版社，2012.

[8] 混凝土结构加固设计规范 GB 50367：2006. 北京：中国建筑工业出版社，2006.

[9] 卜良桃，周靖. 混凝土结构加固设计规范算例. 北京：中国建筑工业出版社，2007.

[10] 朱炳寅，娄宇，杨琦. 建筑地基基础设计方法及实例分析. 北京：中国建筑工业出版社，2007.

[11] 杨星. PKPM 结构软件从入门到精通. 北京：中国建筑工业出版社，2008.

[12] 刘铮. 建筑结构设计误区与禁忌实例. 北京：中国电力出版社，2009.

[13] 北京市建筑设计研究院. 建筑结构专业技术措施. 北京：中国建筑工业出版社，2007.

[14] 中国建筑科学研究院 PKPM CAD 工程部. SATWE（2010 版）用户手册及技术条件. 北京：中国建筑工业出版社，2010.

[15] 中国建筑科学研究院 PKPM CAD 工程部. JCCAD（2010 版）用户手册及技术条件. 北京：中国建筑工业出版社，2010.

参考文献

[1] ……

[2] ……

[3] ……

[4] ……

[5] ……

[6] ……

[7] ……

[8] ……

[9] ……

[10] ……

[11] ……

[12] ……

[13] ……

[14] ……

[15] ……